U0182881

# 街道网络模式对路径选择行为的影响

## ——步行者个体差异视角解读

胡　扬　著

东南大学出版社
SOUTHEAST UNIVERSITY PRESS
·南京·

## 内容提要

20世纪末,国际社会提出"步行友好街道"的共同目标,认为关注步行者空间将对城市的可持续发展和长远竞争起到积极作用,这意味着需要更深入地解析步行者及其行为。本书重点关注街道网络与步行路径选择行为的关系,以散步时的路径选择为分析对象,通过实验与构建数学模型探讨步行者的基本行动特征、行动变化特征和主观偏好之间的关联,解析不同类型的街道网络对路径选择的影响,并从个人内在属性差异的角度使解析结果更精细化。

本书从建筑学与环境行为学的交叉领域出发,由文献评述到实验调查、定量计算、案例解析,逐步揭示步行者偏好的街道构造特征,为街道网络的人性化、精细化改善工作提供科学依据,为提高街道的可步行性和地域魅力提供策略方向,丰富学科理论知识,拓展认知与评价街道空间的新视角。本书对城市设计工作者有借鉴作用,也可作为建筑学、城市规划学、环境行为学等相关领域师生及研究人员的参考用书,是一本操作性强的工具书籍。

**图书在版编目(CIP)数据**

街道网络模式对路径选择行为的影响:步行者个体
差异视角解读 / 胡扬著. — 南京:东南大学出版社,
2021.12
ISBN 978 - 7 - 5641 - 9799 - 5

Ⅰ.①街… Ⅱ.①胡… Ⅲ.①城市道路-城市规划-
研究 Ⅳ.①TU984.191

中国版本图书馆 CIP 数据核字(2021)第 238289 号

责任编辑:杨 凡 责任校对:张万莹 装帧设计:王 玥 责任印制:周荣虎

书 名:街道网络模式对路径选择行为的影响——步行者个体差异视角解读
Jiedao Wangluo Moshi Dui Lujing Xuanze Xingwei De Yingxiang
——Buxing Zhe Geti Chayi Shijiao Jiedu
著 者:胡 扬
出版发行:东南大学出版社
社 址:南京四牌楼2号 邮编:210096
网 址:http://www.seupress.com
经 销:全国各地新华书店
印 刷:广东虎彩云印刷有限公司
开 本:700mm×1000mm 1/16
印 张:13.25
字 数:268 千
版 次:2021 年 12 月第 1 版
印 次:2021 年 12 月第 1 次印刷
书 号:ISBN 978 - 7 - 5641 - 9799 - 5
定 价:79.00 元

# 目录

CONTENTS

# 第一章

## 城市街道中的步行者行为

### 一、步行的重要意义与研究发展概况

步行,是人们在日常生活中的一种基本且普遍的行为。在机动交通优先的传统发展理念下,城市步行环境衰落的问题日渐凸显。近些年来,人们越来越注重环境污染、能源危机、身心健康等问题,这也使得国内外学者对步行这种绿色移动方式的关注程度逐渐提高。

20世纪末,国际社会提出了建设"步行友好街道"的共同目标,并制定了一些回归步行的街道设计导则。比如2009年,伦敦修订的《伦敦街道设计导则》当中强调把街道设计成更适宜步行的空间[1];2010年,旧金山在《更好街道规划》当中提出要为人们塑造良好的步行环境[2];2011年,印度在《印度城市街道设计导则》当中呼吁优先考虑步行者和骑行者的需求[3]。同样,我国为了改善出行环境,2016年,中共中央、国务院印发《关于进一步加强城市规划建设管理工作的若干意见》,其中倡导了要加强步行系统建设[4];基于以往的理论研究与经验,同年我国又制定出第一本关于街道设计的导则,即《上海市街道设计导则》,提出了推动街道空间人性化转型的迫切需求[5]。可见各国已经充分认识到关注步行者与步行空间将对城市的可持续发展和长远竞争起到推动作用,这也意味着需要相关领域的研究者对步行者及其行为的课题做出更加深入的探索。

在步行行为当中,涉及步行路径选择的研究以建筑学、城市规划学为中心,向环境行为学、地理学、经济学、社会学等学科发展,并最终形成了广泛而跨学科的研究领域。这些理论研究不断深入发展,对城市规划与设计者们的工作起到一定的科学指导作用,人们也更加期待步行者空间、街道空间的规划设计法则与指导理念能够不断得到创新和完善。

关于步行路径选择的影响要素,可以分为"环境要素"和"步行者的个体差异"两大类别[6]。"环境要素"主要指的是物理层面的要素,包括街道周围的街道家具设施、绿植配景、建筑用途、标识广告等视觉要素,以及街道本身的形状、空间连接关系等街道网络模式。其中,街道网络作为城市的基础属性,决定了整个城市的骨

架构造[7]，建成后若想改变原有的空间结构则需要耗费大量成本和时间，因此在规划设计前期就要引起重视。因此，在解析步行路径选择的影响要素时，有必要考虑街道网络模式发挥的作用。具体来说，本书中的街道网络模式主要是指以拓扑学为基础的街道空间之间的连接方式，以及以几何学为基础的街道长度、宽度、曲直程度等形状，它们可以在一片街区乃至一个城市的城市意象形成过程中起到重要作用。

在步行路径选择与街道网络模式的关联性研究当中，memory-based travel diary method（旅行日记法）是欧美等地的研究者用来获取步行路径的一种传统方法，已经在许多实例研究中得到运用。该方法是研究人员通过街头采访或电话访问、邮寄问卷等形式，让被调查者根据个人的记忆，口头回答或在纸上描绘近期去过的地方和当时的移动路径，比如调查一周前从家到办公地点的往返路径、途经地点等。这种方法虽然可以在短时间内收到大量的回答数据，采访也不受地点、时间的限制，但是会受到个人的记忆力和问题理解能力的强烈影响[8]，因此被一些研究者质疑其数据的准确性。相对于这种延时记录的方法，另一种常用的方法是一边在空间中移动一边及时获取数据，主要有两种方法：（a）让步行者在街道空间中行走并记录他们真实的移动轨迹；（b）利用图像、文本等多媒体来获得虚拟的移动轨迹。

方法（a）以现实的街道空间为研究对象地域，分析建筑环境对步行者的行动带来什么影响。其优势是可以获得最接近实际情况的行为与环境数据，因此使用该方法的研究也最为普遍。然而现实空间中存在众多要素与环境条件，例如街道网络、土地利用状况、建筑密度、绿植，以及人车交通流量、天气等随着时间而变化的不确定因素，使得研究变量与实验条件难以统一，这也成了该类研究的主要障碍。此外，由于无法在短期内通过实地调查取得大量的街道模式样本[9]，因此也难以准确地解释街道模式的影响机制。

针对此问题，研究者们提出方法（b），即使用电脑中的模拟空间或纸质地图等多媒体来收集数据。随着电子科技的迅速发展，三维建模与图像模拟、动画等技术已经在电影、游戏等领域运用成熟，并逐渐扩展到城市设计与环境行为等学科领域。电脑制作的模拟空间不仅可以高度重现实际空间的场景和特点，还能根据研究者的研究目的自由地改变空间特征，统一实验条件[10]，并且实验或调查的时间、地点、范围也不受限制。但是，制作模拟空间对电脑设备的性能和制作技术有很高的专业性要求，耗时也较长，许多研究室无法满足这些条件，因此该方法并未得到普及。尤其是已有研究者通过实验和采访调查发现，被调查者在模拟空间中进行虚拟的移动时，通常需要操作手柄、键盘或鼠标，佩戴 VR① 眼镜等，这类操作会让

① VR（virtual reality）即虚拟现实，是多媒体技术的终极应用形式，基于三维实时图形显示、三维定位跟踪、触觉及嗅觉传感技术、人工智能技术、高速计算与并行计算技术、行为学研究等多项关键技术，并已实现高速发展。人们可以佩戴 VR 眼镜、数据手套等传感设备，体验具有三维视觉、听觉、触觉等的感觉世界，并且和该环境进行信息交互。VR 技术现已被运用在娱乐、艺术、医学、军事等众多领域。

被调查者产生正在进行电子游戏的错觉[11]，实验结果也会受到操作的熟练程度和人们学习能力的影响。

在纸质地图上记录路径的方法（map recording method，即地图记录法）也在一些研究中得到运用。虽然该方法不能让被调查者直接体验真实的街道空间，但是它可以保证对象地域的样本数量与多样性，被调查者可以从宏观视角认知街区整体的状态，使街道网络模式与人们路径选择行动的关系更加单纯化。地图作为一种普及性较强的工具，在日常生活中被各类人群广泛学习使用，成为人们获得街道空间知识的有力信息来源[12]，因此，从地图的角度来认知街道网络模式、理解路径选择行动具有一定的现实意义。基于此背景，为了把握步行路径选择的特征与街道网络模式的关系、避免现实街道空间中其他环境要素的干扰、排除模拟空间的技术难度与操作限制，本书在接下来的研究当中将重点关注地图这种人们熟悉的日常工具。

然而，尽管地图上的要素与现实空间中的相比减少了很多，但是人们依然有可能根据这些为数不多的要素推断出地图所示的地点，而是否知道这个地点又会对路径选择行为产生一定的影响[13]。例如，比起不知道这个地点的人，知道这个地点的人更容易走他们习惯的路线，或是前往平时经常光顾的设施，这样就难以正确把握街道网络模式对路径选择的影响。针对这个问题，本研究选择了比普通的地图更加单纯、只有街道网络信息的空白地图①。

"步行者的个体差异"要素包含了人们的年龄、性别、受教育经历、职业、收入情况、家庭构成等社会属性，以及性格、兴趣、能力、偏好等个人内在属性。以往的路径选择研究多以群体行为为分析对象，去预测步行者共性的行动轨迹或路径分布特点，但是个体的路径选择行为存在很大差异，若想将所有人的行为通过某个固定的形式统一概括是一件困难的工作，因此逐渐发展出差异性研究的趋势。个体行为产生差异的重要原因之一是人们的内在属性各不相同，已有研究成果证明步行路径的选择会根据个体的不同而产生不同结果。随着当前城市建设工作中"以人为本、人性化"需求的受重视程度逐渐加深，我们可以预想到未来的街道规划与设计将越来越多地考虑到使用者的个体差异因素，那么为了创建出能让更多人喜爱的街道空间，有必要去理解个体的行为特点以及造成差异的原因，并最终将理论知识用于指导实践。

近年来，关注个体差异的研究也在不断取得进展，通过针对个人内在属性的意识调查、对于活动行为的调查和实验，积累起众多的基础理论知识。在步行者个体

---

①　本研究中定义的空白地图是指"只展示了街道空间之间的连接关系、街道本身形状的，没有其他建筑物或设施等信息的地图"。空白地图与平时使用的地图相比具有信息量更加单一的特点，适合用来突出街道网络模式的特征。由既往研究得知地图上的信息丰富程度会对路径选择产生显著影响，因此基于空白地图使用地图记录法进行路径选择实验，有利于避免街道网络以外的因素对研究结果造成影响，更符合本次研究目的。

差异的相关研究中，主流方向是探讨社会属性不同的人群之间的行为差异，而涉及个人内在属性的研究相对较少，其中，又以人们的空间认知能力差异对步行行为的影响为主要研究内容，其他个人内在属性和路径选择的关联性研究成果依然有限。我们知道，每个人都有自己的经验习惯、空间感觉、偏好等众多内在属性，它们和年龄、职业等社会属性一样，也是使我们区别于其他个体的重要因素，它们对行为差异造成的影响也不可忽略。

此外，即使是同一个个体，根据步行目的的不同其行为也会发生改变[14]。步行目的可以分为交通步行和休闲步行两大类，交通步行以工作通勤为代表，通常具有明确的目的性，而休闲步行则相对而言没有十分明确的目的，比如散步或闲逛。已有众多研究以交通步行为探讨对象，尝试解析步行者在起始点与目的地之间选择最短路径的行为及其成因，这些研究成果为街道空间的结构优化与便捷性改善工作提供了科学指导。但正是由于交通步行时人们会优先考虑如何到达目的地的这种行动特点，所以无论街道网络或环境的优劣，步行都有可能表现出选择最短距离路径的倾向。而休闲步行这类同样占比较高的日常步行活动，则更加注重移动过程中的愉悦感与舒适度，容易受到步行者的兴趣或偏好等个体差异的影响，也更容易受街道环境要素的影响[15]，可以从不同于最短距离的角度反映步行与街道的关系。为了提升街道的魅力与使用率，创造出让行走过程变得更加愉悦舒适的步行空间，有必要进行针对休闲步行行为的理论研究[16-17]。为了避免因语义产生歧义，本研究当中所涉及的休闲步行特指"散步"①。散步在词典中的解释是"为了锻炼或娱乐而随便走走，漫步徘徊，有时也指尤其为了炫耀而缓慢步行"，本研究探讨的散步进一步限定为仅作为一种放松休闲方式的随便走走。在散步时，人们通常会随着喜好与心情选择行走路径，这与空间认知能力起到的影响作用不同，可以更丰富地体现出个人内在属性的差异。

从个体差异对路径选择行为的影响研究现状来看，涉及行为差异的研究还停留在对路径长度、步行速度、选择通过的街道数量或交叉路口数量等基础指标的分析比较上，很难认为已经解释清楚了步行者的路径选择行为的特点。有一部分研究指出，行走时的方向和位置也反映了一个人的路径特点[18]，比如向着目标地点行走时路径的方向保持倾向、行进途中所处位置与目的地位置的距离和角度关系变化等，目前在以交通步行为对象的研究中可以看到少量上述分析。将这种随着步行路径选择而发生的前进方向或者位置等的变化（以下称为"行动变化"）②作为

---

① 为了避免步行者在熟悉的街道行走时受到平时的步行习惯、经常光顾的设施的影响，本研究将散步限定为在初次到访的地方进行休闲散步，并在实施路径选择实验前期对研究对象地域和被调查者进行筛选，以保证达到"初次到访"的条件。具体筛选方式见第二章。

② 本研究将散步过程中随着步行路径选择而发生的各种行动变化统称为"行动变化"，具体分析内容包括以下四个方面：(1) 路径方向的变化，(2) 路径位置分布的变化，(3) 路径复杂程度的变化，(4) 路径与起始点关系的变化。解析这些行动变化时使用的指标和以往的路径距离、道路通行量等静态指标不同，体现了步行是一个移动的过程，尝试从新的动态视角去解析步行行为。

步行的一大特征,探讨行之有效的分析方法并积累相关研究成果,将对路径选择行为以及个体差异的解析起到促进作用。然而,散步过程中的行动变化特点与交通步行的是否有区别?这些行动是否会因为个人内在属性的不同而产生差异?在现阶段还未能找到能够系统地解析上述问题的文献成果。

更进一步来看,步行是一个移动的过程,随着位置和周边环境的变化,人们主观偏好的街道与实际选择通行的街道并不总是保持一致。这里我们把主观偏好定义为"步行者在选择路径时,根据个人主观想法去关注或喜好的街道特征",它与街道的客观特征是相对的概念。竹内[19]等研究者通过观察发现,人们会在行走过程中偏离最短路径而选择环境较为良好的街道,或偏离主观评价值高的街道去选择环境稍差但相对便捷的街道,表现出行动本身偏离自身偏好的倾向。为了探究其原因,并借助此倾向去深入剖析个体差异与路径选择行为的关系,除了客观表现的路径选择行为以外,也要将人们在选择路径时的内在主观偏好作为行动的一部分去进行解析。

基于上述观点,本研究在定量分析不同模式的街道网络之后,以散步行为中的路径选择为研究对象,目的是通过分析其基本特征、行动变化特征、主观偏好之间的关系,来探索街道网络对步行者的路径选择的影响,并从个人内在属性差异的角度使解析结果更精细化。

具体来看研究分为两个阶段。第一阶段探讨模拟情境下的路径选择,将使用空白地图展示国内外多个城市的街道网络信息,并基于这些地图使用地图记录法实施路径选择实验 A,在初步分析路径选择的基本行动特征与个体差异的关系之后,根据被调查者的主观偏好回答,提取有关路径选择过程中的行动变化特征,并对个体的路径进行深入分析。接着,第二阶段探讨模拟情境与现实情境下的路径选择对比,将按照前期研究步骤实施基于地图记录法的路径选择实验 B,检验前期实验结果的再现性,并在现实街道空间中实施路径选择实验,通过对比模拟情境下的实验 B 结果与现实情境下的实验结果,验证个人的路径选择行动特征及其差异成因。

通过以上分析,所得成果将丰富环境行为学和城市设计领域的理论知识,把握人们喜爱的街道构造特征,为街道网络的人性化、精细化改善工作提供新的参考视角,并与至今为止所积累的以交通步行为基础的街道网络设计方法相结合,为提高街道的可步行性和地域魅力提供策略方向。

## 二、国内外步行行为研究的现状与问题

在已有的国内外步行行为研究成果当中,与本研究相关的研究内容可以分为五大类别,分别是:(a) 环境要素与步行路径选择的关系,(b) 步行者的个体差异与步行路径选择的关系,(c) 不同步行情境下的步行行为,(d) 路径选择时的行动变

化特征,(e) 路径选择时的记忆、偏好、策略。本研究将基于这些前人的研究成果进行内容定位与细分。

## (a) 环境要素与步行路径选择的关系

该部分研究还可以进一步细分为综合环境要素系列研究、街道网络模式系列研究这两个分支。其中,综合环境要素系列研究主要是以街道周围的设施、绿植、建筑物等复合的环境要素为分析指标,相比之下本研究仅以街道网络要素为分析指标,前者的分析范围更加广泛,要素种类也更加丰富。虽然存在这些区别,但是至今为止综合环境要素系列的相关研究已经积累了大量成果,为本研究提供了丰富的理论指导,因此本章节将基于这些已有的成果,对综合环境要素系列研究进行现状成果介绍。

① 综合环境要素系列研究

长期以来,环境要素与路径选择的关联性研究都在步行行为的相关研究中占据主导方向。国外的研究者们已经进行了许多相关研究。例如斋藤等[20-21]以一般城市街道和商店街为研究对象地域,对步行者的路径选择频率和街道的环境要素进行了关联性定量分析,结论显示步行者更倾向于选择通行宽度更宽、两侧店铺密度更高的街道。大山等[22]依据"街道长度""街道宽度""店铺密度""建筑内部可视率"等 7 个量化指标,将街道空间分为四种不同的类型,并进一步考察了各类街道的环境特征与步行者的路径选择行为之间的关系,最终得出宽阔的道路、通透的视线、连续的景观等是影响路径选择的重要因素。这些研究都是以实际的街道空间为对象进行调查分析的,相对地,也有利用多媒体技术进行街道环境展示的研究。平野等[23]以市区的繁华街道为分析对象,首先调查了区域内部的道路密度复杂程度、道路连接关系等外在的空间秩序特征,接着使用这些街道的照片向被调查者展示街道环境,让人们对街道的"空间深度感""期待感"等项目指标进行潜在印象评价,并通过相关性解析,最终得出结论:保持了良好秩序性的街道在人们心中更能体现繁华街的特色与魅力。Yeankyoung Hahm 等[24]考察了商业街的环境与行人路径的关系,发现沿街树荫、时尚店面、小型零售业的存在更吸引步行者。Muraleetharan 等[25]以日本札幌为研究对象地域,采用地图记录法与陈述性偏好调查(stated preference survey, SP 调查)收集数据,利用 GIS 分析比较人们的实际路线和潜在的替代路线,结果表明,在长距离的步行中人们更容易偏离最短路径去选择高服务水平的步行道和人行横道,另外,自行车、栏杆、凹凸路面等障碍也会阻碍选择;并且提出,应当避免人车共行的设计,以及交叉路口的信号设计须尽量减少人车冲突。这些国际研究案例在分析街道的空间构成、印象认知等方面为我们提供了值得学习的知识。

同样,国内的研究者们也积累了许多优秀的研究成果。例如,Guo 等[26]以一般的城市街道为分析对象,通过现场调查得出车辆交通、公共空间等的存在会对步行者的路径选择造成强烈影响。龙瀛等[27]提出街道品质理论研究对人居环境改善实践的重要意义,并认为定量解析手法还有待丰富,因此介绍了空间品质的量化评价方法:在数据源方面包括实地调查、基础地理信息数据、街景图片、三维建筑数据等,在空间品质测度方面包括基于调查的主客观评价、利用街景图片的智能评价、借助生理传感器的智能测度等。刘珺等[28]以问卷调查和实地考察为基础,运用叙述性偏好法研究休闲步行者对环境的偏好机制,通过构筑离散选择模型(discrete choice model,DCM)发现步行者流量大小、道路通行宽度、人行道界面等是休闲步行关注的主要环境要素。陈泳等[29]以上海市21个社区为研究案例,以居民的休闲步行为研究对象,通过相关分析和多元逻辑回归分析研究空间变量与步行活动的关系,得出宽阔的硬质场地、混合的土地使用、安全的环境等是步行者偏好的关键因素。郝新华等[30]为了找出街道活力的影响要素,选择了三套指标体系(只考虑空间结构的指标体系、只考虑街道自身属性及周边环境等的指标体系、二者兼顾的指标体系),分别对三类街道(公共管理与服务类街道、商业服务业设施类街道、居住类街道)的活力进行解析,并且比较不同指标体系的解释力度差异,研究表明,只考虑街道自身属性及周边环境等的指标体系对街道活力的解释力度要远大于只考虑空间结构的指标体系,而二者兼顾的指标体系对街道活力的解释力度仅略大于只考虑街道自身属性及周边环境等的指标体系。

② 街道网络模式系列研究

随着当今学术界研究方向与研究内容的细分,街道网络要素从综合环境要素中独立出来,专门探究街道网络模式的特征、它与步行路径选择的关系的成果也不断增加,并且已经形成了一个研究体系。例如,花冈等[31]通过问卷调查的方式采集步行者的休闲散步路径,考察了研究区域内的步行路径分布状况与街道形态的关系,得出与正交网格型的街道网络模式相比,不规则型的街道网络当中散步行为的发生概率会有所增加的结论,并进一步通过考察步行者的行为动机发现,大多数的步行者认为网格型的街道缺乏趣味性,而不规则型的街道虽然在便捷程度上略差,但是更能激发散步时的期待感,体现街道空间的魅力。大岸[32]让被调查者在模拟的街道空间中移动,在移动结束后根据记忆中的路径描绘认知地图①,并回答经过的交叉路口数量、路口形态、道路距离等问题;通过对认知地图的准确率与回答的正确率进行相关性分析,得出人们在空间中移动时,需要记忆大量的视觉要素才能形成正确的地理形象认知的结论。鲁斐栋等[33]以重庆市16个城市住区为例,对宜步行城市住区的物质形态要素进行研究,运用问卷调查、GIS、现场勘测等方法获取步行行为、人群社会属性、物质空间形态等基础数据,并运用相关分析和回归模型从临近性、连接性、场所性三个方面进行解析,发现设施距离、设施数量、

---

① 认知地图(cognitive map)是认知学习理论的一个重要概念,它是在过去经验基础上建立的代表外部环境的内部表象,是产生于头脑中的、类似于现场地图的模型。在城市规划领域,认知地图可以通过道路、标志、节点、区域、边界这五个城市意象要素来表现。

街道网络密度、地块出入口密度等是宜步行性的最重要影响要素。Ozbil 等[34]探讨了街道网络的空间结构、人行道宽度等对路径选择的影响,提出增加街道网络的连接性可以改善步行条件。

在街道网络模式的研究体系中,空间句法理论(space syntax theory)[35]①是最具代表性的研究理论,适用于解析城郊、街区、建筑内部等不同尺度的空间。该理论可以通过 GIS、Depthmap 等地理信息处理软件的辅助,实现城市空间构造、人车流线分布等的量化计算、时空推演分析与预测,并以直观的热力图或数据表格形式呈现运算结果,是一种高效且便利的方法。空间句法擅长分析大规模城市空间和车行交通流线。例如,周群等[36]以地铁交通为研究对象,认为传统的可达性研究只考虑换乘的次数,无法精细地反映各个站点之间的可达性差异,因此尝试改进基于空间句法的地铁可达性研究方法,即使用凸状分割方法,以每个地铁站点和各个站点之间的线路作为分析基本单元,采用 GIS 中的网络分析方法对基础数据进行处理,通过实证案例验算揭示了不同时期地铁站点可达性分布和演变情况,展现了新方法在地铁网络可达性分布的空间形态特征、演变过程的推演分析及预测中的有效性。

虽然目前空间句法已发展到同样适用于解析步行者路径与人流分布,但是对于小尺度的步行空间的实证研究依然相对较少,其中比较常规的研究内容之一,是使用空间句法理论中用于描述空间连接关系的重要指标,即整合度(integration value)[37]②,分析它与步行流量的关系。例如,荒屋[38]、高山[39]、沟上[40]等人的系列研究结果显示,街道的整合度与步行者通行量呈现出高度相关的关系,即一条街道越是和其他空间联系得越多或越紧密,这条街道上的步行者通行数量也就越多。上野等[41]为了把握建筑内部的步行者依据什么基准去选择路径,以车站内部的步行空间为研究区域进行了步行动向调查,发现代表了空间连接关系的路网形态以及代表了视线范围的空间宽阔程度是路径选择时的重要影响因素。Baran 等[42]考察了社区居民的步行模式与空间构造的关系,得出高控制度和高整体整合度容易吸引休闲步行。陈泳等[43]针对江南古镇同里的步行空间结构演变过程进行研究,对比游客与居民的步行行为发现,步行网络整合度与游客的步行行为呈现更高的相关性,揭示了不规则的步行网络可以对观光路径选择起到积极作用,这说明空间结构与观光步行活动之间是一个复杂互动的过程。

随着空间句法的不断改进,传统的轴线模型计算方法逐渐发展成为线段模型

---

① 空间句法理论于 1970 年由比尔·希利尔(Bill Hillier)等人提出,可以用来解析从室内空间到小规模街区,乃至于更大规模的城市等不同尺度的空间构造,该理论主要强调空间的拓扑关系,比如各个空间之间的连接性、通达性等。

② 整合度是比尔·希利尔在空间句法理论中提出的重要指标,用来表示空间的构造。当数值高于 1 时表示该空间是整合的,容易从其他空间抵达,在对象地域范围内的中心性高;反之,数值低于 1 时表示该空间处于较深的位置,与其他空间相对分离,不易抵达。

计算方法,增加了米制距和线元素之间的角度变化因素,可以更精确地分析人流模式[44]。戴晓玲等[45]以杭州市主城区为调研案例,通过截面人流量计数法收集行人数据,以此数据为基础建构轴线模型和线段角度模型,进行数理统计分析,得出线段角度模型除了捕捉街道网络的拓扑属性外,还能反映这个网络的几何关系,验证了其优于传统的轴线模型。盛强等[46]采用线段分析和视域分析等,进行了城市宏观、街区中观及建筑微观尺度的考察,证实了线段模型在街区中观层面的优势,并得出当分析半径在 3 km 时整合度与步行人流量有较高的吻合度,这为城市空间的布局设计提供了科学借鉴。这些基于空间句法理论的研究主要从空间的连接关系出发去分析影响步行行为的因素,然而,仅仅依靠空间连接关系是否对步行有足够的解释效力?是否需要考量街道形态等几何特征的影响作用?这些问题还有待继续探讨。基于此观点,山崎等[47]在研究街道网络模式时,同时考虑了空间连接关系这类拓扑特征以及街道形态这类几何特征对步行路径选择的影响,并且以这两类要素作为自变量,尝试构造用于描述路径选择特征的数学模型。

除了上述街道网络对路径选择行为的影响研究以外,还有一类研究主要探讨了步行者对街道网络模式的印象与心理认知。比如,田村等[48]分别以放射环状街道网络和正交网格型街道网络为研究对象地域,使用摄影录像的方式记录对象地域的街道环境情况并播放给被调查者观看,在被调查者学习记忆了起始点与目的地之间的路径之后,研究人员让他们根据印象描绘认知地图。通过分析描绘的路径线形、转角间的距离等,得出:和正交网格型的街道网络相比,在描绘放射环状街道网络的认知地图时更容易描绘得不准确。结论推测,对于步行者来说,放射环状街道网络模式具有相对复杂的空间构造,也更加难以形成正确的记忆。八木等[49]为了把握步行者对网格型街道构造的空间认知情况,使用模拟空间实施了路径选择实验,通过"认知地图的描绘正确率""重复步行的路线正确率""方向感的误差率"这 3 项量化指标,分析了空间构造的易读性并提出一些结论,比如主干道作为显眼的目标物容易被步行者认知、T 字形交叉路口更容易给人们留下印象——可以提高重复步行的路线正确率,当街道的方向变化较多时步行者将难以认知街道网络空间的连接关系等。

另外,也有专门分析街道的物理特征而不涉及步行者行为的研究。比如,三浦[50]关注研究对象地域的街道密度与交叉路口类型等街道空间连接形式、街道宽度与长度等街道形态,以及视线通透度等街道空间开阔程度,尝试从客观的角度多方位地解析城市空间构造。高野等[51]使用了代表街道空间连接形式的拓扑学指标,以及街道的矩形度、面积等几何学指标,通过分析对象地域的街道空间构造,定量描述了街道网络模式的物理特征。在国内的学者当中,田金欢等[52]利用空间句法轴线模型与关键参数,分别对昆明市不同年代的现状图、总体规划图进行定量分析,得出空间句法能动态地体现空间结构演化过程、把握空间结构转变时刻、准确预测城市发展方向以及完整地呈现城市内部结构变迁的结论。黄凯等[53]以广州西关历史街区为例,采用全域尺度、局部尺度进行多尺度下的空间量化分析比较,探讨城市化进程中的空间网络演变与空间结构特征,并提出空间句法在城市历史环境可持续保护与发展中的应用策略。刘承良等[54]以 1989 年至 2010 年间的武汉市城乡道路网为解析对象,利用 GIS 地理信息处理系统进行空间句法定量分析,探讨城乡道路网的空间通达性演化规律,研究发现城乡道路网的拓扑关系与规模结构随着时间演变逐渐形成了稳定的金字塔形,城乡道路网表现出"核心-边缘"和"等级圈层"的复合结构,体现出时空的惯性,城乡道路网通达性等级空间格局与交通设施、圈域城镇体系、社会经济发展状况等密切相关。尽管这些研究并没有探讨步行者的路径选择行为,但是为研究者们理解街道的空间形态、基本构造原理提供了有价值的参考。

### (b) 步行者的个体差异与步行路径选择的关系

有关步行路径选择行为的研究,很长一段时间以来都是以步行者群体的共性行为特征作为研究的主导方向,而步行者个体的差异性研究展开时间相对较晚,还未积累起十分充分的研究成果。在国内及欧美一些国家的相关研究领域中,对步行者的年龄、性别、收入等社会属性差异进行比较研究的成果相对普遍。例如,刘珺等[28]研究步行者的不同年龄是否会造成环境偏好差异,发现年轻人对街头公园和广场的评价程度更高。陈泳[29]以收入水平为差异性因素进行研究,发现收入水平会影响人们的步行行为特征、对环境的偏好。Amprasi 等[55]发现行人知觉受到年龄的影响,人车冲突和缺乏休息区更容易降低高龄者的舒适度。这些研究成果为城市街道空间的精细化设计提供了有力的理论支持。

在日本,研究者们对个体差异与人性化的关注程度相对较高,关注点也更加细分,于是出现了以三浦团队为代表的一系列研究成果,不仅限于社会属性差异分析,还探讨了个体的内在属性差异。具体来看,三浦等[56-59]把被调查者按照不同的空间构造认知程度分为三组,分别实施了从起始点到目的地之间的往返步行实验,在比较了各组的步行距离、街道环境信息的利用状况、注视行为等的差异之后,发现空间构造认知程度较低的小组其步行路径更长,往返步行时容易迷路的地点也更多,并且他们在步行的过程中对于街道两侧的文字信息(如广告牌、指示路标等)的注视率更高。类似的还有宫岸等人[60]的研究。他们让方向感不同的被调查者在研究对象地域的范围内进行自由步行实验,通过分析人们的步行路径特征、路径选择影响因素,把握空间认知能力与行动范围、步行距离等的相互关系,并且尝试给步行者的不同步行路径模式进行分类与归纳。西应等[7]采取问卷调查的方式询问步行者在正交网格型街道、不规则型街道当中更擅长探索哪一类街道空间,根据回答结果将步行者分为两组,并分别让各组步行者在两类街道空间中进行步行实验,通过解析街道网络模式、步行者的空间认知能力、步行行为这三者之间的关系,得出结论:擅长正交网格型街道的步行者在行走时倾向于依靠方向来记忆和探索空间,对路径距离的感知也较正确;而擅长不规则型街道的步行者则更倾向于依靠交叉路口的转角角度来记忆空间;体现了步行者的空间认知能力造成的行为差异。当然,也有讨论性别差异的研究成果,比如西应等[61]在另一项研究当中关注了不同性别的步行者对空间构造理解程度的差异,通过步行实验比较了两组步行者在不同的街道网络模式下的行动特征,发现在正交网格型街道当中,沿着事先规定好的路线到达目的地的成功率是男性组更高,而在不规则型街道当中,男性组与女性组并没有表现出显著的区别。

在步行者个体差异的分析当中,也出现了使用 VR 装置等多媒体技术的研究成果。梅村等[62]在 VR 装置内部建造了虚拟空间进行路径选择实验,根据被调查者在虚拟空间中的移动路径构筑行为模型,还分析了行为与性格之间的关系。

然而,上述研究大多是以交通步行为研究对象,以空间认知能力对步行行为的影响为研究内容,它们对路径选择行为与个体差异的解析还不能说已经做到全面。正如前文中提到的,对于休闲散步这种没有十分明确目的的行为,步行者更容易受到心情和愉悦感的影响,可以预测其路径选择行为以及关注的环境要素会和交通步行时相比存在区别;此外也提到,人们有各自不同的兴趣、偏好等复合的内在属性,这些不同于社会属性、不同于空间认知能力的特征也势必会影响步行路径的选择行为。根据此观点,胡扬等[63]使用地图记录法进行路径选择实验,尝试提取了被调查者的散步关注度、好奇心等多个内在属性,并进一步讨论了这些复合的个人内在属性与散步路径、对象地域当中的吸引点的关系,但该研究还处于初期阶段,今后仍需要展开深度解析。

(c) 不同步行情境下的步行行为

前文中提到,不同的步行目的可能引起不同的行为特征,从而使步行时的影响要素与关注物也不同。这里我们把步行目的不同的研究分开进行概述,分为:朝向目的地的探索行动系列研究,也可以理解为交通步行类的研究;无明确目的的步行行动系列研究,即休闲步行类的研究。另外,虽然朝向目的地的探索行动系列研究探讨的交通步行与本研究关注的散步属于不同类别的步行,但是这类研究经过长期积累已经形成丰富的实验调查方法、计算方法和科学理论,为本研究带来了新的启发。

① 朝向目的地的探索行动系列研究

长期以来,在以步行路径选择行为作为分析对象的研究中,朝向目的地的探索步行类的研究占据了绝大多数。例如,鸟羽[64]、奥田[65]等人在系列研究中实施路径选择实验,记录了步行者的"步行轨迹""步行距离"等量化指标,并根据路径探索的难易程度构建了概念模型,以此分析影响路径选择的原因。吉田[66]分别记录了步行者从住所到最近的车站上车、从车站下车到工作地点的步行路径,并且按照不同的行动特征将路径分为不同模式,发现人们上班途中主要选择的路径显示出最短路径倾向,符合交通步行的特征,但是下班回家途中的路径却没有表现出此倾向,而是会根据当天的情况选择各种不同的路径。除户外公共空间以外,也有在建筑物内部空间进行的研究。比如塚口等[67]选择了以大规模立体交通为特色的机场航站楼作为研究对象地域,对步行者进行了追踪调查,基于收集到的路径选择结果构筑了路径选择行为模型。渡边等[68]在研究中考察了人们探索步行时的路径和周围标识的关系。舟桥[69]的研究分析了在左右两条路径的距离完全相同时,步行者会根据什么条件来进行选择。这些研究的思路是基于效率优先的原则分析行动倾向或构筑数学模型,通常最短距离或最小方向变化是影响探索步行的显著因素[70],所得结论为改善出行效率提供了科学依据。

近年来,借助多媒体工具进行路径选择实验的研究案例逐渐涌现,特别是当今人工智能、高速计算等技术越发成熟,出现了将电脑构筑的模拟空间灵活运用于步行行为研究的案例。例如,登川等[10]为了解析人们在河流附近的街道上进行路径选择时有何行为特征,使用电脑制作了模拟的街道空间环境,通过前期预实验验证了模拟空间具有可操作性和可行性之后,实施了模拟情境下的路径选择实验。大致流程是用电脑建模赋予模拟空间不同的环境特征(如是否有河流、河流的位置等),让被调查者操作电脑分别在这些不同环境中模拟步行移动。对比不同环境下的步行实验结果,发现大多数被调查者在选择路径时都积极地与河流进行互动,人们更容易选择沿着河流两岸的街道移动。在以建筑物内部为研究区域的文献当中,今村等[71]实施了四次模拟情境下的路径选择实验,让被调查者在起始点与目的地之间经过反复探索之后,发现移动路径逐渐表现出最短路径的倾向,并且移动途中的视觉注视地点也有所减少,被调查者会更加快速、明确地前往目的地。

另外,也有选择地图这种平面工具,使用地图记录法进行的研究,通常是在纸质地图或问卷上记录选择的路径并以此结果分析路径选择行为的特征。比如大佛等[72]向被调查者提供实验地图,让人们设想在地图所示的范围内步行,并将自己设想的步行轨迹描绘在地图上,以起始点与目的地之间的路径距离、选择的街道宽度、街道附近的建筑密度等为自变量,尝试构建数学模型来解析影响路径选择的要素。

② 无明确目的的步行行动系列研究

休闲步行这类没有明确目的的步行行为研究,也分为现实情境与模拟情境两类研究方法。在现实的街道空间中进行调研的研究案例比较常见,比如森等[73]为了捕捉休闲散步过程中人们的身体动作有什么基本倾向,对步行者进行了现场观察记录,把人们的身体动作分为两种类型,一类是视线类动作,包括步行时的视线方向、注视物或注视时长等,另一类是步行类动作,包括步行轨迹、行走速度等,并通过关联分析得出步行类动作与空间构造的关系更加紧密,容易受到周围环境的影响。

近年来也出现了不少模拟情境下的休闲步行研究案例。例如,徐华等[74]提出研究假设,认为道路距离、标志物、地面颜色等是影响路径选择的因素。为了验证此假设,采用电脑建模的方式制作出若干个不同的模拟空间,并分别在各个模拟空间中实施路径选择实验,验证了这一猜测猜想。合田等[75]运用电脑技术再现了住宅区的街道空间图像,让被调查者观察模拟的街道图像后,让他们在这些街道当中选择想要通行的街道,并且分析了街道景观的特征与街道选择率之间的关系。外井等[16-17]通过问卷调查收集了人们对散步的想法,根据散步的频率、地点、路径等条件将散步行为分成不同种类,并且探讨了人们在选择散步道路时的偏好倾向。山崎等[76-78]在一系列的研究中采用地图记录法收集被调查者的散步路径,分析了人们喜爱的街道网络特征,以及地图上的信息丰富程度(街道网络、标志物、建筑物等)对路径选择的影响,得出地图上展示的街道信息量越丰富则这些街道越容易被人们选择。

尽管早有研究者通过对比休闲步行和交通步行的特征,发现休闲步行更加注重愉悦感与舒适度,容易受到步行环境的影响,也更能反映出人们偏好的街道特征[15],使休闲步行为对象的研究逐渐成为趋势,然而,专门研究休闲步行的案例仍然相对较少,并且主要以居住区为对象地域,今后还需要补充其他类型的城市街道研究,积累更多的相关理论知识。

### (d) 路径选择时的行动变化特征

在国内和欧美的研究体系下,人们对于步行者的空间位置定位、路径方向变化这类精细化研究的关注程度并不高,但是在注重人性化设计与研究的日本,有一部分研究者尝试进行了细致微观的探讨。塚口等[6]以正交网格型街道为研究区域,追踪调查步行者的路径并进行了量化分析,得出人们总体上会尽量保持直线前进的倾向,但是随着步行移动,所在地和目的地之间的夹角逐渐变大,保持直线前进的比例将逐渐减少。作为此研究的后续补充,竹上等[18]增加了调查对象地域的数量,追踪各地的步行者行走路径,单独从空间位置定位的角度出发,提出路径选择的影响因素可以归纳为"目的地朝向性"和"方向保持性"这两种类型,并且尝试构建了简洁且普适性较高的步行者行为基本数学模型。基于同样的方法论,塚口等[79]以正交网格型街道为研究地域,以空间位置定位和步行环境的相关指标为自变量来解释路径选择行为,再次优化前期的数学模型,验证了前进方向和目的地之间夹角越小的街道越容易被步行者选择,即体现了方向保持性的倾向,此外还验证了一些常规结论,比如通行空间越宽阔、越热闹的街道越容易被选择。接着,塚口等[80]又进一步基于前期研究中构建的步行者行为基本数学模型设计了若干条步行路径,通过实施验证性的路径选择实验,发现步行者有较高的概率选择模型计算出的路径。作为相关类型的研究,纸野等[81]关注了人们在面对条件相似的路径时如何去选择,以车站内部空间为研究区域记录步行者的移动流线,通过解析路径和空间方位的关系得出,如果是与空间的主要轴线方向保持一致的路径,那么它被人们选择的概率非常高,而如果两条路径的环境条件没有什么区别,那么与目的地的大致方向更接近的路径被人们选择的概率则较高,结论认为人们在选择路径时会潜意识地把握空间位置的定位并适当调整自己的路径方向。

然而到目前为止,涉及路径方向或位置变化的案例还停留在交通步行行为范畴,主要关注朝向目的地的步行过程中的行动变化,休闲步行行为的精细化研究仍然有待讨论。基于此现状,胡扬等[82]以散步时的路径选择行为作为分析对象,提出了路径的方向变化、位置分布变化、路径复杂程度变化等量化指标,和以往通过街道的人流量来分析路径选择特征的研究不同,而是把每一条路径看成一个单位,尝试分析随着步行移动每条路径产生的变化规律。但是此类研究数量稀少,所提出的理论也还有待实证检验。

(e) 路径选择时的记忆、偏好、策略

在路径选择行为的相关研究中,除了客观的步行结果本身,选择路径时的埋由、偏好、记忆路径的策略等主观特征也应当被看作行为的一部分。有相当数量的研究者对此进行了探讨。大野等[83]以坡道街道、平地网格型街道、平地不规则型街道为比较对象,让步行者在实际步行过后紧接着进行回忆步行实验,考察人们依靠什么线索记忆自己的行走路径,发现可以按照记忆方式把步行者分成四种类型——"要素/移动记忆型""要素/移动记忆缺乏型""要素记忆型""移动记忆型",得出在记忆一个地点时,人们不仅会依靠周围环境的视觉要素,也会依靠路径形状变化带来的移动感觉体验。松下[84-85]和冈崎[86]等先后进行了研究,以迷宫这种特殊的空间为研究区域,其特点是环境要素少,更容易把握路径选择行为和空间构造本身的关系,经过一系列的调查,把步行者在探索路径时的行为分成"接近"和"迂回"这两种模式,并且考察了人们在步行时的行动策略,发现从步行开始到结束的过程中,步行策略并不是一直保持不变的,而是随着选择路径时的实际状况会不断地进行调整和变更。Shatu等[87]让步行者评价路径距离、交通情况、沿街立面等要素,考察主观评价与客观环境条件的一致性,发现路径距离方面的主观评价和客观选择较一致,但是在车辆停靠、街道家具等方面仍存在差异。

在基于模拟空间的实验性研究案例中,添田等[88-89]使用了可以模拟视觉环境的设备进行路径选择实验,分析在空间环境存在差异的情况下人们的路径选择策略是否也会不同,发现被调查者在环境要素较少的街道当中,会把路径的转折次数作为记忆路径的手段,而在环境要素较丰富的街道当中,则会将注意力转移到这些环境要素上面。梅村等[90]使用 VR 设备调查人们在有多条路径可以选择的情况下会依据什么条件做出选择,找出了路径距离、方向角度等影响选择的要素。中村[91]根据被调查者回答的探索路径时的顺序和策略,将探索行动归纳为两种类型,一类是边缘探索型,表现为首先探索空间边缘的道路以大致对整个空间的结构产生印象,接着再探索空间的内部结构;另一类是中心探索型,表现为把起始点作为行动的基准点,在探索路径时不断回到基准点再重新前往下一条道路。大野等[92]分别调查了步行者在紧急情况、交通步行、休闲散步时的路径选择理由,结果显示人们在紧急情况下更多地考虑到道路的安全性和安心感,在交通步行时更关注环境信息的丰富程度,而在休闲散步时更在意环境的舒适度和新奇性。涑川等[93]基于此研究结论进一步探讨步行者在道路交叉口处依据什么信息选择路径,比较了人们需求的信息、环境提供的信息、可以作为选择依据的信息这三者之间的关系,发现信息的多样性和丰富程度会影响选择结果。

此外,还有专门针对街道网络模式去分析它和路径选择、路径探索策略的关联性的研究。西应等[94]在研究中发现,在网格型的街道网络当中,步行者倾向于根据街道的数量来探索或记忆路径,而在不规则型的街道网络中,步行者更关注路径距离与方向角度,这反映出不规则的空间缺乏易读性。胡扬等[95]筛选了 12 片街道网络模式不同的街区,考察了不同街区当中路径选择策略的差异,并进一步分析了主观策略和路径选择结果的关系,发现在不同的街道网络模式下人们有不同的路径选择策略,并且路径选择结果也会根据街道网络的特征发生变化。也有一些研究以建筑内部空间为考察范围,例如渡边等[96-97]通过探索步行实验考察了人们在初次到访的建筑内部的行走路径和选择路径时的参考物,发现依靠建筑平面图探索路径可以减少迷路发生,观察大厅内设置的方向标识牌可以帮助人们减少折返行动。

尽管这些研究将步行者的主观想法作为步行的一部分去解析,促进了我们对步行行为的理解和认知,但是对于主观想法、实际的路径选择结果、客观的街道特征之间的关系还未进行深入定量的解析,对三者之间的一致程度以及产生差异的原因仍未阐明。

## 三、街道网络与休闲步行-个体差异与行动变化

上一节概述了和本研究相关的一些国内外代表性研究成果即发展历程,包括(a) 环境要素与步行路径选择的关系,(b) 步行者的个体差异与步行路径选择的关系,(c) 不同步行情境下的步行行为,(d) 路径选择时的行动变化特征,(e) 路径选择时的记忆、偏好、策略。下面将基于这些研究成果给本研究详细定位。

首先,环境要素与步行路径选择的关系又可以向下细分成综合环境要素系列研究、街道网络模式系列研究这两大类。其中,街道网络模式系列研究和本研究在内容上更接近,但是这些既往研究在探讨街道网络模式和步行路径选择的相关性时,大多数只关注了街道空间的连接形式,即拓扑特性这一因素,对街道几何形态带来的影响考虑较少,此外,多数研究仍然以常规的实地调查来获得数据,就像前文中所述,现实的街道空间中充满了各种复杂的环境信息和不确定因素,在分析街道网络模式对步行路径选择的影响时容易受到这些要素的干扰。而本研究使用了

基于空白地图的地图记录法来获得数据,使街道网络因素更加单纯明了,并提出了一些用于描述街道网络特征的新分析指标,分别解析不同的街道网络模式下的步行路径选择特征有何差异,这是本研究在方法上的特色之处。

其次,从步行者的个体差异与步行路径选择的关系来看,尽管已经有不少既往研究从个体差异的观点讨论了步行者的行动差异,但是这些研究探讨的个体差异以人们的性别、年龄等社会属性为主,仅有的一些涉及个人内在属性差异的研究也停留在分析空间认知能力的阶段,今后还有待结合人们的兴趣、偏好等内在属性进行扩展分析。基于此现状,本研究尝试提取步行者的综合内在属性,并分析拥有不同个人内在属性的人群的行动差异,这是本研究在思路上的创新之处。

再次,不同步行情境下的步行行为也可以细分成朝向目的地的探索行动系列研究、无明确目的的步行行动系列研究这两大类。本研究探讨的散步行为与无明确目的的步行行动系列研究的内容一致,而将休闲散步时的路径选择行为与街道网络模式、个人内在属性进一步结合之后,本研究比既往研究有了更加详细明确的分析视角。

又次,有关路径选择时的行动变化特征的既往研究,尽管已经积累了一些基础理论知识,比如路径和目的地之间的位置关系或角度关系的变化、路径方向的变化特征等,但是它们大多数以探索行动系列研究为主,以休闲步行中的路径选择行为为对象的研究成果极其有限,而涉及步行者个体差异的研究更成了留存课题。因此,本研究希望阐明不同步行者在散步时的路径选择行为的特征,除了分析被选街道的客观特征、路径的基本特征之外,还提出一些用于描述行动变化特征的新分析指标与分析方法,以便更加系统化地解析步行行为,这是本研究所做的新的尝试。

最后,路径选择时的记忆、偏好、策略的相关研究中,分析对象大多采用了前往目标地点的探索类步行,研究者去分析这类路径选择理由、记忆路径的策略等,然而在步行无明确目的的情况下,人们是以什么样的想法来决定自己的行走路线的,这同样是需要研究的课题。因此,本研究把选择路径时的主观想法作为步行的一部分,去尝试分析步行者的主观偏好的街道特征、客观的街道特征、实际选择的路径之间的关系,期待可以以此加深我们对步行行为的理解。

本书主要由以下七个章节构成,各部分的主要分析内容或研究方法、各部分之间的关系构成详见图 1.1。

第一章"城市街道中的步行行为",详细叙述了步行行为的重要性与学科发展历程,通过已有的研究案例列举了国内外相关研究的现状及问题,并根据既往研究内容提出了本研究的定位与新视角。

第二章到第五章,展示模拟情境下的路径选择实验结果。第二章"模拟情境下的路径选择时的共性基本特征"当中,首先介绍如何使用相似度评价方法归纳备选街区的街道网络模式,并根据归纳结果筛选本研究使用的对象地域,同时介绍基于地图记录法的路径选择实验的流程。接着进行初步数据分析,包括对象地域的街

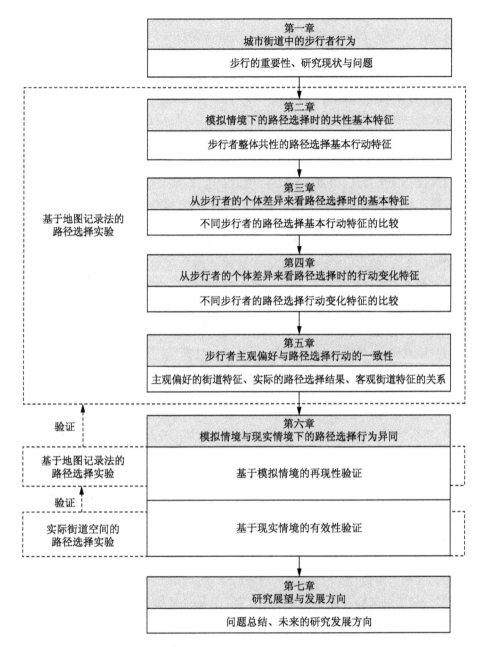

**图 1.1　各章节的主要研究内容与关联**

道网络的客观特征、被调查者整体的路径选择行为的共性基本特征、被调查者整体的路径选择时的主观偏好概述。

第三章"从步行者的个体差异来看路径选择时的基本特征",首先根据第二章所得的路径选择结果,使用聚类分析方法把被调查者分成行动模式不同的三组,并通过方差分析比较各组的路径选择特征有何差异。其次,根据被调查者的意识调查结果,采用因子分析方法提取有关个人内在属性的因子后,比较各组被调查者的内在属性特征,并简要归纳各组的个人内在属性与路径选择行为之间的对应关系。再次,探讨各组被调查者在选择路径时的主观偏好差异,并根据偏好内容进行整理,将之归纳为"关于街道特征的偏好"和"关于整体路径的偏好"两大类,从后者当中又提取出一些容易被忽略的步行行为特征,包括"路径方向""路径位置分布""路径复杂程度""路径与起始点的关系"等行动的变化。

第四章"从步行者的个体差异来看路径选择时的行动变化特征"针对上一章提取的四类行动变化特征,分别尝试进行量化分析,提出一些用于描述步行行动变化的理论概念和新分析指标,通过方差分析进一步比较各组的路径选择特征有何差异。

第五章"步行者主观偏好与路径选择行动的一致性"基于前几章的结果,重点考察了人们主观偏好的街道特征与实际选择的街道特征之间的关系。首先,根据被调查者的主观偏好回答采用因子分析方法提取出主观偏好因子。其次,从宏观的角度出发,采用相关分析方法计算被调查者整体的主观偏好因子与实际选择结果的一致性。再次,从微观的角度出发,采用相关分析方法计算并比较各组被调查者的主观偏好因子、实际选择结果的一致性,并且尝试解析主、客观行为产生差异的原因。

第六章"模拟情境与现实情境下的路径选择行为异同",主要目的是实证检验前几章的实验结果。首先按照前期实验流程,再次实施基于地图记录法的路径选择实验,并按照前述的分析流程将被调查者分组,解析各组的个人内在属性与路径选择行为之间的对应关系,以此验证前期实验结果是否具有复制性和再现性。其次,选择现实的街道空间作为新的研究对象地域,并实施新的路径选择实验,对比现实情境与模拟情境下的路径选择行为的一致程度,以此验证地图记录法实验结果是否具有有效性。

第七章"研究展望与发展方向"总结了本研究得出的知识要点与问题,并在章节最后提出未来本领域的研究发展方向,比如步行者差异性深化研究、大数据时代下的步行者行为探索、智能街道家具对步行环境的影响等。

此外,在附录部分补充了一些细节数据,用来向读者说明本研究中可能出现的一些疑问,例如模拟情境实验中选用的研究对象地域的合理性验证、从不同起始点出发是否影响休闲步行路径选择的结果、用于描述休闲步行路径选择特征的全部指标间的相互关系等。

# 第二章

## 模拟情境下的路径选择时的共性基本特征

第一章在介绍国内外研究现状与问题时提到,虽然已经有众多研究分析了街道网络特征与路径选择行为的关联性,但是实际的街道空间中存在各种各样的环境要素,也就难以避免这些要素对研究结果造成的干扰。即使只从街道网络要素来看,也存在丰富多样的类型模式,如果仅以两三个街区为研究地域容易使获得的结论缺乏代表性,Koohsari 等[98]研究者也认为保证研究对象地域的多样性十分有必要。另外,与传统的交通步行类研究相比,休闲步行的相关研究进展较为滞后,休闲步行时的路径选择行为与街道网络的关系也有待进行系统性的考察分析。

因此,本章的研究内容是,为了减少其他环境要素的干扰,使用空白地图来展示各类街道网络信息,并基于空白地图使用地图记录法来获取路径选择数据;从空间连接关系和街道几何形态两方面定量分析街道网络模式之后,以休闲散步时的路径选择行为为分析对象,解析整体被调查者共性的路径选择行动基本特征,及其与街道网络特征的关系;并通过展示被调查者的有关选择路径时的主观偏好回答,尝试初步说明模拟情境下的路径选择实验是否具有有效性。

具体包括:首先,为了选择合适的研究对象地域,采用相似度评价实验对备选街区进行街道网络模式归纳和筛选,在确定对象地域后定量计算并说明各地的街道网络特征。其次,介绍路径选择实验的方法和流程,对于实验结果从被调查者共性的角度出发,分别解析整体路径的选择结果特征、选择单位街道的客观特征,并对单位街道的客观特征与其选择次数进行关联分析,把描述街道客观特征的指标值作为自变量、街道的被选择次数作为因变量并构建多元线性回归模型。再次,在分析中加入路径选择过程中的吸引点,在探讨其客观特征之后,将吸引点作为新的自变量投入回归分析并优化前期模型,以此阐明街道网络特征与路径选择的对应关系。最后,展示被调查者记录的有关自己在选择路径时的理由或想法等(本研究中称为"主观偏好"),根据人们的回答来初步说明使用了地图记录法的模拟情境下的路径选择实验具有一定的有效性。

## 一、基于不同街道网络模式的研究对象地域分类与筛选方法

### （1）街道网络模式归纳——相似度评价方法

本研究为了网罗多样的街道网络模式，从电视栏目《行走在世界的街道上》介绍的 350 个街区当中选择实验用的对象地域[①]。将这 350 个街区作为备选街区，进行街道网络模式的相似度评价实验。实验于 2015 年 10 月 10 日至 10 月 16 日间进行，共征集了 15 名参加者。为了保证参加者对街道网络模式有一定的识别和判断能力，人员均来自日本广岛大学（Hiroshima University）建筑环境学研究室，其中男性 11 名、女性 4 名。实验方法如下：

首先，向参加者发放上述 350 个对象地域的地图，让他们观察每张地图之后，按照自己的判断把街道模式类似的地图归纳在一起，以此把地图分成若干组。每张地图的比例尺都设置为 1/10 000，B7 纸大小，这样可以把全部地图平铺在一间房间里方便参加者整体观察比较。在给地图分组时，组的数量和花费的时间不做限制，但是要求参加者仅按照街道网络的特征来分组，无须考虑地图上的其他信息。接着，按照参加者的分组结果，如果两张地图属于同一组，则在它们之间计 1 分（如图 2.1 所示），再把 15 名参加者的打分结果重合，用该数据做聚类分析（最远距离法），重新把 350 张地图分为若干组。这时，为了保证街道网络模式的多样性，也为了在接下来的路径选择实验时减轻被调查者的负担，把全部地图共分为 11 个大组。

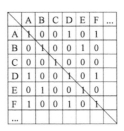

**图 2.1　地图分组时的计分示例**
（地图 A、D、F 同属一组，地图 B、E 同属一组，地图 C 单独成组）

---

① 《行走在世界的街道上》是日本的一档在散步过程中介绍街道的纪录片，自节目开播以来，不仅介绍了日本当地的城市街道，还介绍了世界各地的具有特色的街道。由于本研究是以散步步行作为研究对象，对象地域需要满足适合步行这一条件，因此本研究的备选街区均来自该节目在 2005 年 3 月至 2015 年 9 月间取材的各个城市街区。另外，该节目的官方网站（http://www6.nhk.or.jp/sekaimachi）上虽然公布了节目中介绍的各个城市的地图，但是由于这些地图上标有大量的地名、观光景点、标识物等信息，并且为了节目效果进行了特殊的美术设计，如果直接使用这些地图进行街道网络模式的相似度评价实验，多余的信息和设计将严重影响参加者的判断，因此本研究使用谷歌地图重新检索这些城市街区，统一打印成黑白地图用于实验。

## （2）从聚类分析结果看街道网络类型

聚类分析得到的各组地图的树状关系如图2.2所示。根据此分类结果初步查看各组地图的街道网络类型，按照街区内的街道数量、街道网络形态等项目简要归纳各组的特征，结果见表2.1。组1和组3分别以规则的正交网格型、向心型的放射型街道网络为特色，这在一般的城市街区中十分少见。组5和组6所属的地图其街道网络类型也比较特殊，并且拥有非常多的街道数量。组4、组7和组10同属于比较规则的网格型，街区内部直线形的街道数量居多，街道的空间位置分布也比较均匀。组8和组11的街道空间位置分布同样比较均匀，但是街区内部曲线形街道数量居多。相对而言，组2和组9同属于不规则型的街道网络类型，

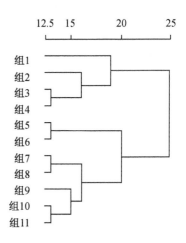

**图 2.2　聚类分析结果**

以曲线形街道为主，街区内部的街道空间位置分布也比较疏密分散，并不均匀。

**表 2.1　各组地图共性的街道网络类型**

| 分组 | 属于该组的地图数量 | 街道数量 | 街道形态 | 街道网络类型 | 主要街道方向 | 街道分布的均匀程度 | 胡同数量 |
|------|--------|------|------|--------|------|--------|------|
| 1 | 44 | 多 | 直线形 | 正交网格型 | 同方向 | 均匀 | 少 |
| 2 | 19 | 少 | 曲线形 | 不规则型 | 异方向 | 不均匀 | 多 |
| 3 | 6 | 中等 | 直线形 | 放射型 | 同方向 | 均匀 | 少 |
| 4 | 37 | 中等 | 直线形 | 网格型 | 同方向 | 均匀 | 少 |
| 5 | 18 | 多 | 曲线形 | 迷宫型 | 异方向 | 均匀 | 少 |
| 6 | 65 | 多 | 曲线形 | 不规则型 | 异方向 | 均匀 | 少 |
| 7 | 16 | 多 | 直线形 | 网格型 | 同方向 | 均匀 | 少 |
| 8 | 26 | 中等 | 曲线形 | 网格型 | 同方向 | 均匀 | 中等 |
| 9 | 43 | 少 | 曲线形 | 不规则型 | 异方向 | 不均匀 | 中等 |
| 10 | 43 | 少 | 直线形 | 网格型 | 同方向 | 均匀 | 少 |
| 11 | 33 | 中等 | 曲线形 | 不规则型 | 异方向 | 均匀 | 中等 |

**（3）用于地图记录法的研究对象地域的地图条件设定细则**

其次，需要分别从上述各组中选择一张最能表现该组特点的地图用于后续的路径选择实验，有些地图的所示范围内存在海洋或者河流、铁道等容易引起人们注意的环境要素，在选择时需要去掉这类地图以避免街道网络以外的信息的干扰。另外，作为街道的几何形态特征，除曲直形状以外，街道宽度也是路径选择时的重要参考信息，这一点有很多既往研究已经指出，因此为了保证街道网络模式的多样性，另补充广岛市区中心地图作为第 12 个研究对象地域，虽然它来自组 1 也属于正交网格型街道，但是它的街道宽度差别很大，适合用来解析街道宽度对路径选择行为的影响。

基于此，共选择了 12 个城市的部分街区作为研究对象地域，这些对象地域来自不同国家不同城市，涵盖了上述网格型、放射型、不规则型等不同类型的街道网络模式，各对象地域的街道网络类型以及对应的城市名称和国家名称、所属大组如图 2.3 所示，使用 GIS 地理信息系统提取街道网络并加工绘制。各对象地域的面积在 $1.0\ km^2$ 左右，这个结果是通过计算观光网站上公布的 80 个适合人们散步的区域平均面积得出的。另外，考虑到人们的日常使用习惯，每张地图的比例尺都设定为 1/6 000，A4 纸大小。

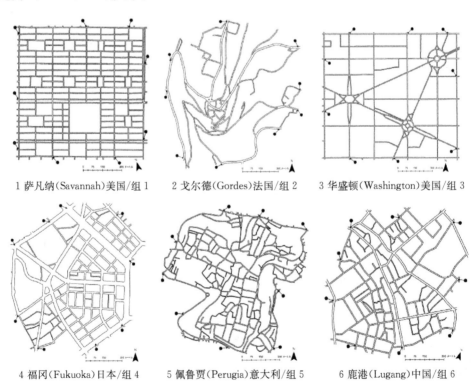

1 萨凡纳(Savannah)美国/组 1　　2 戈尔德(Gordes)法国/组 2　　3 华盛顿(Washington)美国/组 3

4 福冈(Fukuoka)日本/组 4　　5 佩鲁贾(Perugia)意大利/组 5　　6 鹿港(Lugang)中国/组 6

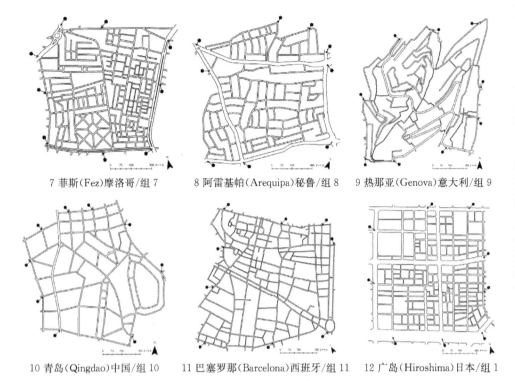

7 菲斯(Fez)摩洛哥/组 7　　8 阿雷基帕(Arequipa)秘鲁/组 8　　9 热那亚(Genova)意大利/组 9

10 青岛(Qingdao)中国/组 10　　11 巴塞罗那(Barcelona)西班牙/组 11　　12 广岛(Hiroshima)日本/组 1

**图 2.3　研究对象地域的街道网络类型和基本信息**

## 二、休闲步行路径选择的模拟情境流程

接下来,使用上述 12 个对象地域的空白地图①进行模拟情境下的路径选择实验。实验日期如下:第一次实验在 2015 年 12 月 7 日,第二次实验在同年 12 月 9 日,第三次实验在同年 12 月 11 日。本次共征集了 30 名被调查者,均为日本广岛大学建筑环境学研究室的学生,其中男性 22 名、女性 8 名,与前期街道网络模式的相似度评价实验的参加者为不同的人。具体实验方式和流程如下:

(a)向每位被调查者提供 12 个对象地域的 A4 空白地图,告知他们想象自己在地图所示的范围内进行休闲散步活动②,如图 2.4 所示分别在各地图上记录自己计划的散步路径。(b)告知被调查者如果在描绘路径的过程中有感兴趣的、想

---

　①　路径选择实验时使用的地图为空白地图,由 ArcGIS 软件制作而成。空白地图与街道网络模式的相似度评价实验所用的地图不同,它们更加简洁,如图 2.3 所示地图上只有街道网络信息,没有标识物、地名或其他文字信息,这是为了避免路径选择实验的结果受到地图上的其他信息的干扰。

　②　虽然实验时要求被调查者想象自己在地图所示街区内散步,但是没有要求被调查者想象具体的散步时长。根据意识调查结果,大多数被调查者平时的散步时长在 0.5 至 2 小时之间,因此推测被调查者会按照平时各自的散步习惯想象在地图所示街区内的散步时长。

去看看的地方(以下称为"吸引点")则用虚线圈出。(c)为了把握被调查者对街道的主观偏好,让他们在路径选择结束后记录自己关注或喜欢的街道特征,并按照整体对象地域、各个对象地域分别作答。(d)在上述实验流程结束后,使用问卷调查的形式收集被调查者平时的步行习惯、对地图的认知等信息。

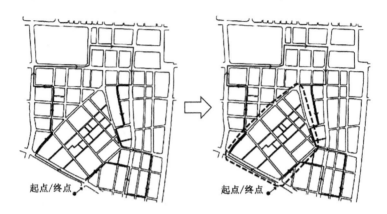

**图2.4 路径记录示例(左:路径;右:路径和吸引点)**

在流程(a)描绘路径时,每张地图限定用时5分钟[1],在流程(b)记录吸引点时,每张地图限定用时1分钟。另外,为了让被调查者对空白地图上的距离有比较正确的认知,在实验时向他们提供广岛大学校园地图(包含建筑物等信息)——该地图与空白地图采用了相同的比例尺——作为路径选择实验的参考资料。实验开始后向被调查者发放空白地图,每个人拿到的对象地域的排列顺序均为随机排列,以避免被调查者参考他人的路径选择结果。

在设置散步的起点、终点的位置时,考虑到如果设置在不同地点,休闲散步将变成向着终点的交通步行,可以预测到会出现大量选择最短路径的情况,因此将起点和终点位置设置在同一地点(以下称为"起终点")。此外,如果将起终点设置在对象地域的中心位置,路径则容易集中在地图的中心区域,因此将起终点分散设置在对象地域的边缘处,如图2.3所示,各对象地域的边缘分别设置了9个起终点,每个起终点随机采集10名被调查者的路径数据,即各对象地域分别收集90份路径数据,共计1 080份。另外,考虑到实验时被调查者有可能受到当时的身体状态或情绪等偶然因素的影响,即使是同一个被调查者也有可能出现不同的路径选择结果,因此为了减少实验数据误差,保证实验结果的再现性,如本节开头所述路径选择实验共实施3次,并且每个被调查者在各次实验中分配到的起终点都不同。

---

① 为了确定实验所需时长,在进行正式的路径选择实验之前实施了预实验,让另一批参加者在空白地图上描绘自己的散步路径并记录时长,所有人在5分钟之内均可完成一张地图的描绘作业。根据此结果,正式的路径选择实验时也将散步路径的描绘时长规定为每张地图5分钟,若需要延时则告知研究人员,若提前描绘结束也需要等待5分钟结束后才可以翻开下一张地图,以保证所有被调查者能同时完成描绘,也可以避免被调查者因态度问题想要赶紧画完结束。

## 三、研究用语及指标含义解析

### （1）用来描述街道网络模式特征的用语和指标

　　为了把握 12 个研究对象地域的街道客观特征，采用 7 个指标进行解析，分别是描述整体街道特征的"总单位街道数""总单位街道长""网格轴线度（grid axiality）"，以及描述单位街道特征的"单位街道长度""单位街道宽度""单位街道整合度（integration value）""单位街道弯曲度"。单位街道定义为一个交叉路口的中心到下一个交叉路口的中心之间的街道，具体图示见表 2.2。

表 2.2　单位街道图示

| 图例 | | 街道的轮廓线 |
| --- | --- | --- |
| | | 街道的中心线 |
| | | 单位街道的面积 |
| 注释 | 街道的中心线绘制、单位街道的面积计算使用了 ArcGIS 软件的 Axwoman 6.26 插件 | |

　　首先，在描述整体街道特征的指标当中，总单位街道数是指对象地域所示的范围内的单位街道总数，将所有单位街道的数量相加得出。

　　总单位街道长是指对象地域所示的范围内的单位街道总长度，将所有单位街道的中心线长度相加得出。

　　网格轴线度是空间句法理论中提出的指标，用来表示和正交网格比较时街道网络构成的变形程度，取值在 0～1 之间，值越接近 1 则表示街区的变形越少，越趋向于正交网格形态，反之值越接近 0 则表示街区的形状越不规则[35]。具体计算方法见表 2.3。

表 2.3　网格轴线度的计算方法

| 计算方法 | 网格轴线度的值由公式（1）求得：<br>$$Ga=(2\sqrt{I}+2)/L \qquad (1)$$<br>$I$：网格数（islands），这里的网格数（islands）是指街区（blocks），表示周围被包围的连续的建筑群<br>$L$：轴线数（axial lines）（是表示了最长视线、直线移动的轴线） |
| --- | --- |

　　其次，在描述单位街道特征的指标当中，单位街道长度是指某条单位街道的长，使用 ArcGIS 软件计算该单位街道的中心线长度得出。

　　单位街道宽度是指某条单位街道的平均宽度，使用 ArcGIS 软件计算该单位街道的面积并除以该单位街道的长度得出。

　　整合度是空间句法理论中的重要指标，可以用来表示街道空间的构造。当它的值高于 1 时则表示该空间是整合的，容易从其他空间抵达，在对象地域范围内的中心性高；反之，当它的值低于 1 时，则表示该空间处于较深的位置，与其他空间分离,不易抵达。整合度的具体计算方法如表2.4所示。另外,单位街道整合度是指某条单位街道的平均整合度,计算方法见表2.5。

**表 2.4　整合度的计算方法**

| 说明 | 整合度的值采用表示了最长视域、直线移动距离的轴线数(axial lines)作为基本单位 |
|---|---|
| 计算方法 | 整合度的值由公式(2)～公式(4)求得:<br>$$RA = 2(MD-1)/(k-2) \qquad (2)$$<br>$$RRA = RA/D_k \qquad (3)$$<br>$$\text{Integration Value} = 1/RRA \qquad (4)$$<br>$RA$(relative asymmetry):地域全体的相对深度($RA$的值越大,空间在对象地域中越处于相对深的位置);<br>$MD$(mean depth):平均深度(指系统中某个节点到其他所有节点的最少步数的平均值);<br>$k$:轴线的总数;<br>$RRA$(real relative asymmetry):$RA$标准化后的值(为了排除地域规模的影响而进行标准化处理);<br>$D_k$:标准化时使用的值,$D$值随$k$的取值而变化,通常在解析时$k$值限定在5以上;<br>　该值由以下式(5)求得[99]:<br>$$D_k = \frac{2\left\{k\left[\log_2\left(\dfrac{k+2}{3}\right)-1\right]+1\right\}}{(k-1)(k-2)} \qquad (5)$$<br>Integration Value:为了让$RRA$的值更容易理解,通过公式(4)进行了处理 |
| 注释 | 整合度的计算使用了ArcGIS软件的Axwoman 6.26插件 |

**表 2.5　单位街道整合度的计算方法**

| 计算方法 | 单位街道当中只有1条轴线的情况下,直接计算该单位街道当中轴线的整合度数值 | 单位街道当中有复数轴线的情况下,则计算该单位街道当中所有轴线的整合度数值,再求平均值 |
|---|---|---|
| 图例 | <br>单位街道整合度(Int. $V$)＝$a$ | <br>单位街道整合度(Int. $V$)＝$(a+b)/2$ |
| 注释 | 轴线由Depthmap软件自动计算生成<br>黑色直线表示街道边缘;灰色直线表示街道的轴线,不同灰度表示整合度数值不同 | |

弯曲度是本研究为了表示单位街道的曲直程度而提出的分析指标。单位街道弯曲度是指某条单位街道的平均弯曲度,计算方法基于空间句法中表示最长直线移动距离的轴线概念,如表2.6所示,把空白地图和该地图的轴线图重叠后,计算该单位街道中包含的轴线数量,数值越大则表示该单位街道越曲折。

**表 2.6　单位街道弯曲度的计算方法**

| 图例 | |
|---|---|
| 注释 | 轴线由Depthmap软件自动计算生成<br>黑色直线表示街道边缘;灰色直线表示街道的轴线,不同灰度表示整合度数值不同 |

## （2）用来描述路径选择结果的用语和指标

为了把握被调查者的散步路径选择行为的基本特征,采用 7 个指标进行解析,分别是描述整体路径特征的"选择单位街道数""散步路径长""转折频率",以及描述选择的单位街道特征的"选择单位街道长度""选择单位街道宽度""选择单位街道整合度""选择单位街道弯曲度"。

其中,在描述整体路径特征的指标当中,选择单位街道数是指选择的散步路径中包含的单位街道总数,将路径通过的所有单位街道的数量相加得出。

散步路径长是指在空白地图上想象描绘的路径的长度,将路径通过的所有单位街道的长度相加得出。

转折频率是本研究为了表示整体路径前进方向的改变程度、曲直程度而提出的分析指标。计算方法基于空间句法理论的轴线概念,如表 2.7 所示,将描绘的步行路径和该地图的轴线图重叠后,计算该路径中包含的轴线数量,数值越大则表示前进方向的改变程度越大,路径也越曲折。

表 2.7 转折频率的计算方法

| 正交网格型街道网络 | | | 不规则型街道网络 | | |
|---|---|---|---|---|---|
| 轴线 | 空白地图和路径 | 路径中包含的轴线 | 轴线 | 空白地图和路径 | 路径中包含的轴线 |
| 值越高则步行者经过交叉路口时改变路径方向的倾向越高 | 转折频率=16 转折频率=4 | | 值越高则散步路径越曲折 | 转折频率=36 转折频率=23 | |
| 注释 | 轴线由 Depthmap 软件自动计算生成 黑色空心实线表示街道边缘;黑色带箭头实线表示散步路径; 灰色实线表示街道的轴线;黑色圆点表示前进方向改变地点 | | | | |

## 四、研究对象地域的街道网络模式特征

使用上述用来描述街道客观特征的 7 个指标,考察各个研究对象地域的街道网络模式。各对象地域的街道网络特征的指标值计算结果如表 2.8 所示。通过比较各对象地域的指标值得出:1 萨凡纳和 12 广岛的总街道数量较多,街道结构接近正交网格型,街道间的可达性较强;2 戈尔德和 9 热那亚表现出相反的特征,即总体的街道数量较少,街道结构呈不规则型;4 福冈、8 阿雷基帕和其他对象地域相比,由宽阔的大街和狭窄的小道共同组成,使其单位街道宽度的标准偏差值也更大。相比之下其他对象地域的指标值并无十分显著的特征,但参考图 2.3 的街道网络类型可以发现,3 华盛顿、7 菲斯和 11 巴塞罗那存在一些几何形态的、形状比较特殊的街区。

表 2.8 各对象地域的街道网络指标值

| 对象地域 | 整体街道 | | | 单位街道长度/m | | 单位街道宽度/m | | 单位街道整合度 | | 单位街道弯曲度 | |
|---|---|---|---|---|---|---|---|---|---|---|---|
| | 总单位街道数 | 总单位街道长/m | 网格轴线度 | 均值 | 标准差 | 均值 | 标准差 | 均值 | 标准差 | 均值 | 标准差 |
| 1 萨凡纳 | 432 | 29 871.98 | 0.33 | 69.15 | 37.34 | 5.82 | 0.27 | 4.06 | 0.98 | 1.05 | 0.22 |
| 2 戈尔德 | 100 | 13 981.06 | 0.09 | 139.81 | 188.61 | 8.47 | 2.67 | 2.07 | 0.68 | 2.17 | 1.26 |
| 3 华盛顿 | 192 | 20 839.40 | 0.17 | 108.54 | 80.44 | 5.73 | 0.70 | 2.88 | 0.75 | 1.32 | 0.51 |
| 4 福冈 | 219 | 16 507.92 | 0.23 | 75.38 | 46.01 | 13.22 | 9.62 | 3.31 | 0.72 | 1.21 | 0.42 |
| 5 佩鲁贾 | 384 | 25 134.64 | 0.06 | 65.46 | 53.24 | 5.03 | 1.21 | 2.34 | 0.85 | 1.65 | 0.89 |
| 6 鹿港 | 229 | 19 348.73 | 0.13 | 84.49 | 62.97 | 8.13 | 2.64 | 2.85 | 0.82 | 1.26 | 0.53 |
| 7 菲斯 | 465 | 25 518.90 | 0.16 | 54.88 | 48.86 | 7.42 | 1.92 | 3.32 | 1.03 | 1.08 | 0.27 |
| 8 阿雷基帕 | 251 | 20 164.56 | 0.15 | 80.34 | 53.84 | 10.30 | 6.27 | 2.92 | 0.89 | 1.19 | 0.43 |
| 9 热那亚 | 138 | 20 726.57 | 0.07 | 150.19 | 135.79 | 7.97 | 2.95 | 1.92 | 0.55 | 2.18 | 1.55 |
| 10 青岛 | 135 | 15 342.92 | 0.20 | 113.65 | 87.05 | 8.15 | 1.37 | 2.75 | 0.58 | 1.20 | 0.74 |
| 11 巴塞罗那 | 345 | 24 991.37 | 0.12 | 72.44 | 46.02 | 5.35 | 1.13 | 3.09 | 0.86 | 1.19 | 0.46 |
| 12 广岛 | 405 | 27 720.98 | 0.29 | 68.45 | 40.23 | 12.41 | 13.58 | 3.82 | 1.03 | 1.02 | 0.14 |

可以看出各对象地域拥有不同的街道网络特征,这也与它们所处的地理位置、政治或经济情况有关。比如 2 戈尔德的所示街区是依靠山头而建的,9 热那亚紧靠其北部的山脉,由于地势原因,在街道建设时保留了原有的自然地貌,因此形成了这种稀疏、长而曲折的街道形状,这类街道网络的空间连接性较弱,不论对于步行者还是车辆交通移动都缺乏便利性,在一般的城市中并不多见。相对的,其他对象地域多位于平原、丘陵或盆地,地形较平坦,适合建设城市街道,形成了常见的网格型或比较规则的街道网络,特别是一些交叉路口数量多、道路较短的街区,比如

1 萨凡纳和 7 菲斯等地,能给步行者带来更丰富的视觉体验,让街道更加具有活力。还有些地区比如 3 华盛顿,根据行政需求发展出了圆形或菱形等人工几何形态的街区,这类街道网络模式也比较少见。

## 五、模拟情境下的休闲步行路径选择结果

### (1) 整体路径的选择结果特征

本小节将对基于地图记录法的路径选择实验的结果进行考察分析。使用前文用来描述被调查者的路径选择行为基本特征的 7 个指标,定量计算各对象地域的路径选择结果。如表 2.9 所示,整体来看,选择结果和各对象地域的街道网络特征一样,表现出差异性,可以初步预测路径中选择的街道特征会根据对象地域本身的街道特征发生改变。

进一步针对各个指标值做具体分析。本节考察表示被调查者的整体路径特征的 3 个指标,对表 2.8 所述各对象地域街道网络特征的指标值和表 2.9 所述各对象地域路径选择结果进行相关性解析,分别比较对应的 3 组数据,结果见图 2.5。

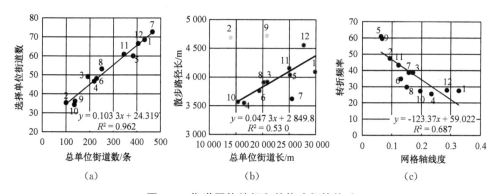

|       | (a) | (b) | (c) |

**图 2.5　街道网络特征和整体路径的关系**

从图 2.5(a)对象地域的总单位街道数和选择单位街道数来看,各对象地域分别有 35 至 75 条的单位街道被选择,两个指标之间的 $R^2$ 值达到 0.962,说明存在高度的相关性,表现出对象地域内的街道数量越多,被调查者在路径中通过的街道数量也越多的倾向,大约是总单位街道数量每增加 100 条,选择单位街道数增加 10 条,即 1/10 的比例。

从图 2.5(b)总单位街道长和散步路径长来看,在对象地图上想象散步的情境下,各对象地域的路径长度在 3 500 m 至 4 700 m 之间,大致表现出对象地域的总单位街道长度越长,散步路径也越长的倾向。然而,这两个指标的 $R^2$ 值很低,只有0.530,尤其是 2 戈尔德和 9 热那亚偏离拟合直线较大,与其他对象地域相比,它们

表2.9　各对象地域的路径选择指标值

| 对象地域 | 选择单位街道数 | | 散步路径长/m | | 转折频率 | | 选择单位街道长度/m | | 选择单位街道宽度/m | | 选择单位街道整合度 | | 选择单位街道弯曲度 | |
|---|---|---|---|---|---|---|---|---|---|---|---|---|---|---|
| | 均值 | 标准差 | 均值 | 标准差 | 均值 | 标准差 | 均值 | 标准差 | 均值 | 标准差 | 均值 | 标准差 | 均值 | 标准差 |
| 1 萨凡纳 | 68.63 | 27.74 | 4 093.28 | 2 020.97 | 27.56 | 13.99 | 59.09 | 5.89 | 5.81 | 0.05 | 4.15 | 0.29 | 1.04 | 0.04 |
| 2 戈尔德 | 35.34 | 10.31 | 4 682.46 | 1 837.02 | 47.47 | 14.53 | 143.32 | 42.41 | 9.07 | 0.63 | 2.20 | 0.13 | 2.07 | 0.24 |
| 3 华盛顿 | 49.20 | 11.34 | 3 917.19 | 1 076.73 | 38.74 | 9.91 | 79.96 | 10.53 | 5.62 | 0.11 | 2.72 | 0.10 | 1.39 | 0.07 |
| 4 福冈 | 46.68 | 16.34 | 3 549.02 | 1 167.93 | 25.48 | 13.37 | 77.35 | 9.52 | 19.25 | 5.65 | 3.61 | 0.21 | 1.23 | 0.08 |
| 5 佩鲁贾 | 60.04 | 23.07 | 4 040.54 | 1 566.34 | 60.98 | 25.12 | 69.08 | 8.42 | 5.34 | 0.25 | 2.57 | 0.23 | 1.67 | 0.15 |
| 6 庵港 | 48.18 | 16.30 | 3 759.27 | 1 359.16 | 34.83 | 14.79 | 78.99 | 9.80 | 9.22 | 1.24 | 3.18 | 0.28 | 1.24 | 0.09 |
| 7 菲斯 | 72.72 | 23.73 | 3 621.37 | 1 169.98 | 38.76 | 17.08 | 51.44 | 8.42 | 7.79 | 0.47 | 3.63 | 0.27 | 1.06 | 0.03 |
| 8 阿雷基帕 | 52.57 | 16.88 | 3 910.37 | 1 241.88 | 29.77 | 15.95 | 75.80 | 10.34 | 14.58 | 4.37 | 3.32 | 0.37 | 1.13 | 0.05 |
| 9 热那亚 | 36.17 | 10.95 | 4 718.81 | 1 754.12 | 59.64 | 20.59 | 132.28 | 21.11 | 8.69 | 0.92 | 2.06 | 0.11 | 2.07 | 0.27 |
| 10 青岛 | 34.32 | 7.35 | 3 566.53 | 905.10 | 27.28 | 6.61 | 104.84 | 13.09 | 8.32 | 0.41 | 2.83 | 0.13 | 1.20 | 0.10 |
| 11 巴塞罗那 | 60.97 | 19.38 | 4 156.61 | 1 346.67 | 43.31 | 16.25 | 68.60 | 6.87 | 5.53 | 0.19 | 3.20 | 0.21 | 1.21 | 0.07 |
| 12 广岛 | 66.59 | 24.85 | 4 557.89 | 1 518.64 | 27.84 | 17.12 | 70.52 | 12.62 | 20.09 | 8.96 | 4.17 | 0.26 | 1.02 | 0.03 |

的总单位街道长度较短但散步路径长度较长,查阅表2.8得知,这两个对象地域的单位街道长度的标准差值最大,进一步结合图2.3发现,这两个对象地域的路径都集中在长度较长的街道上,即被调查者选择了更长的街道,故造成路径长度与对象地域的总街道长度不拟合的现象,这也表明了路径选择结果会受到对象地域独特的街道网络特征的影响。

从图2.5(c)网格轴线度和转折频率来看,二者呈现出负相关倾向,即对象地域的网格轴线度越高,散步路径的转折频率越低,也就是说街道网络的结构越不规则,人们越容易改变直行方向或者路径越曲折。基于上述结果,可以说明整体路径的特征会根据对象地域本身的街道特征发生改变。

## (2)选择单位街道的客观特征

本节将考察单位街道的特征与被调查者的路径选择结果之间的关系,即重点考察选择单位街道的4个指标。这里把被调查者选择的路径通过某条单位街道的次数称为该单位街道的"选择次数",图2.6展示各对象地域的单位街道选择次数结果,街道的线条颜色越深且越宽表示其被选择通过的次数越多。另外,各单位街道的选择次数的最大值为:被调查者30名×实验3次=90次。下面将基于这个结果进行深入分析。

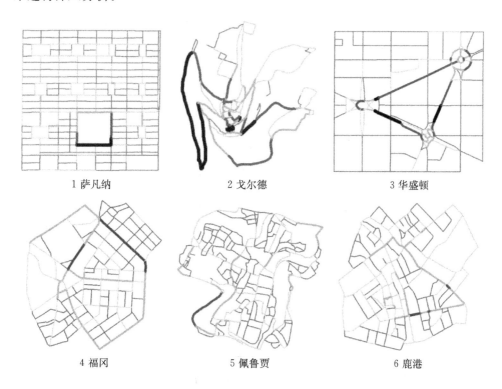

| 1 萨凡纳 | 2 戈尔德 | 3 华盛顿 |
| 4 福冈 | 5 佩鲁贾 | 6 鹿港 |

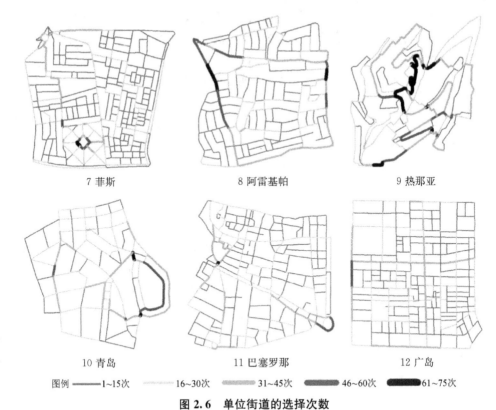

7 菲斯　　　　　　　8 阿雷基帕　　　　　　9 热那亚

10 青岛　　　　　　　11 巴塞罗那　　　　　　12 广岛

图例 ———1~15次　———16~30次　———31~45次　———46~60次　———61~75次

**图 2.6　单位街道的选择次数**

首先,通过平均值比较等方法初步描述散步路径中的选择单位街道的特征。这里采用 4 个特征值进行描述,各自的名称及定义如表 2.10 所示。

**表 2.10　用来初步描述选择单位街道特征的 4 个特征值**

| 名称 | 定义 |
|---|---|
| 地图平均 | 用来描述各个对象地域的街道网络特征的平均特征,即表 2.8 中所示各单位街道指标值的均值 |
| 选择平均 | 是指以一名被调查者的路径选择结果为计算单位,该被调查者在 3 次路径选择实验中至少选择了 1 次的街道,这些街道的单位街道指标值的均值 |
| 选择频率 3 平均 | 是指以一名被调查者的路径选择结果为计算单位,该被调查者在 3 次路径选择实验中都选择的街道,这些街道的单位街道指标值的均值。用来表示被调查者比较感兴趣的街道的特征 |
| 非选择平均 | 是指以一名被调查者的路径选择结果为计算单位,该被调查者在 3 次路径选择实验中一次都没有选择的街道,这些街道的单位街道指标值的均值。用来表示不能引起被调查者散步兴趣的街道的特征 |

各对象地域的地图平均、选择平均、选择频率 3 平均、非选择平均的比较结果如图 2.7 所示。由图可知,地图平均和非选择平均的倾向基本相同,因此在分析中省略地图平均,重点分析比较剩下的 3 个特征值。

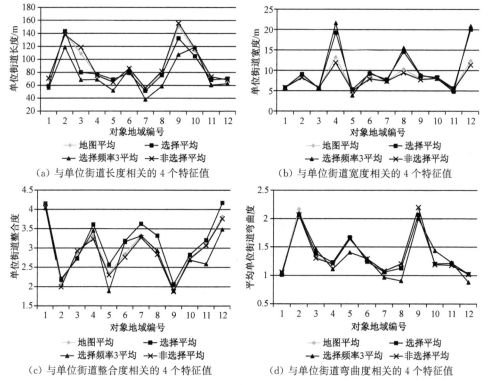

(a) 与单位街道长度相关的 4 个特征值　　(b) 与单位街道宽度相关的 4 个特征值

(c) 与单位街道整合度相关的 4 个特征值　　(d) 与单位街道弯曲度相关的 4 个特征值

**图 2.7　单位街道各特征值之间的比较结果**

从图 2.7(a)单位街道长度来看,大多数对象地域当中选择频率 3 平均的值最小,接着是选择平均、非选择平均,表现出单位街道长度越短,被选择的次数越多的倾向。但是,6 鹿港和 10 青岛的选择频率 3 平均的值在所有特征值中最大,即越长的街道被选择的次数越多,推测这是由于它们的街道网络中有一些大型街区,在整个区域中比较醒目容易被选择,而这些街区又由比较长的街道构成,因此造成了和其他对象地域不同的结果。

从图 2.7(b)单位街道宽度来看,选择平均和选择频率 3 平均的值大致相同,几乎在所有对象地域当中,这两个特征值的数值都比非选择平均的值要高,表现出被调查者们更倾向于选择宽阔的街道。特别是 4 福冈、8 阿雷基帕和 12 广岛,选择平均和选择频率 3 平均的值要明显高于非选择平均,正如前文中所述,这些对象地域的单位街道宽度的标准差较大,地图所示范围内有醒目宽阔的大道容易引起被调查者的注意,因此这些道路也比较容易被选择。

从图 2.7(c)单位街道整合度来看,全部对象地域当中选择平均的值都比非选择平均要高,表现出整合度高的街道容易被选择的倾向。同时,在部分对象地域当中选择频率 3 平均的值比非选择平均要低,特别是 5 佩鲁贾和 11 巴塞罗那更加明显,可以推测在这类复杂的或者无规则的街道网络当中,被调查者的整体路径倾向于简洁易懂的街道,但是,如果说到更能引起人们兴趣和注意的街道特征,仍然是那些相对复杂的街道。

从图 2.7(d)单位街道弯曲度来看,选择平均的值和非选择平均没有明显差别,而大多数对象地域中选择频率 3 平均的值更低,即这些对象地域中直线形的街道更容易被频繁选择。但是,3 华盛顿和 10 青岛的选择频率 3 平均的值比其他特征值高,即曲线形的街道容易被选择,推测这是因为这两个对象地域中有一些形状特殊的街区,它们由许多曲线街道构成,容易引起被调查者的兴趣,会使其在散步时通过这些地方。

(3) 单位街道的客观特征与其选择次数的关系

接着为了把握被调查者们频繁选择的街道有什么特点,对单位街道特征与其被选择次数进行关联分析。

所有单位街道的选择次数的构成比例如图 2.8 所示。选择次数是 0 次的单位街道的构成比例较小,也就是说几乎所有的街道都至少被选择了 1 次。在大多数的对象地域当中,单位街道的选择次数在 1 至 10 次、11 至 20 次的占比较多,合计大约为 70%。6 鹿港和 12 广岛的单位街道选择次数仅停留在 1 至 50 次的范围内,最大选择次数也只有 41 次,相对较少。在 1 萨凡纳、3 华盛顿和 10 青岛当中,单位街道选择次数达到 61 次以上的街道分别占该对象地域总单位街道数的 0.7%、2.6%、1.5%。在 2 戈尔德和 8 阿雷基帕当中,单位街道选择次数达到 61 次以上的街道分别占比 4% 和 1.2%,并且分别有 1%、0.4% 的单位街道选择次数达到 71 次以上,和其他对象地域相比,这两地的单位街道最大选择次数的值较高,即部分街道表现出被人们集中选择的倾向。

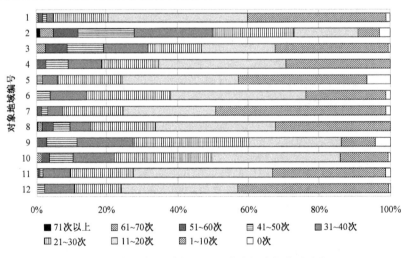

图 2.8　各对象地域的单位街道选择次数构成比例

基于此结果,将单位街道的选择次数作为因变量,单位街道的长度、宽度、整合度、弯曲度这 4 个指标作为自变量,进行多元线性回归分析,分别计算整体对象地域和各对象地域的结果,见表 2.11。

表 2.11　单位街道选择次数与单位街道特征的关联

| 对象地域编号 | 整体对象地域 | | 1 | | 2 | | 3 | | 4 | | 5 | |
|---|---|---|---|---|---|---|---|---|---|---|---|---|
| 样本数 | 3 238 | | 427 | | 97 | | 191 | | 219 | | 359 | |
| 多重相关系数 | 0.406 | | 0.381 | | 0.486 | | 0.529 | | 0.863 | | 0.463 | |
| | Bate | VIF | Bate | VIF | Bate | VIF | Bate | VIF | Bate | VIF | Bate | VIF |
| 标准偏回归系数 单位街道长度 | −0.138** | 1.542 | −0.412** | 1.022 | 0.148 | 1.776 | −0.449** | 1.193 | −0.011 | 1.501 | 0.060 | 1.440 |
| 单位街道宽度 | 0.358** | 1.071 | 0.153** | 1.204 | 0.194 | 1.427 | −0.027 | 1.159 | 0.694** | 1.416 | 0.274** | 1.221 |
| 单位街道整合度 | 0.105** | 1.244 | 0.052 | 1.284 | 0.361** | 2.730 | −0.143** | 1.111 | 0.280** | 1.309 | 0.325** | 1.968 |
| 单位街道弯曲度 | 0.254** | 1.689 | 0.034 | 1.073 | 0.177 | 2.943 | 0.129 | 1.117 | 0.126** | 1.142 | 0.198** | 2.073 |

| 对象地域编号 | 6 | | 7 | | 8 | | 9 | | 10 | | 11 | | 12 | |
|---|---|---|---|---|---|---|---|---|---|---|---|---|---|---|
| 样本数 | 226 | | 459 | | 251 | | 132 | | 134 | | 340 | | 403 | |
| 多重相关系数 | 0.748 | | 0.387 | | 0.815 | | 0.586 | | 0.516 | | 0.435 | | 0.730 | |
| | Bate | VIF | Bate | VIF | Bate | VIF | Bate | VIF | Bate | VIF | Bate | VIF | Bate | VIF |
| 标准偏回归系数 单位街道长度 | −0.145* | 1.925 | −0.099 | 1.059 | −0.196** | 1.525 | −0.386** | 1.857 | −0.542** | 1.207 | −0.244** | 1.259 | −0.167** | 1.088 |
| 单位街道宽度 | 0.427** | 1.654 | 0.210** | 1.131 | 0.731** | 1.417 | 0.423** | 1.321 | 0.222** | 1.028 | 0.338** | 1.148 | 0.638** | 1.215 |
| 单位街道整合度 | 0.452** | 1.674 | 0.301** | 1.403 | 0.159** | 1.390 | 0.287** | 2.449 | 0.298** | 2.408 | 0.097 | 1.142 | 0.289** | 1.335 |
| 单位街道弯曲度 | 0.184** | 1.631 | 0.019 | 1.248 | 0.062 | 1.346 | 0.429** | 2.738 | 0.649** | 2.597 | 0.251** | 1.248 | −0.024 | 1.183 |

图例　0.000≤|value|<0.200 ｜ 0.200≤|value|<0.400 ｜ 0.400≤|value|<0.700 ｜ 0.700≤|value|<1.000　　$P$ value　　**$p<0.01$　*$p<0.05$

从多重相关系数来看，不同对象地域的拟合程度有很大差别。4 福冈、6 鹿港、8 阿雷基帕和 12 广岛的值更高，而 1 萨凡纳和 7 菲斯的值最低，仅有 0.38 左右，可以说在这两个对象地域当中，只依靠单位街道的 4 个指标难以准确地解释单位街道的选择次数，推测还存在其他因素影响了散步路径选择。

从标准偏回归系数来看，整体对象地域的计算结果当中单位街道宽度的值最大，其次是单位街道弯曲度。在大多数对象地域当中，单位街道宽度和单位街道整合度的标准偏回归系数较大，具有显著的影响力，说明这些宽阔的、和周围空间连接紧密的街道更容易被选择。另外，较短或较弯曲的单位街道也表现出容易被选择的倾向，但是这两个指标的影响作用根据对象地域的不同有很大差别，比如 1 萨凡纳和 3 华盛顿的单位街道长度的影响力更大，而 9 热那亚和 10 青岛则是单位街道弯曲度的影响力更大。由图 2.6 单位街道的选择次数分布情况得知，1 萨凡纳和 3 华盛顿分别拥有大型街区和特殊的几何形街区，这些街区中的单位街道的选择次数十分集中，同时这些单位街道的长度也相对较长；9 热那亚的中心区域拥有十分曲折的街道，10 青岛的东侧有一片较大的椭圆形街区，这些街区的单位街道的选择次数比较集中，且街道的弯曲程度也较高。

通过以上结果发现，在只有空白地图的街道网络信息的情况下，选择散步路径时不仅会受到单位街道特征的影响，还会受到复数街道所构成的街区的影响，因此可以推测这些街区的平面形态也会引起被调查者的兴趣和关注。

## 六、路径选择过程中的吸引点

在上一节中说到，虽然部分对象地域可以用单位街道的 4 个指标来解释被选择次数，但是如果对象地域中存在形状特殊的街区，则难以用这些指标进行充分说明。我们已经提出假设，即这些形状特殊的街道或街区容易引起人们的兴趣并被选择，因此本节将针对被调查者选择的吸引点，去考察它们和路径选择行为之间的关联。

（1）街道网络中存在的吸引点

吸引点的分布情况如图 2.9 所示。黑色线条围合的区域为吸引点，线条越集中则表示该区域作为吸引点被选择的次数越多。整理计算各对象地域的吸引点个数以及面积大小，结果如表 2.12 所示。

从吸引点的个数来看，所有的对象地域都有 1 至 2 个吸引点，其中 3 华盛顿的略多，推测这是受到了该地 3 个特殊几何形状街区的影响。从吸引点的面积[①]来看，大多数对象地域的吸引点面积合计约 50 000 m²，其中 4 福冈、10 青岛、12 广岛

---

① 如图 2.9 所示，地图上用线圈起来的部分是被调查者选择的吸引点，将图像导入 ArcGIS 软件后进行面积计算。

的吸引点面积相对较大,特别是 4 福冈的面积大约是其他对象地域的两倍,虽然其他对象地域中也有一些大型的街区,但是 4 福冈西侧的几个大型街区距离较近,容易被人们合并在一起圈出,因此造成面积变大。

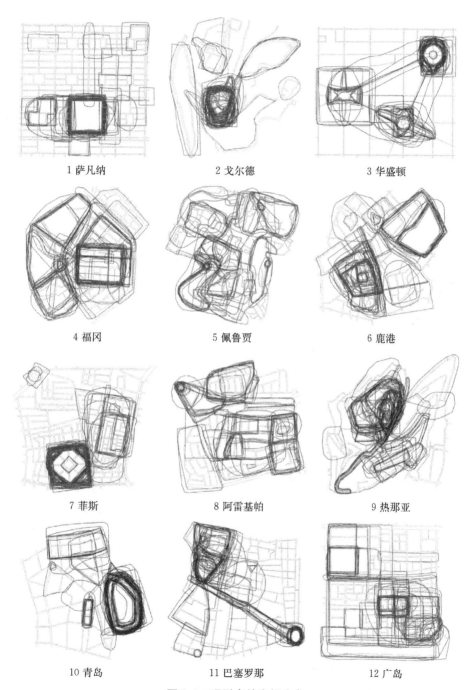

| | | |
|---|---|---|
| 1 萨凡纳 | 2 戈尔德 | 3 华盛顿 |
| 4 福冈 | 5 佩鲁贾 | 6 鹿港 |
| 7 菲斯 | 8 阿雷基帕 | 9 热那亚 |
| 10 青岛 | 11 巴塞罗那 | 12 广岛 |

**图 2.9　吸引点的空间分布**

表 2.12 吸引点的特征

| 对象地域 | 吸引点的个数 | | 吸引点的面积/m² | |
|---|---|---|---|---|
| | 均值 | 标准差 | 均值 | 标准差 |
| 1 萨凡纳 | 1.48 | 0.62 | 58 898.12 | 29 195.48 |
| 2 戈尔德 | 1.28 | 0.47 | 51 698.24 | 36 315.15 |
| 3 华盛顿 | 2.14 | 0.80 | 49 370.41 | 60 552.76 |
| 4 福冈 | 1.24 | 0.43 | 107 400.82 | 66 883.83 |
| 5 佩鲁贾 | 1.40 | 0.55 | 49 668.66 | 45 408.51 |
| 6 鹿港 | 1.29 | 0.48 | 64 448.92 | 53 255.83 |
| 7 菲斯 | 1.51 | 0.54 | 57 945.30 | 35 659.04 |
| 8 阿雷基帕 | 1.28 | 0.47 | 55 627.82 | 50 937.65 |
| 9 热那亚 | 1.18 | 0.41 | 57 059.52 | 45 797.73 |
| 10 青岛 | 1.37 | 0.53 | 84 933.04 | 51 325.14 |
| 11 巴塞罗那 | 1.40 | 0.59 | 38 778.16 | 39 178.93 |
| 12 广岛 | 1.40 | 0.59 | 83 756.49 | 91 792.95 |

（2）吸引点中的单位街道的客观特征

和前一节一样,通过平均值比较等方法初步描述散步路径中的吸引点内选择单位街道的特征。这里也采用 4 个特征值进行描述,各自的名称以及定义如表 2.13 所示。

表 2.13 用来初步描述吸引点中选择单位街道特征的 4 个特征值

| 名称 | 简称 | 定义 |
|---|---|---|
| 吸引点内地图平均 | 地图平均 | 用来描述吸引点中街道网络特征的平均特征,即表 2.8 中各单位街道指标值的均值 |
| 吸引点内选择平均 | 选择平均 | 是指以一名被调查者的路径选择结果为计算单位,该被调查者在 3 次路径选择实验中作为吸引点至少选择了 1 次的街道,这些街道的单位街道指标值的均值 |
| 吸引点内选择频率 3 平均 | 选择频率 3 平均 | 是指以一名被调查者的路径选择结果为计算单位,该被调查者在 3 次路径选择实验中都选择作为吸引点的街道,这些街道的单位街道指标值的均值。用来表示被调查者比较感兴趣的街道的特征 |
| 吸引点内非选择平均 | 非选择平均 | 是指以一名被调查者的路径选择结果为计算单位,该被调查者在 3 次路径选择实验中一次都没有选择作为吸引点的街道,这些街道的单位街道指标值的均值。用来表示不能引起被调查者散步兴趣的街道的特征 |

各对象地域的地图平均、选择平均、选择频率 3 平均、非选择平均的比较结果如图 2.10 所示。同样,因为地图平均和非选择平均的倾向基本相同,所以在分析中省略地图平均,重点分析比较剩下的 3 个特征值。

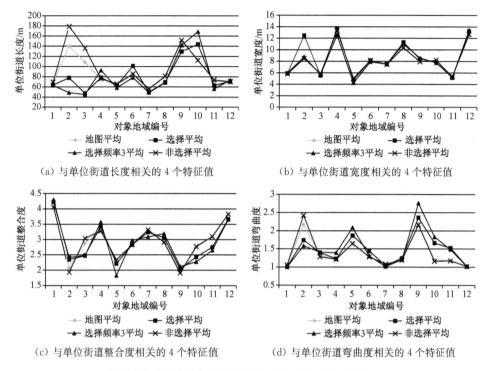

（a）与单位街道长度相关的4个特征值　　　　（b）与单位街道宽度相关的4个特征值

（c）与单位街道整合度相关的4个特征值　　　　（d）与单位街道弯曲度相关的4个特征值

**图 2.10　吸引点内单位街道各特征值之间的比较结果**

从图 2.10(a)单位街道长度来看,吸引点内的选择平均、选择频率 3 平均、非选择平均之间并没有表现出和图 2.7 相似的倾向,而是根据不同的对象地域表现出了差异性。尤其是 2 戈尔德和 10 青岛,3 个特征值之间的差异很大,对照图 2.3 的街道网络发现,2 戈尔德中心区域的街道短小而密集,10 青岛地域内有较长的街道构成了大型街区,这些地方与周围区域形成对比从而吸引了被调查者的注意。

从图 2.10(b)单位街道宽度来看,吸引点内的选择平均、选择频率 3 平均、非选择平均表现出相似的倾向,除了 2 戈尔德的选择平均的值略大以外并没有什么明显的差异。正如前文中所述,2 戈尔德中心区域的单位街道相对密集,容易引起人们的注意,这些街道的一部分宽度较宽,加上东西两侧的大型街区也由较宽的街道构成,因此使选择平均的数值较高。

从图 2.10(c)单位街道整合度来看,相对于非选择平均的值,选择平均和选择频率 3 平均表现出更加相似的倾向,而 3 华盛顿、5 佩鲁贾和 10 青岛的选择频率 3 平均的值稍低,即空间连接关系弱的街道更容易作为吸引点被人们选择。根据吸引点的空间分布图可知,形状特殊的街区作为吸引点被选择的次数较多,这些街区大多数是由曲线形或复杂的街道构成,因此造成了空间连接关系较弱。

从图 2.10(d)单位街道弯曲度来看,大多数对象地域中,选择平均和选择频率 3 平均的值比非选择平均略高,特别是 5 佩鲁贾、9 热那亚和 10 青岛的数值差较大,推测这是因为这些对象地域中有十分曲折的街道,会引起被调查者的兴趣。2戈尔德虽然也有曲折的街道,但是地区中央密集处的许多街道是由直线形组成,由于这些街道被选择的次数较多造成了选择平均和选择频率3平均的值变低。

### (3) 吸引点与单位街道的客观特征的关系

和图 2.8 一样,整理所有吸引点内单位街道的选择次数和构成比例,结果如图 2.11 所示。整体来看,单位街道的选择次数占比最多的是 1~10 次,约 50%,接着是选择次数 0 次,占比 10% 至 30%。具体看各对象地域的特征的话,在 1 萨凡纳、2 戈尔德、7 菲斯和 10 青岛当中,有少量吸引点内单位街道的选择次数非常多,比如 1 萨凡纳,有一小部分街道的选择次数在 71 次以上,根据吸引点分布图可以推测这些频繁被选择的街道集中在同一处,即地区南部的大型街区附近。与之相反,6 鹿港和 11 巴塞罗那等地的最大选择次数只有 41~50 次,5 佩鲁贾和 8 阿雷基帕的最大选择次数仅 21~30 次,这是由于前者的对象地域范围内存在多个形状特殊的街区,分散了人们的注意力,而后者的街道网络模式相对来说缺少特色,难以引起人们的兴趣。

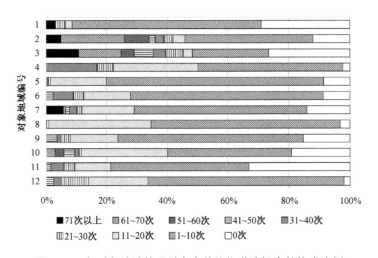

**图 2.11　各对象地域的吸引点内单位街道选择次数构成比例**

接着,以吸引点内单位街道的选择次数作为因变量,同样以单位街道的长度、宽度、整合度、弯曲度这 4 个指标作为自变量,进行多元线性回归分析,分别计算整体对象地域和各对象地域的结果,见表 2.14。

多重相关系数和表 2.11 的计算结果相比,数值整体下降,各对象地域的标准偏回归系数也没有明显相似的倾向。对于此结果,我们推测这是因为大多数吸引点是由复数的单位街道所组成的街区,虽然这些街区的共性特征是形状特殊、与周围空间相比更显眼,但是组成这些街区的单位街道却各不相同,共性特征不明显,因此难以用上述 4 个指标去准确拟合选择结果。然而,2 戈尔德和 3 华盛顿的多重

表 2.14　吸引点内单位街道选择次数与单位街道特征的关联

| 对象地域编号 | 整体对象地域 | | 1 | | 2 | | 3 | | 4 | | 5 | |
|---|---|---|---|---|---|---|---|---|---|---|---|---|
| 样本数 | 2 807 | | 307 | | 88 | | 141 | | 214 | | 351 | |
| 多重相关系数 | 0.179 | | 0.134 | | 0.518 | | 0.769 | | 0.329 | | 0.220 | |
| | Bate | VIF | Bate | VIF | Bate | VIF | Bate | VIF | Bate | VIF | Bate | VIF |
| 标准偏回归系数　单位街道长度 | -0.211** | 1.598 | -0.042 | 1.026 | -0.216 | 1.712 | -0.661** | 1.198 | 0.023 | 1.501 | -0.224** | 1.329 |
| 单位街道宽度 | 0.007 | 1.097 | 0.126* | 1.210 | -0.134 | 1.462 | -0.050 | 1.162 | -0.266** | 1.416 | -0.043 | 1.205 |
| 单位街道整合度 | -0.064** | 1.252 | 0.020 | 1.287 | 0.368** | 2.722 | -0.317** | 1.114 | 0.344** | 1.309 | 0.130* | 1.983 |
| 单位街道弯曲度 | 0.126** | 1.722 | -0.075 | 1.067 | -0.073 | 2.828 | 0.049 | 1.117 | -0.068 | 1.142 | 0.239** | 2.027 |

| 对象地域编号 | 6 | | 7 | | 8 | | 9 | | 10 | | 11 | | 12 | |
|---|---|---|---|---|---|---|---|---|---|---|---|---|---|---|
| 样本数 | 209 | | 400 | | 243 | | 117 | | 109 | | 231 | | 397 | |
| 多重相关系数 | 0.201 | | 0.087 | | 0.312 | | 0.393 | | 0.340 | | 0.401 | | 0.342 | |
| | Bate | VIF | Bate | VIF | Bate | VIF | Bate | VIF | Bate | VIF | Bate | VIF | Bate | VIF |
| 标准偏回归系数　单位街道长度 | -0.022 | 1.901 | -0.015 | 1.063 | -0.172* | 1.525 | -0.322* | 1.610 | -0.002 | 1.212 | -0.317** | 1.276 | -0.363** | 1.091 |
| 单位街道宽度 | -0.198* | 1.683 | 0.019 | 1.134 | -0.145* | 1.417 | 0.086 | 1.273 | -0.085 | 1.028 | -0.018 | 1.176 | 0.024 | 1.216 |
| 单位街道整合度 | 0.248** | 1.671 | -0.039 | 1.393 | 0.279** | 1.390 | 0.274* | 2.429 | -0.217* | 2.427 | -0.051 | 1.150 | -0.134* | 1.335 |
| 单位街道弯曲度 | 0.100 | 1.603 | -0.077 | 1.242 | 0.150* | 1.346 | 0.529** | 2.532 | 0.168 | 2.613 | 0.329** | 1.247 | 0.095 | 1.182 |

图例　| 0.000≤|value|<0.200 | 0.200≤|value|<0.400 | 0.400≤|value|<0.700 | 0.700≤|value|<1.000 |　P value　***p<0.01　*p<0.05

相关系数的值有所上升,当吸引点内的街道有一些共性特征时,有可能提高模型的拟合程度。

（4）吸引点与步行路径选择的关系

基于上述结果可以提出假设,即复数街道组成的吸引点对路径选择的影响与单位街道带来的影响不同。为了验证这个假设,在表 2.11 的多元线性回归模型中加入吸引点内单位街道的选择次数(以下简称吸引点的选择次数),作为新的自变量,并再次构筑扩张模型,结果如表 2.15 所示。

追加了自变量之后,多重相关系数的值与第一个模型相比整体提高,不过不同对象地域的变化程度有所差异,1 萨凡纳和 7 菲斯等地的多重相关系数提高得更加显著,而 4 福冈、6 鹿港、8 阿雷基帕和 12 广岛的值变化较小。

从标准偏回归系数来看,整体对象地域的结果当中,除了单位街道长度以外其他指标都具有一定的解释力度,尤其是吸引点的选择次数,该指标在 5 个指标当中数值最高。在不同对象地域的结果当中,吸引点的选择次数同样也都具有统计学意义,特别是 1 萨凡纳和 3 华盛顿的值较高,说明该指标的影响力也较大,对比图 2.6 的单位街道选择次数和图 2.9 吸引点的空间分布,可以发现 1 萨凡纳内部的大型街区和 3 华盛顿内部的几何形街区有一定的相似之处,即选择次数多的街道通常也是吸引点内的街道,因此可以认定形状与周围不同的街区或是形状特殊的街区容易引起被调查者的兴趣从而将它们规划在散步路径中。

在 4 福冈、8 阿雷基帕和 12 广岛当中,吸引点的选择次数的影响力相对较小,而单位街道宽度或整合度的影响力依然较大,这些地方和其他对象地域相比,一方面形状特殊的街区较少或者较为分散,另一方面又存在十分宽阔的道路形状,不仅在地图上非常醒目,而且被调查者也能判断出这些宽阔的线形代表了容易通行的大道,因此想要选择这些街道作为散步路径。另外,5 佩鲁贾和 9 热那亚的各个指标的解释力度都比较低,这是因为在这两个对象地域中无论是宽阔的街道还是形状特殊的街区都比较缺乏,因此现有的指标难以明确描述其路径选择结果。

## 七、步行者在选择散步路径时的主观偏好概述

到前一节为止,虽然已经分析了各个对象地域的街道网络特征与路径选择的关系,并得出一些客观计算的结论,但是在只有街道网络信息的情况下,被调查者是否会把空白地图上的街道仅当作图形来识别,并且只是选择了比较显眼的形状,还是可以认知街道空间并且顺利想象描绘散步路径？ 此问题将关系到前述的客观计算结果是否具有实际意义,因此有必要进行验证。

因此,为了把握被调查者如何认知空白地图上的街道、如何基于街道网络信息进行散步路径选择、是否对街道形状有一定的偏好或关注,本节把被调查者关于路

表 2.15 单位街道特征·单位街道选择次数·吸引点内单位街道选择次数的关联

| 对象地域编号 | 整体对象地域 | | 1 | | 2 | | 3 | | 4 | | 5 | |
|---|---|---|---|---|---|---|---|---|---|---|---|---|
| 样本数 | 3 238 | | 427 | | 97 | | 191 | | 219 | | 359 | |
| 多重相关系数 | 0.592 | | 0.775 | | 0.599 | | 0.666 | | 0.882 | | 0.571 | |
| | Bate | VIF | Bate | VIF | Bate | VIF | Bate | VIF | Bate | VIF | Bate | VIF |
| 单位街道长度 | −0.027 | 1.608 | −0.339** | 1.296 | 0.228 | 2.781 | −0.063 | 2.022 | −0.014 | 1.309 | 0.133* | 2.016 |
| 单位街道宽度 | 0.342** | 1.073 | 0.066 | 1.221 | 0.237* | 1.443 | 0.024 | 1.175 | 0.741** | 1.484 | 0.290** | 1.224 |
| 单位街道整合度 | 0.146** | 1.254 | 0.063* | 1.023 | 0.257* | 1.864 | 0.048 | 1.417 | 0.216** | 1.624 | 0.285** | 1.455 |
| 单位街道弯曲度 | 0.198** | 1.706 | 0.076* | 1.076 | 0.231 | 2.966 | 0.090 | 1.126 | 0.138** | 1.146 | 0.129* | 2.116 |
| 吸引点的选择次数 | 0.441** | 1.049 | 0.682** | 1.022 | 0.399** | 1.301 | 0.632** | 2.443 | 0.193** | 1.112 | 0.342** | 1.043 |

| 对象地域编号 | 6 | | 7 | | 8 | | 9 | | 10 | | 11 | | 12 | |
|---|---|---|---|---|---|---|---|---|---|---|---|---|---|---|
| 样本数 | 226 | | 459 | | 251 | | 132 | | 134 | | 340 | | 403 | |
| 多重相关系数 | 0.765 | | 0.627 | | 0.831 | | 0.630 | | 0.612 | | 0.580 | | 0.771 | |
| | Bate | VIF | Bate | VIF | Bate | VIF | Bate | VIF | Bate | VIF | Bate | VIF | Bate | VIF |
| 单位街道长度 | −0.134* | 1.679 | −0.061 | 1.408 | −0.157** | 1.448 | −0.300** | 2.588 | −0.458** | 2.474 | −0.102* | 1.279 | −0.070 | 1.489 |
| 单位街道宽度 | 0.456** | 1.686 | 0.218** | 1.131 | 0.753* | 1.435 | 0.395** | 1.335 | 0.250** | 1.035 | 0.334** | 1.148 | 0.631** | 1.216 |
| 单位街道整合度 | 0.415** | 1.977 | 0.311** | 1.059 | 0.114* | 1.605 | 0.224* | 1.931 | 0.353** | 1.235 | 0.154** | 1.280 | 0.326** | 1.111 |
| 单位街道弯曲度 | 0.167** | 1.643 | 0.044 | 1.251 | 0.035 | 1.374 | 0.304* | 3.027 | 0.513** | 2.768 | 0.132* | 1.344 | −0.048 | 1.192 |
| 吸引点的选择次数 | 0.165** | 1.044 | 0.496** | 1.013 | 0.170** | 1.126 | 0.248** | 1.145 | 0.352** | 1.146 | 0.422** | 1.201 | 0.265** | 1.137 |

图例 | 0.000≤|value|<0.200 | 0.200≤|value|<0.400 | 0.400≤|value|<0.700 | 0.700≤value<1.000 | 1.000

$P$ value **$p<0.01$ *$p<0.05$

径选择的思考、理由或者喜好等称为"主观偏好",并按照整体对象地域的共性主观偏好、各个对象地域的主观偏好来整理答案,结果分别见表2.16和表2.17。

表2.16　被调查者有关路径选择主观偏好的回答示例(整体对象地域)

| 对象地域 | 被调查者的回答示例(部分代表性回答展示) |
|---|---|
| 整体对象地域 | • 会有意识地关注小路和主要大道之间的连接,希望可以看到街道的整体和细节这两个方面<br>• 比起宽阔的大路,个人觉得狭窄的小路更能表现出一条街道的特征,也觉得在小路上散步似乎会更加有趣<br>• 因为觉得狭窄的小道或者蜿蜒曲折的道路比其他类型的街道走起来更有趣,所以想去那些道路上走走看<br>• 和直线形状的街道相比,曲线形状的街道更符合本人的喜好,因为设定是没有明确目的在街上随便走走,那样的话走街边小路,或者绕个远路看看岂不是更有趣<br>• 因为想看看这些街道整体是什么样子,所以安排了路径在整个区域绕一圈<br>• 主要选择了看起来容易走的街道,另外也想去街道比较密集的地方散步,所以把这些地方都规划到了路径里面<br>• 要是走太远的话会很累,所以就在起点附近选择了一些路线 |

表2.17　被调查者有关路径选择主观偏好的回答示例(各对象地域)

| 对象地域 | 被调查者的回答示例(部分代表性回答展示) |
|---|---|
| 1 萨凡纳 | • 对地图里比较大的街区地块感兴趣,所以把那些街区周边的街道都包含在了散步路径里<br>• 这个区域都是纵横交错的轴线,里面几个比较大的区块排列整齐,比较在意那些地方。另外地图的左下角和正下方有两片跟其他地方不太一样的区域,想知道那里是什么地方,所以也安排在散步路径里了 |
| 2 戈尔德 | • 曲线形的街道很多,走起来应该很有趣,但是也会很累<br>• 因为整个区域的道路比较错综复杂,所以优先选择了看起来比较简洁、容易行走的街道 |
| 3 华盛顿 | • 地图里面有一些几何形状的街区,想去那些地方看看<br>• 简单之中有3个形状比较特殊的街区,觉得非常有兴趣,很有魅力 |
| 4 福冈 | • 这个地图里面没有什么很感兴趣的地方,所以只选择了一些宽阔的大街<br>• 因为没有什么感兴趣的地方,所以只安排了在大道上走一走,尽量把整个街区转一遍 |
| 5 佩鲁贾 | • 有些想去的地方距离起点比较远,要是走这么远的路过去太累了,所以就没有计划去那些地方<br>• 地图靠近中心的位置有一小块圆形的街区,比较感兴趣,想去那里散步 |
| 6 鹿港 | • 因为没有什么特别能引起兴趣的地方,所以就在宽一点的街道上随便走走 |
| 7 菲斯 | • 所有街道的宽度看上去都差不多,缺乏变化,也就不是很想去散步了<br>• 区域的中心好像没多少街道,路径计划起来比较困难 |
| 8 阿雷基帕 | • 没有哪个地方是一眼看上去就非常想去的,所以就只想在比较宽阔的大街上走走<br>• 因为有一些非常宽的、比较简洁的大道,就选了那些地方 |
| 9 热那亚 | • 曲折的道路过于多了,感觉就算选择了其中的某些街道,接下来再去哪里就不知道了,所以散步的兴趣有些降低<br>• 对地图中间一部分非常蜿蜒的道路很感兴趣,但是离起点太远了,结果最后也没有去那里 |
| 10 青岛 | • 没有特别想去的地方,选了一些宽一点的街道,然后在整个区域边缘转了一圈 |
| 11 巴塞罗那 | • 地图右下角椭圆形的街区、左边放射状的街区,还有连接这两个地方的街道都想走走看<br>• 地图中间有两条平行的长长的街道,跨过整个街区,非常显眼,在那两条街上走了个来回 |

| 对象地域 | 被调查者的回答示例（部分代表性回答展示） |
|---|---|
| 12 广岛 | • 在一块一块小小的街区当中,左上角有一块非常大的区块,所以把那附近的街道含在散步路径里了<br>• 因为想去的地方距离起点有些远,总之退而求其次在宽的街道上走了走 |

从整体对象地域的回答来看,既有关于街道的宽度、曲直程度、街道连接关系等具体街道特征的主观偏好,也考虑到行走的疲劳、散步的乐趣、行走的便捷性等比较抽象的主观偏好。此外,从不同对象地域的回答来看,在 3 华盛顿和 11 巴塞罗那等地,被调查者会注意到特殊的、图形形态的街区,这些地方在一般的街区中不仅醒目,并且确实可以让人们感觉比较有趣想要走走看,故而成为影响散步路径选择的一个因素。在 1 萨凡纳和 12 广岛等地,有一些和周围地块看起来不一样的街区,主要是区块面积较大,它们也成为路径选择的理由。4 福冈、6 鹿港和 8 阿雷基帕这类比较缺乏特殊形状街道的地方,容易使人们缺少散步的兴趣从而只选择宽阔易走的街道。

基于此可以确认,被调查者能够把空白地图作为地图来正确认知,也能够把空白地图上的街道形状作为街道空间来识别,并且想象这些街道的环境以及计划散步路径,因此初步认为,使用了空白地图的地图记录法路径选择实验具有一定的有效性。另外,也可以认为被调查者会根据街道网络的特征变化,在选择路径时产生不同的主观偏好。

## 八、结语

在本章当中,我们首先实施了街道网络的相似度评价实验,把各种不同类型的街道网络进行模式化分类之后选择了一些具有代表性的不同的街区作为研究对象地域。接着,制作了这些对象地域的空白地图,基于路径记录法实施模拟情境下的路径选择实验,并且分析了被调查者如何根据对象地域的街道网络特征来选择散步路径,解析了单位街道、吸引点的特征对路径选择结果的影响,以及不同的街道网络模式下路径选择结果的差异。最后,根据被调查者在选择路径时的主观偏好回答初步说明了空白地图上的路径选择实验具有一定的有效性。本章所得的主要结论整理如下:

1. 如果在只有街道网络信息的情况下进行散步路径选择,作为整体路径的选择结果,对象地域的总单位街道长度越长散步路径也会越长,对象地域的总单位街道数量越多路径中通过的单位街道数也会越多,街道网络的构成越不规则路径的转折频率和曲折倾向也会越大。也就是说,可以确认根据对象地域街道网络模式的不同,人们的整体路径的选择倾向也会发生改变。

2. 对于人们在路径中选择的单位街道的特征,从选择的平均值来看,人们更容易选择长度较短的、宽度较宽的、和其他街道空间连接比较紧密的街道,而对于街道的曲直形状并没有明显的选择倾向。另外,选择频率高的单位街道的特征表现出和前述不同的倾向,比如单位街道整合度值较低的街道比其他街道更容易被选择,即空间位置相对较偏的支路或小道在人们的散步过程中容易被多次选择。

3. 把路径中单位街道的选择次数作为因变量,单位街道的长度、宽度、整合度、弯曲度这 4 个物理指标作为自变量,进行多元线性回归分析,结果显示宽度和整合度无论在哪种类型的街道网络当中都表现出统计学意义上的影响力,而长度和弯曲度在不同的对象地域中表现出的影响力存在差异。此外,在一些拥有特殊形状的街道或街区的对象地域当中,仅仅依靠这 4 个指标来解释单位街道的选择次数会比较困难,模型的拟合程度也并不理想。

4. 对于吸引点中选择单位街道的特征,从选择的平均值来看,大多数对象地域中弯曲度更高的单位街道更容易被人们选择,这一点和路径中选择单位街道的特征相反,另外其他指标并没有表现出对象地域间的共性倾向。进一步把吸引点内单位街道的选择次数作为因变量,单位街道的长度、宽度、整合度、弯曲度这 4 个物理指标作为自变量,进行多元线性回归分析,结果显示虽然在一半以上的对象地域当中整合度具有一定的影响力,但是影响力的大小比较弱,其他指标更是难以表现出影响作用。根据吸引点的空间分布图对其原因进行解释,认为吸引点是由复数的单位街道共同组成,各个吸引点的形态不同且内部单位街道缺乏共性特征,造成了现有指标不足以解释吸引点内街道的选择次数。

5. 根据上述结果继续优化模型,把单位街道的选择次数作为因变量,单位街道的长度、宽度、整合度、弯曲度以及吸引点内单位街道的选择次数这 5 个物理指标作为自变量,再次进行多元线性回归分析,得出吸引点内单位街道的选择次数具有统计学意义上的影响力,且部分对象地域当中该值的影响力比其他指标更大,这说明了对象地域中如果存在复数街道组成的形状特殊的街区,则会吸引被调查者的注意并且影响他们的路径选择,但是如果对象地域中缺乏这类街区,街道宽度和整合度的影响依然会比较大。

6. 从选择路径时的主观偏好结果来看,被调查者的主观偏好回答中出现了宽阔、形状特殊等关于具体的街道特征的关键词,说明本次实验的被调查者们可以认知到空白地图上的街道形状表示街道空间,并对街道网络有一些固定的喜好。另外,还出现了容易行走、看上去有趣等比较抽象的回答,说明被调查者可以想象在这些街道空间中进行休闲散步活动。另外还得出人们能够根据对象地域街道网络的特征差异表现出不同的主观偏好的结论。

# 第三章

## 从步行者的个体差异来看路径选择时的基本特征

前一章当中,在定量计算了各个研究对象地域的街道网络模式的基础上,探讨了被调查者整体共性的散步路径选择结果与街道网络之间的关系,并进一步通过整理选择路径时的主观偏好回答,初步说明了地图记录法具有一定的有效性。然而,仅依靠这些共性的行动倾向无法充分解析路径选择的特性,其原因在于人们的路径选择行动存在差异性,也就是说,被调查者的个体差异会造成他们的行动模式不同。因此,本章将从个体差异的视角出发,重点解释不同被调查者的路径选择行动有何特点。

本章的内容是,通过意识调查问卷去收集人们平时的行动习惯、空间认知意识等信息,根据调查结果提取若干个有关个人内在属性的因子,并解析人们的复数内在属性与路径选择结果的对应关系;通过比较不同被调查者在选择路径时的主观偏好来确认个体差异倾向;最终把本研究当中涉及的关于路径选择的各种行动进行整理分类,使行动的类别更加明确化,以此筛查出容易被忽略的行动特征。

具体来看,基于第二章的路径选择结果给被调查者进行类型化分类,按照行动模式分成不同的小组。然后分别比较各组被调查者的基本路径选择特征、兴趣点特征之后,按照被调查者的分组结果重新构筑第二章提出的多元线性回归模型,并比较各个模型的差异。接着,在简述意识调查概要之后,使用因子分析方法抽出关于个人内在属性的因子,分析各组被调查者的内在属性、路径选择基本行动之间的关系。最后,详细整理被调查者在选择路径时的主观偏好回答,使路径选择行动的特征以及关注点更加明确化。

## 一、基于个体路径选择特征的步行者分类方法

为了把握不同被调查者的行动差异,基于第二章的路径选择结果,采用路径选择的 7 个指标进行分组计算,这些指标分别是描述整体路径特征的"选择单位街道数""散步路径长""转折频率",以及描述被选择的单位街道特征的"选择单位街道长度""选择单位街道宽度""选择单位街道整合度""选择单位街道弯曲度"。

在使用上述指标进行聚类分析(cluster analysis)时,需要尽量保证各个指标之间的独立性,因此首先要对各个指标进行相关分析(correlation analysis)。样本数为12个对象地域×30名被调查者×3次实验,共计1080份数据。计算结果如表3.1所示。

表3.1　有关路径选择7个指标间的相关性

| | | 整体路径 | | | 单位街道 | | |
|---|---|---|---|---|---|---|---|
| | | 选择单位街道数 | 散步路径长 | 转折频率 | 选择单位街道长度 | 选择单位街道宽度 | 选择单位街道整合度 |
| 整体路径 | 散步路径长 | 0.668** | | | | | |
| | 转折频率 | 0.518** | 0.723** | | | | |
| 单位街道 | 选择单位街道长度 | −0.461** | 0.262** | 0.186** | | | |
| | 选择单位街道宽度 | −0.130** | −0.058 | −0.391** | 0.046 | | |
| | 选择单位街道整合度 | 0.330** | −0.145** | −0.523** | −0.625** | 0.419** | |
| | 选择单位街道弯曲度 | −0.323** | 0.246** | 0.488** | 0.748** | −0.214** | −0.814** |
| 图例 | $0.000 \leqslant |value| < 0.200$ | | $0.200 \leqslant |value| < 0.400$ | | $0.400 \leqslant |value| < 0.700$ | | $0.700 \leqslant |value| < 1.000$ |

P value　　**$p < 0.01$　　*$p < 0.05$

根据此计算结果,需要从高度相关的指标当中进行筛选,保留意义相对独立的项而排除意义重复的项。具体来看,首先是描述整体路径特征的3个指标,选择单位街道数、散步路径长、转折频率之间存在高度的相关性,由于转折频率表示了前进方向的变化,属于意义相对独立的项因此保留;选择单位街道数不仅含有步行距离的意义也表示通过的交叉路口数量,因此作为一个重要指标被保留;而散步路径长仅表示步行距离因此被排除。其次,从描述选择单位街道特征的4个指标来看,选择单位街道整合度表示人们选择了什么样的街道网络结构或空间关系,属于意义独立的项因此保留;选择单位街道宽度、长度、弯曲度都属于描述被选择的街道形状的指标,其中,根据既往研究成果可知宽度是影响路径选择的重要属性需要保留,因此排除剩下的两个指标。

经过上述筛选工作,最终选取了独立性较强的4个指标,分别是"选择单位街道数""转折频率""选择单位街道宽度"和"选择单位街道整合度",对数据做标准化处理后进行聚类分析运算(Ward法),将30名被调查者分成3个行动模式不同的小组,结果如图3.1所示。

我们依据各组被调查者的行动特征①给他们的小组命名,分别是"组1复杂型""组2中间型"和"组3简单型"。接下来对各组的路径选择行动进行详细的比

---

① 组1的散步路径最长并且呈曲折形,倾向于选择复杂的区域,因此命名为"复杂型"。组2的路径选择结果是三组之间的中间值,因此命名为"中间型"。组3的路径选择结果和组1相反,其散步路径最短且更接近直线形,倾向于选择宽阔又通达的道路,因此命名为"简单型"。

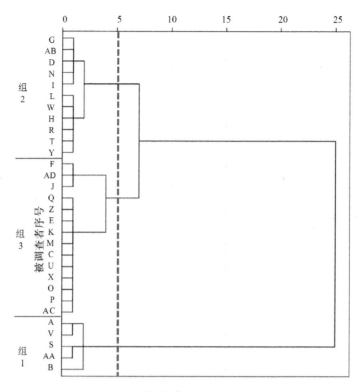

**图 3.1 被调查者分组结果树状图**

较分析。

## 二、不同步行者的路径选择行动基本特征

### （1）整体路径的选择结果特征

为了比较各组被调查者的散步路径倾向，把有关散步路径选择行为的 7 个指标按小组重新整理，并按照不同对象地域计算各组的平均值以及进行各组之间的方差分析（analysis of variance），路径整体的结果如图 3.2 所示，选择单位街道的结果如图 3.3 所示，依据此结果比较各组被调查者的行动特征。

首先，比较各组被调查者的整体路径结果。从选择单位街道数、散步路径长、转折频率这 3 个指标值来看，三组的路径选择结果在统计学意义上具有显著差异。

组 1 复杂型的 3 个指标在所有对象地域当中都取得了最大值，可以看出无论对象地域的街道网络特征如何，这组被调查者都描绘了较长的散步路径，选择通过了更多的街道，并且表现出路径曲折前进的倾向。与之相对的是组 3 简单型，这组的 3 个指标在所有对象地域中都是最低值，即该组被调查者的散步路径最短，通过的街道数量也最少，路径保持了相对直线形前进的倾向。此外，组 2 中间型的各个指标值在三组当中均表现出中等的倾向,数值和组 3 简单型要稍微接近。

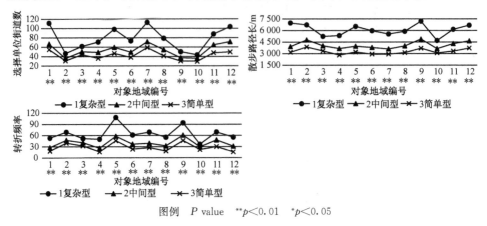

图例　*P* value　\*\**p*<0.01　\**p*<0.05

**图 3.2　各对象地域的散步倾向(整体路径)**

（2）选择单位街道的客观特征

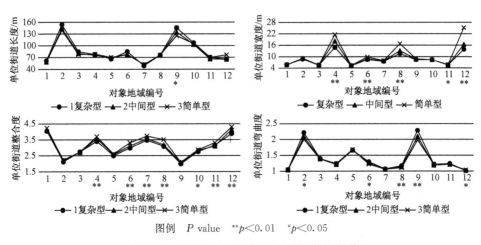

图例　*P* value　\*\**p*<0.01　\**p*<0.05

**图 3.3　各对象地域的散步倾向(选择单位街道)**

其次,比较各组的选择单位街道的结果。先是从选择单位街道长度来看,三组之间几乎没有表现出统计学上的显著差异,仅在对象地域 9 热那亚当中,组 1 复杂型选择了较长的单位街道。

从选择单位街道宽度来看,4 福冈、6 鹿港、8 阿雷基帕、11 巴塞罗那和 12 广岛表现出三组之间的选择差异。参考第二章表 2.8 所示的各对象地域的街道网络指标值,发现这几个对象地域的单位街道宽度的标准差相对较大,区域中存在非常宽阔的大街,造成街道宽度的差异非常醒目,因此各组的选择结果也产生了较大差异。组 1 复杂型的数值最低,即选择了宽度较小的街道,而组 3 简单型的数值最高,即他们更倾向于选择宽阔的街道。

从选择单位街道整合度来看,4 福冈、7 菲斯、8 阿雷基帕和 12 广岛表现出三组之间的选择差异。这些对象地域的单位街道整合度数值较高,特别是 7 菲斯和 12 广岛的标准差值也相对较大,更容易引起选择结果差异。具体来说,组 1 复杂型选择了整合度更低的街道,和其他两组相比该组被调查者更倾向于在复杂的道路上通行。而组 3 的选择倾向正好相反,选择了整合度较高的街道,表现为该组被调查者更偏好易懂性强的宽阔的大道。

再看选择单位街道弯曲度的比较结果,2 戈尔德、9 热那亚和 12 广岛等地表现出三组之间的选择差异。2 戈尔德和 9 热那亚的单位街道弯曲度及其标准差的值都较高,由于这两个地域中既有直线形的街道也有十分弯曲的街道,在弯曲程度上的变化较大,也使人们的选择结果容易出现差异。另外,12 广岛的东南侧街区中存在少量曲折形的街道,这些街道和周围大量的直线形街道相比更容易引起被调查者的注意,因此三组的选择结果也产生了一些不同。具体来说,组 1 复杂型的弯曲度数值最大,即他们选择了更加曲折的街道,而组 3 简单型的弯曲度数值最小,他们倾向于选择相对笔直的街道。

## 三、不同步行者的吸引点选择特征

### (1)街道网络中存在的吸引点

为了进一步把握不同被调查者偏好的街道特征,除了考察散步路径和选择的街道特征以外,接下来还要考察散步途中的吸引点特征,即被调查者在描绘路径的过程中感兴趣的、想去看看的那些地方。

使用 ArcGIS 软件整理各组被调查者的吸引点分布结果,如表 3.2 所示。总体来看,即使是不同组的被调查者,他们选择的吸引点也具有一些共性的特征,即主要集中在形态特殊的街区。另外,组 2 中间型、组 3 简单型所选择的吸引点和组 1 复杂型的结果相比,呈现出更加集中于某一处的倾向,这里需要留意的是,组 1 复杂型的被调查者有 5 名,而组 2 中间型的被调查者有 11 名,组 3 简单型的被调查者有 14 名,因此该结果也受到各组人数的影响。

表 3.2　各对象地域的吸引点分布

| 对象地 | 组 1 复杂型 | 组 2 中间型 | 组 3 简单型 |
|---|---|---|---|
| 1 萨凡纳 | | | |

| 对象地 | 组 1 复杂型 | 组 2 中间型 | 组 3 简单型 |
|---|---|---|---|
| 2 戈尔德 | | | |
| 3 华盛顿 | | | |
| 4 福冈 | | | |
| 5 佩鲁贾 | | | |
| 6 鹿港 | | | |

街道网络模式对路径选择行为的影响——步行者个体差异视角解读

| 对象地 | 组1复杂型 | 组2中间型 | 组3简单型 |
|---|---|---|---|
| 7<br>菲斯 | | | |
| 8<br>阿雷基帕 | | | |
| 9<br>热那亚 | | | |
| 10<br>青岛 | | | |
| 11<br>巴塞罗那 | | | |

| 对象地 | 组1复杂型 | 组2中间型 | 组3简单型 |
|---|---|---|---|
| 12<br>广岛 | 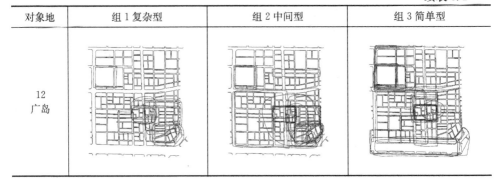 | | |

## (2) 吸引点中的单位街道客观特征

在定性查看了吸引点的分布特点之后,需要通过定量计算来比较各组被调查者选择的吸引点差异,这里使用关于吸引点的6个指标进行分析,分别是描述吸引点整体特征的"吸引点面积""吸引点内单位街道数",以及描述吸引点内部的单位街道特征的"单位街道长度""单位街道宽度""单位街道整合度""单位街道弯曲度"。把这6个指标按组重新整理,并按照不同对象地域计算各组的平均值以及进行各组之间的方差分析(analysis of variance),路径整体的结果如图3.4所示,吸引点内单位街道的结果如图3.5所示,依据此结果进一步比较各组被调查者的行动特征。

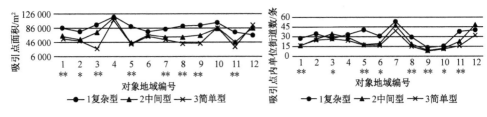

图例　$P$ value　$**p<0.01$　$*p<0.05$

**图3.4　各组被调查者的吸引点特征(整体)**

首先比较各组的吸引点整体特征。从吸引点面积来看,几乎所有对象地域的结果都是组1复杂型取得了最大值,说明该组被调查者在计划散步路径时其感兴趣的地点和留意到的区域相对更多,或者说选择的吸引点面积也更大。与之相对的是组3简单型,他们的吸引点面积最小,推测该组被调查者在只有街道网络形态的空白地图上很难选出感兴趣的地点,或者说只有少量很有特色的街区才能引起他们的兴趣。另外,吸引点内单位街道数也表现出相似的小组间倾向。

其次,比较各组的吸引点内单位街道的特征。从单位街道长度来看,7菲斯、10青岛和12广岛当中都是组3简单型取得了最大值,而3华盛顿和8阿雷基帕当中组 1 复杂型的数值最大,各组之间并没有表现出共性的倾向。

另外,从单位街道宽度来看,4 福冈、8 阿雷基帕和 12 广岛表现出了三组之间的选择结果差异。组 3 简单型的数值比其他两组都要高,说明该组被调查者更容易被宽阔的街道吸引,这和该组的路径选择结果表现出类似的倾向。

从单位街道整合度来看,3 华盛顿、5 佩鲁贾和 10 青岛表现出了三组之间的选择结果差异。和组 1 复杂型相比,组 2 中间型和组 3 简单型取得的数值更低,这和各组的路径选择结果表现出了相反的倾向。也就是说,组 3 简单型和其他两组相比,虽然对复杂的街区比较感兴趣,但是在选择散步路径时却选了更通达的、处于对象地域中心位置的街道,这很可能是受到他们的空间认知等能力的影响。

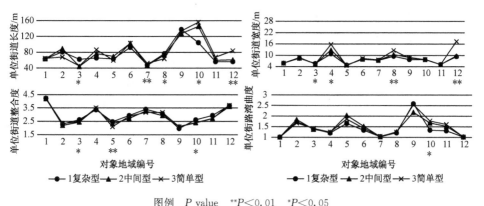

图例　*P* value　**P＜0.01　*P＜0.05

**图 3.5　各组被调查者的吸引点特征(单位街道)**

虽然人们选择行走的街道与吸引点内的街道都能在一定程度上反映他们偏好的街道特征,但是比较各组的结果可知,两者的街道特征又存在一定的差异。其原因在于吸引点作为引起人们兴趣的地点,单纯地反映了被调查者的偏好和关注点,而路径中选择的街道作为人们想要行走的街道,除了反映被调查者的兴趣之外还反映了街道本身的便捷性、易懂性等交通属性,影响人们选择的因素也更复杂。

## (3) 吸引点与单位街道客观特征的关系

上述结果显示了各组被调查者选择通行的街道具有不同的倾向,选择的吸引点也具有不同特征,因此可以预测各组在选择散步路径时,各个单位街道指标的影响力也有区别。

为了从各组之间差异性的角度解析各个指标对单位街道选择次数的影响,本节将第二章表 2.15 中所示的多元线性回归扩张模型进行分组再构建,分别计算整体对象地域和各对象地域的结果,见表 3.3、表 3.4。

表 3.3　单位街道特征、单位街道选择次数、吸引点内单位街道选择次数的关联
（整体对象地域）

| 对象地域 | | 整体对象地域 | | | | | |
|---|---|---|---|---|---|---|---|
| 组别 | | 组 1 复杂型 | | 组 2 中间型 | | 组 3 简单型 | |
| 样本数 | | 3 152 | | 3 096 | | 2 843 | |
| 多重相关系数 | | 0.380 | | 0.473 | | 0.557 | |
| | | Bate | VIF | Bate | VIF | Bate | VIF |
| 标准偏回归系数 | 单位街道长度 | −0.062** | 1.606 | −0.054** | 1.605 | 0.008 | 1.100 |
| | 单位街道宽度 | 0.152** | 1.073 | 0.288** | 1.072 | 0.352** | 1.064 |
| | 单位街道整合度 | 0.008 | 1.254 | 0.073** | 1.252 | 0.173** | 1.748 |
| | 单位街道弯曲度 | 0.206** | 1.721 | 0.185** | 1.703 | 0.149** | 1.769 |
| | 吸引点的选择次数 | 0.306** | 1.047 | 0.346** | 1.037 | 0.381** | 1.024 |
| 图例 | | 0.000≤\|value\|<0.200 | 0.200≤\|value\|<0.400 | | 0.400≤\|value\|<0.700 | | 0.700≤\|value\|<1.000 |

$P$ value　　**$p$<0.01　　*$p$<0.05

从多重相关系数的值来看，虽然不同的对象地域存在一些差异，但无论是整体对象地域还是大多数对象地域都是组 3 简单型取得了最大值，说明该组被调查者在选择散步路径时受到单位街道特征的影响也更大。相反的是组 1 复杂型，该组的多重相关系数的值相对较低，对于该组被调查者来说有可能在选择散步路径时除了街道的客观特征以外还存在让他们关注的其他东西。

从标准偏回归系数来看，组 1 复杂型和组 2 中间型的各个指标在影响力大小和正负倾向方面比较相近，而组 3 简单型和它们有一些区别。比如单位街道宽度，大约有一半的对象地域当中组 3 都取得了最大值，可以认为对于该组的被调查者来说，街道宽度带来的影响力比另外两组更大。再比如单位街道整合度，在半数以上的对象地域当中组 3 的该项指标作为自变量拥有显著影响力，这也再次证明了该组被调查者具有选择连接程度高、易懂性强的街道的倾向。还有吸引点内的单位街道选择次数，组 3 依然在半数以上的对象地域当中取得了最大值，验证了吸引点对该组被调查者具有显著的影响力。在前一章中已经提到，对象地域范围内的一些形态特殊的街区或街道会引起人们的兴趣和关注，虽然各组被调查者都表现出了该行动倾向，但是对于组 3 简单型来说，他们更容易被这些特殊的地点吸引从而影响他们的路径选择结果。

至此，我们已经大致把握了各组被调查者的路径选择行为的基本差异，为了更明确地把握引起这些差异的原因，在下一节当中，将从个人内在属性的角度出发去考察路径选择倾向和内在属性之间的对应关系。

表 3.4 单位街道特征、单位街道选择次数、吸引点内单位街道选择次数的关联（各对象地域）

| 对象地域 | 1 萨凡纳 | | | | | | 2 戈尔德 | | | | | | 3 华盛顿 | | | | | |
|---|---|---|---|---|---|---|---|---|---|---|---|---|---|---|---|---|---|---|
| 组别 | 组 1 复杂型 | | 组 2 中间型 | | 组 3 简单型 | | 组 1 复杂型 | | 组 2 中间型 | | 组 3 简单型 | | 组 1 复杂型 | | 组 2 中间型 | | 组 3 简单型 | |
| 样本数 | 414 | | 389 | | 379 | | 95 | | 94 | | 91 | | 188 | | 184 | | 174 | |
| 多重相关系数 | 0.479 | | 0.663 | | 0.806 | | 0.376 | | 0.514 | | 0.579 | | 0.602 | | 0.604 | | 0.525 | |
| 标准偏回归系数 | Bate | VIF | Bate | VIF | Bate | VIF | Bate | VIF | Bate | VIF | Bate | VIF | Bate | VIF | Bate | VIF | Bate | VIF |
| 单位街道长度 | −0.378** | 1.280 | −0.261** | 1.264 | −0.191** | 1.264 | 0.254 | 2.768 | 0.133 | 2.780 | 0.280 | 2.793 | −0.297** | 1.372 | −0.298** | 1.497 | −0.155 | 1.863 |
| 单位街道宽度 | 0.260** | 1.202 | 0.027 | 1.213 | −0.070* | 1.215 | 0.095 | 1.527 | 0.277* | 1.398 | 0.242* | 1.469 | −0.087 | 1.180 | −0.030 | 1.173 | −0.016 | 1.173 |
| 单位街道整合度 | −0.073 | 1.021 | −0.097* | 1.014 | 0.141** | 1.009 | 0.046 | 2.021 | 0.244* | 1.780 | 0.138 | 1.968 | −0.103 | 1.239 | −0.037 | 1.333 | 0.064 | 1.430 |
| 单位街道弯曲度 | 0.097* | 1.079 | 0.040 | 1.074 | 0.053 | 1.071 | 0.159 | 3.095 | 0.256 | 2.960 | 0.107* | 3.174 | 0.146* | 1.129 | 0.151* | 1.096 | 0.087 | 1.094 |
| 吸引点内的选择次数 | 0.294** | 1.013 | 0.607** | 1.016 | 0.763** | 1.016 | 0.243* | 1.262 | 0.188 | 1.287 | 0.504** | 1.295 | 0.273** | 1.428 | 0.330** | 1.592 | 0.415*** | 2.166 |

| 对象地域 | 4 福冈 | | | | | | 5 佩鲁贾 | | | | | | 6 鹿港 | | | | | |
|---|---|---|---|---|---|---|---|---|---|---|---|---|---|---|---|---|---|---|
| 组别 | 组 1 复杂型 | | 组 2 中间型 | | 组 3 简单型 | | 组 1 复杂型 | | 组 2 中间型 | | 组 3 简单型 | | 组 1 复杂型 | | 组 2 中间型 | | 组 3 简单型 | |
| 样本数 | 217 | | 216 | | 193 | | 350 | | 333 | | 315 | | 219 | | 220 | | 207 | |
| 多重相关系数 | 0.482 | | 0.819 | | 0.878 | | 0.371 | | 0.443 | | 0.492 | | 0.308 | | 0.577 | | 0.813 | |
| 标准偏回归系数 | Bate | VIF | Bate | VIF | Bate | VIF | Bate | VIF | Bate | VIF | Bate | VIF | Bate | VIF | Bate | VIF | Bate | VIF |
| 单位街道长度 | 0.120 | 1.340 | −0.032 | 1.310 | −0.032 | 1.305 | 0.008 | 1.950 | 0.130 | 2.021 | 0.101 | 1.984 | −0.027 | 1.679 | −0.145* | 1.691 | −0.158* | 1.689 |
| 单位街道宽度 | 0.299** | 1.592 | 0.681** | 1.463 | 0.770** | 1.381 | 0.240** | 1.244 | 0.257** | 1.193 | 0.223** | 1.205 | 0.203* | 1.711 | 0.239** | 1.634 | 0.596** | 1.627 |
| 单位街道整合度 | 0.161* | 1.574 | 0.224** | 1.559 | 0.177** | 1.573 | 0.058 | 1.502 | 0.235** | 1.442 | 0.305** | 1.442 | 0.132 | 2.029 | 0.339** | 1.940 | 0.352** | 1.951 |
| 单位街道弯曲度 | 0.107 | 1.158 | 0.102* | 1.158 | 0.121** | 1.167 | 0.095 | 2.073 | 0.114 | 2.143 | 0.166* | 2.125 | 0.120 | 1.644 | 0.096 | 1.646 | 0.177** | 1.687 |
| 吸引点内的选择次数 | 0.331** | 1.209 | 0.208** | 1.089 | 0.103** | 1.110 | 0.288** | 1.073 | 0.198** | 1.045 | 0.322** | 1.037 | 0.159* | 1.069 | 0.258** | 1.046 | 0.112** | 1.032 |

续表 3.4

| 对象地域 | 7菲斯 | | | | | | 8阿雷基帕 | | | | | | 9热那亚 | | | | | |
|---|---|---|---|---|---|---|---|---|---|---|---|---|---|---|---|---|---|---|
| 组别 | 组1复杂型 | | 组2中间型 | | 组3简单型 | | 组1复杂型 | | 组2中间型 | | 组3简单型 | | 组1复杂型 | | 组2中间型 | | 组3简单型 | |
| 样本数 | 437 | | 439 | | 380 | | 247 | | 246 | | 224 | | 130 | | 130 | | 130 | |
| 多重相关系数 | 0.454 | | 0.518 | | 0.551 | | 0.399 | | 0.695 | | 0.901 | | 0.495 | | 0.577 | | 0.614 | |
| | Bate | VIF | Bate | VIF | Bate | VIF | Bate | VIF | Bate | VIF | Bate | VIF | Bate | VIF | Bate | VIF | Bate | VIF |
| 标准偏回归系数 单位街道长度 | -0.167** | 1.340 | -0.043 | 1.410 | -0.030 | 1.424 | -0.219** | 1.400 | -0.196** | 1.405 | -0.094* | 1.544 | -0.291* | 2.612 | -0.185 | 2.559 | -0.285* | 2.605 |
| 单位街道宽度 | 0.154** | 1.099 | 0.225** | 1.137 | 0.177** | 1.138 | 0.324** | 1.568 | 0.645** | 1.455 | 0.787** | 1.428 | 0.327** | 1.321 | 0.283** | 1.357 | 0.396** | 1.331 |
| 单位街道整合度 | 0.119** | 1.060 | 0.238** | 1.055 | 0.012 | 1.273 | 0.017 | 1.784 | 0.053 | 1.556 | 0.130** | 1.514 | 0.126 | 1.911 | 0.212* | 1.935 | 0.147 | 1.979 |
| 单位街道弯曲度 | 0.133** | 1.225 | 0.020 | 1.251 | 0.297** | 1.055 | 0.088 | 1.388 | 0.026 | 1.350 | 0.022 | 1.451 | 0.489** | 3.089 | 0.212 | 2.951 | 0.139 | 3.024 |
| 吸引点点的选择次数 | 0.392** | 1.028 | 0.417** | 1.022 | 0.450** | 1.011 | 0.201** | 1.222 | 0.244** | 1.056 | 0.216** | 1.079 | 0.200* | 1.091 | 0.322** | 1.119 | 0.244** | 1.150 |

| 对象地域 | 10青岛 | | | | | | 11巴塞罗那 | | | | | | 12广岛 | | | | | |
|---|---|---|---|---|---|---|---|---|---|---|---|---|---|---|---|---|---|---|
| 组别 | 组1复杂型 | | 组2中间型 | | 组3简单型 | | 组1复杂型 | | 组2中间型 | | 组3简单型 | | 组1复杂型 | | 组2中间型 | | 组3简单型 | |
| 样本数 | 134 | | 133 | | 132 | | 326 | | 329 | | 301 | | 395 | | 383 | | 317 | |
| 多重相关系数 | 0.507 | | 0.581 | | 0.626 | | 0.437 | | 0.458 | | 0.584 | | 0.346 | | 0.599 | | 0.773 | |
| | Bate | VIF | Bate | VIF | Bate | VIF | Bate | VIF | Bate | VIF | Bate | VIF | Bate | VIF | Bate | VIF | Bate | VIF |
| 标准偏回归系数 单位街道长度 | -0.225 | 2.631 | -0.509** | 2.434 | -0.398** | 2.504 | -0.076 | 1.272 | -0.221** | 1.237 | -0.030 | 1.211 | -0.100 | 1.515 | -0.116* | 1.558 | -0.011 | 1.444 |
| 单位街道宽度 | 0.297** | 1.053 | 0.285** | 1.042 | 0.157* | 1.031 | 0.226** | 1.149 | 0.311** | 1.165 | 0.265** | 1.165 | 0.227** | 1.230 | 0.441** | 1.232 | 0.703** | 1.227 |
| 单位街道整合度 | 0.074 | 1.221 | 0.316** | 1.240 | 0.422** | 1.216 | 0.013 | 1.272 | -0.005 | 1.294 | 0.230** | 1.317 | 0.032 | 1.094 | 0.336** | 1.100 | 0.237** | 1.107 |
| 单位街道弯曲度 | 0.244 | 2.832 | 0.556** | 2.730 | 0.440** | 2.795 | 0.201** | 1.312 | 0.173** | 1.281 | 0.068 | 1.327 | -0.059 | 1.201 | -0.039 | 1.221 | -0.041 | 1.218 |
| 吸引点点的选择次数 | 0.390** | 1.172 | 0.278** | 1.164 | 0.457** | 1.168 | 0.320** | 1.160 | 0.242** | 1.148 | 0.502** | 1.172 | 0.264** | 1.147 | 0.219** | 1.191 | 0.159** | 1.089 |

图例 | 0.000≤|value|<0.200 | 0.200≤|value|<0.400 | 0.400≤|value|<0.700 | 0.700≤value<1.000 | value=1.000

$P$ value ** $p<0.01$ * $p<0.05$

## 四、步行者个体差异下的休闲步行路径选择特征

### （1）意识调查

为了根据被调查者的个人内在属性来解释各组路径选择结果的差异，首先需要了解被调查者平时的步行习惯、对地图的认知、社会属性等信息，作为提取个人内在属性的基础资料。主要调查内容如表 3.5 所示，使用问卷调查的形式进行收集。

表 3.5　被调查者的意识调查内容

| 项目 | 评价内容 | 评价方法 | 问题示例 |
|---|---|---|---|
| 对地图的意识或行动 | 地图的使用频率 | 单项选择 | 平时会经常看地图吗？<br>a. 经常看 — d. 几乎不看 |
| | 对地图的兴趣 | 单项选择 | 喜欢看地图吗？<br>a. 喜欢 — d. 不怎么喜欢 |
| | | | 对街道的空间形态感兴趣吗？<br>a. 感兴趣 — d. 不感兴趣 |
| | 地图的解读能力 | 单项选择 | 可以在地图上迅速找到自己的所在地吗？<br>a. 可以迅速找到 — d. 无法迅速找到 |
| 对散步的意识或行动 | 对散步的兴趣 | 单项选择 | 平时的散步频率是多少？<br>a. 几乎每天散步 — e. 基本不散步 |
| | | | 喜欢散步吗？<br>a. 喜欢 — d. 不喜欢 |
| | 对周围环境的兴趣 | 单项选择 | 想去不认识的街道或者没有去过的街道走走看吗？<br>a. 想去 — d. 不想去 |
| | | | 平时看到街道风景的变化会感到开心吗？<br>a. 感到开心 — d. 没有感觉 |
| | 空间认知能力 | 单项选择 | 经常迷路吗？<br>a. 经常迷路 — d. 很少迷路 |
| 对旅行的意识或行动 | 旅行的计划性 | 单项选择 | 多人一起旅行时，会预先筛选旅行目的地或者安排行程规划吗？<br>a. 自己主动做 — d. 自己不做，交给别人 |
| | 旅行的经验 | 自由记录 | 到访过的国内城市<br>根据记忆回答至今为止去过的城市或当地街道 |
| | | | 到访过的海外的城市<br>根据记忆回答至今为止去过的国家以及当地城市 |
| 个人社会属性 | 价值观/性格 | 李克特量表尺度 | 合作—独自、自然—城市 |
| | 属性 | 自由记录 | 姓名、性别、出生地、成长地 |

另外，既往研究证实，被调查者是否在对象地域的街道中有过实际的步行体验、是否知道这个地方，将影响路径选择的结果[100-102]。比如说和不熟悉某个地方的人相比，熟悉这个地方的人的路径选择行为会受到平日里个人习惯的强烈影响，容易有目的地选择最短路线、平时固定行走的路线或是前往经常光顾的设施的选择倾向。因此为了尽量排除这种附加影响，在实验前期就应对被调查者的到访经历做问卷调查。

首先，为了把握被调查者是否在海外（这里指除日本以外）的研究对象地域有过实际的步行体验，让他们根据记忆回答迄今为止去过的国家、城市名称，以及有印象的当地街道或建筑物等，整理回答得知，30 名被调查者中有 18 名有过出国的经历，目的地包括法国（巴黎）、美国（纽约）等地，并不包含本次的研究对象地域。

其次，为了把握被调查者是否在日本国内的研究对象地域有过实际的步行体验，让他们根据记忆回答迄今为止去过的日本国内城市名称、有印象的当地街道或建筑物等，整理回答得知，目的地主要有北海道、东京、京都等地，并不包含本次的研究对象地域。此外，还让被调查者回答了自己的出生地点和成长地点，整理回答得知，虽然有广岛县①出生的被调查者，但是他们的出生地点分别在广岛县的吴市和东广岛市，其日常活动圈并不包含本次研究的对象地域。另外，由于对象地域 12 是广岛市的市区，被调查者作为广岛大学的学生有可能平时在广岛市市区有过步行体验，为了尽量避免此影响，在选择被调查者时以居住在东广岛市、日常活动圈不包含本次研究的对象地域为条件。

基于以上筛选方法，可以保证参与本次研究的被调查者的日常活动圈内不包含研究对象地域，减少了实际的步行体验对路径选择的影响。

**（2）不同步行者的个人内在属性差异比较**

从上述意识调查的项目当中选择最能表示休闲步行特性的 15 个项目，用李克特量表的方式分别赋予各回答 1～4 分，并采用因子分析（主轴因子分解，最大方差法），基于固定值 0.1 以上的条件抽出关于个人内在属性的 5 个因子，结果如表 3.6 所示。

表 3.6　因子分析结果

| 项目 | 空间认知能力 | 散步关注度 | 地图关注度 | 方向感觉 | 好奇心 |
|---|---|---|---|---|---|
| 1 不容易迷路 | 0.820 | 0.113 | −0.020 | 0.175 | −0.268 |
| 2 确认目的地后不看地图也能到达 | 0.713 | 0.032 | 0.186 | 0.044 | −0.140 |

①　在日本的行政区划当中，相当于我国省级的行政区划被称为"都、道、府、县"，都是平行的一级行政区。1 都指东京都，1 道指北海道，2 府分别指大阪府和京都府，县共有 43 个。其中，广岛县下辖地区有广岛市、吴市、竹原市、三原市、尾道市、东广岛市等 13 个市，以及安芸郡、山县郡等 5 个郡、町。

| 项目 | 空间认知能力 | 散步关注度 | 地图关注度 | 方向感觉 | 好奇心 |
|---|---|---|---|---|---|
| 3 可以在地图上迅速找到自己的所在地 | 0.712 | −0.131 | 0.100 | 0.512 | 0.200 |
| 4 能迅速在地图上找到住处 | 0.694 | −0.291 | 0.168 | −0.137 | 0.326 |
| 5 平时决断迅速,有自己的主张 | −0.158 | 0.801 | −0.066 | −0.018 | 0.031 |
| 6 喜欢散步 | 0.120 | 0.706 | 0.296 | 0.316 | 0.038 |
| 7 闲暇时间想在户外度过 | −0.062 | 0.488 | 0.267 | −0.104 | 0.043 |
| 8 看地图时会想象该地的样子 | 0.260 | 0.330 | 0.644 | 0.067 | −0.057 |
| 9 平时看到街道风景的变化会感到开心 | −0.004 | −0.047 | 0.607 | 0.101 | 0.075 |
| 10 对街道的形态感兴趣 | 0.323 | 0.268 | 0.560 | 0.173 | −0.140 |
| 11 不看地图也能明白方向 | 0.184 | 0.004 | 0.175 | 0.805 | −0.176 |
| 12 看到新建建筑会觉得有趣 | −0.066 | 0.229 | 0.366 | −0.123 | 0.688 |
| 13 对地图上少见的地名感兴趣 | 0.165 | 0.430 | −0.032 | −0.244 | 0.452 |
| 14 想去不认识的街道或者没有去过的街道走走看 | −0.323 | 0.193 | 0.258 | 0.293 | 0.362 |
| 15 比起团队行动更喜欢独自行动 | 0.049 | 0.069 | 0.162 | 0.002 | −0.352 |

图例 ▨因子荷载量▨>0.400

从因子荷载量高的项目考虑各因子的意义,来分别解释各因子。第 1 因子表示是否容易迷路以及能否顺利定位,即"空间认知能力";第 2 因子表示是否喜欢散步,即"散步关注度";第 3 因子表示看地图时是否会想象该地点或是对街道形态产生兴趣,即"地图关注度";第 4 因子表示是否有能力把握方向,即"方向感觉";第 5 因子表示是否对未知的事物觉得有趣,即"好奇心"。

为了比较被调查者们的个人内在属性有何差异,计算各组的各项因子平均得分,结果如图 3.6 所示。

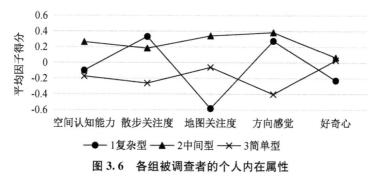

图 3.6　各组被调查者的个人内在属性

首先来看组 1 复杂型,该组的"散步关注度"在三组之中最大,"空间认知能力"和"方向感觉"位居中等,"地图关注度"的值最小,这说明组 1 的被调查者和其他组相比,更加喜欢散步,具有一定水平的认知空间的能力,但是对于观察地图本身并没有太大兴趣。

组2中间型的"散步关注度"比组1要低一些,而其他4项因子得分都取得了三组之中的最大值,这表示该组被调查者在认知和把握空间方面具有较强的能力,也比较喜欢外出和散步活动。

组3简单型的"散步关注度""空间认知能力""方向感觉"的值比其他组要低,可以说该组被调查者无论是认知空间的能力还是对于散步的兴趣都相对缺乏。

(3)个人内在属性差异与路径选择的关系

为了解释前文所述的不同被调查者的路径选择产生差异的原因,这里整理了各组具有代表性的路径选择倾向、吸引点倾向,以及个人内在属性,结果如表3.7所示。

表3.7 各组被调查者的路径选择倾向与个人内在属性的对应关系

| 分类 | 项目 | 组1复杂型 | 组2中间型 | 组3简单型 |
|---|---|---|---|---|
| 个人内在属性 | 空间认知能力 | 中等 | 强 | 缺乏 |
| | 散步关注度 | 强 | 中等 | 缺乏 |
| | 好奇心 | 缺乏 | 强 | 中等 |
| 路径选择倾向 | 选择单位街道数 | 多 | 中等 | 少 |
| | 散步路径长 | 长 | 中等 | 短 |
| | 转折频率 | 高 | 中等 | 低 |
| | 选择单位街道宽度 | 狭窄 | 中等 | 宽阔 |
| | 选择单位街道整合度 | 低 | 中等 | 高 |
| | 选择单位街道弯曲度 | 曲折 | 中等 | 直 |
| 吸引点倾向 | 吸引点内单位街道数 | 多 | 中等 | 少 |
| | 吸引点面积 | 宽阔 | 中等 | 少 |
| | 吸引点内单位街道宽度 | 狭窄 | 中等 | 宽阔 |
| | 吸引点内单位街道整合度 | 高 | 中等 | 低 |

图例  数值低  数值中等  数值高

根据各组的路径选择行为与个人内在属性的对应关系,我们可以认为:

组1复杂型受到了较强的"空间认知能力"的影响,其散步路径更长,偏好复杂的路径和狭窄的小道;受到高度"散步关注度"的影响,引起其兴趣的吸引点更多,想要在对象地域范围内的各种街道、各个地点散步。

组2中间型由于"散步关注度"稍低,因此其散步路径长度比组1略短,表现为三组当中的中等水平;虽然该组具有三组之间最强的"空间认知能力",但是同样由于对散步的关心和兴趣程度不够充足,为了避免在复杂的街道上行走带来不便而选择了宽度、复杂程度等都一般的街道。

组 3 简单型的"散步关注度"在三组之中最低,使其散步路径最短;较低的"空间认知能力"也使他们更倾向于选择简洁和宽阔的大道去行走;相对地,组 3 在选择吸引点时选择了更宽阔以及更复杂的街道,正是由于该组被调查者对于散步缺乏兴趣但又具有一定的"好奇心",因此会对这些宽阔便于步行的街道以及虽然复杂但形态特殊的地点都产生兴趣。

## 五、步行者在选择休闲路径时的主观偏好详细特征

通过前面的分析我们可以推测出,如果被调查者的个人内在属性不同,则他们的路径选择倾向也不同,特别是组 3 简单型选择的路径受到了单位街道特征的强烈影响,而组 1 复杂型在选择路径时还会关注街道特征以外的东西。因此,为了探明各组被调查者在选择路径时还有什么关注或者偏好的东西,并进一步明确不同被调查者的行为差异性,使路径选择行为的特征结构更加明确化,本节将针对第二章简述的有关路径选择主观偏好的回答进行详细考察,并在各组之间进行比较分析。

（1）不同步行者的主观偏好差异性比较

首先,基于被调查者关于路径选择的思考、理由或喜好等的"主观偏好"回答,提取关于选择理由的名词或形容词,比如"街道形状""方向""远近"等项目,并求得各项目的回答次数。接着,将各项目的回答次数按照各组的被调查者人数做标准化处理,所得结果分为否定回答(表 3.8)与肯定回答(表 3.9)两类。

表 3.8 各组被调查者的路径选择主观偏好(否定回答)

| 项目 | 回答内容 | 回答次数的标准化 | | | |
|---|---|---|---|---|---|
| | | 0 | 1 | 2 | 3 |
| 1.大道 | 宽阔的大道 | | | | |
| 2.小路 | 狭窄的道路或小巷 | | | | |
| 3.直线形 | 直线形道路 | | | | |
| 4.曲线形 | 弯曲的道路 | | | | |
| 5.去过一次的街道 | 本次路径选择实验中规划的路径已经经过的街道 | | | | |
| 6.均匀 | 街道分布均匀的区域 | | | | |
| 7.远 | 距离起始点远远的地方 | | | | |

—●—1复杂型 —▲—2中间型 --✕--3简单型

从全部被调查者的共性倾向来看,主观偏好的肯定回答和否定回答相比,无论在项目数量上还是回答次数上都要更多,各组之间的答案差异也更大。

在否定回答当中,"去过一次的街道"的回答次数较多,即被调查者在描绘散步路径时,如果再次选择已经选择通过的街道会缺少趣味性,因此尽量选择了未知的、还没有选择过的街道来规划散步路径。另外要留意的是,这里所说的"去过一

次的街道"是指被调查者在对象地域的空白地图上已经选择了至少一次的街道,而并不是指有过实际的步行体验的街道。

表3.9　各组被调查者的路径选择主观偏好(肯定回答)

| 项目 | 回答内容 | 回答次数的标准化 | | | |
|---|---|---|---|---|---|
| | | 0 | 1 | 2 | 3 |
| 1.大道 | 宽阔的大道 | | | | |
| 2.小路 | 狭窄的道路或小巷 | | | | |
| 3.曲线形 | 弯曲的道路 | | | | |
| 4.复杂 | 复杂的道路或区域 | | | | |
| 5.简洁 | 简洁的道路 | | | | |
| 6.形态 | 形状特别的街道,或与周围不同的街区 | | | | |
| 7.印象 | 看上去像有河流的地方,或看上去像建筑密度高的地方 | | | | |
| 8.兴趣 | 引起兴趣的地方、显眼的地方 | | | | |
| 9.方向 | 顺时针行走,或路口选择左转 | | | | |
| 10.多样 | 众多的地方,或各种各样的道路 | | | | |
| 11.大致 | 大致在对象地内转一圈 | | | | |
| 12.远 | 距离起始点远的地方 | | | | |
| 13.近 | 距离起始点近的地方 | | | | |

图例　—●—1复杂型　—▲—2中间型　--×--3简单型

在肯定回答当中,从街道宽度来看的话,组3简单型对"大道"的回答次数比其他两组要多,与之相反的是组1复杂型,他们对"小路"的回答次数更多,这说明组3简单型和组1复杂型相比有更多的人偏好简洁易懂的小道。

从街道形态来看的话,在三组被调查者当中组2中间型对"曲线形"的回答次数最多,而组3简单型的回答次数则最少,可认为这是受到了各组不同的空间认知能力的影响。

从街道复杂程度来看,组1复杂型对"复杂"的回答次数明显高于另外两组的回答次数,推测其原因在于该组被调查者拥有一定的认知和把握空间的能力,并且比其他组的"散步关注度"更高,因此想要探索更加复杂的街道。

从街区特征来看,组2中间型和组3简单型对"形态""兴趣"的回答次数要高于组1的回答次数,由于这两组被调查者的"散步关注度"较低,因此也容易只对形态特殊的街区产生兴趣。

从整体路径来看,组1复杂型对"方向"的回答次数略高于另外两组,表示他们在选择路径时还会关注到前进方向的问题。另外组1复杂型对"多样"的回答次数较多,而对"大致"的回答次数较少,说明该组被调查者对于散步的兴趣较强,不仅想在自己感兴趣的街道上散步,还想在各个不同的区域进行详细探索,特别是"多样"的回答次数明显高于其他两组,说明组1复杂型在描绘散步路径时会体验自己已经通过的街道,并且有意识地选择多样化的街道。

从路径距离来看,组2中间型和组3简单型或多或少地回答了"远"和"近",而组1复杂型并没有出现有关路径距离的回答,可以推测由于该组被调查者比较喜欢散步,所以并不是很在意散步路径的长短问题。

基于此,我们得出结论:各组被调查者的个人内在属性与路径选择主观偏好之间存在一定的对应关系,另外各组的主观偏好和他们的路径选择结果也表现出类似的倾向,因此进一步明确了人们的路径选择行为的差异性。

（2）基于步行者主观偏好提取易被忽略的路径选择行为特征

接下来,为了使人们的路径选择行为的特征结构更加明确化,对上述的主观偏好肯定回答以及否定回答进行详细分类,分成单位街道、整体路径两大类别,并进一步根据回答的内容分成"单位街道的特征""区域的特征""路径方向""路径位置分布""路径复杂程度""路径和起终点的关系"这6个小类别,每个类别中又细分出若干项目。整理各项目的回答次数、回答比例,结果如表3.10所示。

表3.10　关于路径选择时主观偏好的回答构成

| 分类 | 项目 | 回答内容（单位街道） | 回答次数 | 比例/% |
|---|---|---|---|---|
| 单位街道的特征 | a. 大道 | 宽阔的大道 | 112 | 36.246 |
| | b. 小路 | 狭窄的道路或小巷 | | |
| | c. 直线形 | 直线形道路 | | |
| | d. 曲线形 | 弯曲的道路 | | |
| 区域的特征 | e. 复杂 | 复杂的道路或区域 | 104 | 33.657 |
| | f. 简洁 | 简洁的道路 | | |
| | g. 形态 | 形状特别的街道,或与周围不同的街区 | | |
| | h. 印象 | 看上去像有河流的地方,或看上去像建筑密度高的地方 | | |
| | i. 兴趣 | 引起兴趣的地方、显眼的地方 | | |
| 分类 | 项目 | 回答内容（整体路径） | 回答次数 | 比例/% |
| 路径方向 | j. 方向 | 顺时针行走,或路口选择左转 | 11 | 3.560 |
| 路径位置分布 | k. 多样 | 众多的地方,或各种各样的道路 | 26 | 8.414 |
| | l. 去过一次的街道 | 本次路径选择实验中规划的路径已经经过的街道 | | |
| 路径复杂程度 | m. 均匀 | 街道分布均匀的区域 | 18 | 5.825 |
| | n. 大致 | 大致在对象地内转一圈 | | |
| 路径和起终点的关系 | o. 远 | 距离起始点远的地方 | 38 | 12.298 |
| | p. 近 | 距离起始点近的地方 | | |

首先来看单位街道这部分的主观偏好构成,它包含了"单位街道的特征"和"区域的特征"这2个类别。前者表示人们偏好的街道宽度、曲直形状特征;后者表示人们偏好的由复数街道所组成的街区的形态或者复杂程度特征。单位街道这部分的主观偏好约占整体回答总数的70%,可以说它们反映了有关路径选择行为的最基本特征。

进一步解读前文中使用的各个分析指标与单位街道这部分的主观偏好的对应关系,可以发现单位街道宽度指标反映了主观偏好中的"大道"和"小路";单位街道弯曲度指标反映了主观偏好中的"直线形"和"曲线形";单位街道整合度指标反映了主观偏好中的"复杂"和"简洁";吸引点指标反映了主观偏好中的"形态""印象"和"兴趣"。由此可以判断,用单位街道的4个指标来说明路径选择结果当中的单位街道特征是比较妥当的。

再来看整体路径这部分的主观偏好构成,它包含了"路径方向""路径位置分布""路径复杂程度""路径和起终点的关系"这4个类别。"路径方向"表示散步路径的前进方向;"路径位置分布"表示在空白地图上描绘的路径的位置分布情况,或者已经通过的场所的体验;"路径复杂程度"表示选择的路径或者行动模式是简洁还是复杂;"路径和起终点的关系"表示是否在选择路径时考虑了散步距离和起终点的方位关系。整体路径这部分的主观偏好约占整体回答总数的30%,也可以说是路径选择行为的重要特征。

进一步解读前文中使用的各个分析指标与整体路径这部分的主观偏好的对应关系,可以发现散步路径长指标和主观偏好中的"远"和"近"虽然比较接近,但是却很难具体说明"路径和起终点的关系";转折频率虽然可以说明整体路径的曲折程度,但是却无法说明路径的"方向"是如何随着行走而发生变化的。由此可以推测,仅仅依靠整体路径的3个指标无法充分说明整体路径选择的特征,还需要寻找更合适的指标进行分析解读。

## 六、结语

本章探讨了类型化后的各组被调查者的路径选择倾向、吸引点特征,考察了二者之间的关系,并根据被调查者的个人内在属性分析了各组的路径选择行为产生差异的原因,还通过选择路径时的主观偏好进一步确认了各组存在的差异性,并使人们的路径选择行为的特征结构更加明确化。本章中的主要知识点如下文所示:

1. 基于路径选择结果可以把被调查者分成行动模式不同的三组,各组的路径选择行为的基本倾向分别是:选择单位街道数多、选择单位街道宽度与整合度的值最低的组1复杂型,他们的散步路径最长,并且偏好复杂的街道和狭窄的道路;几乎所有指标值都处于三组之间中等水平的组2中间型,他们的散步路径长度稍短,选择的街道也并没有十分复杂或是过于简洁;选择单位街道数最少、选择单位街道宽度与整合度的值最高的组3简单型,他们的散步路径最短,更加偏好简洁宽敞的大道。

2. 从各组的吸引点的选择结果来看,三组的共性倾向是选择了形状比较特殊的街区或街道,但是三组的不同之处在于,组1复杂型选择的吸引点面积更加广泛,组2中间型的选择倾向依然在三组当中呈中间值,组3简单型选择的吸引点面积更小,并且还存在选择宽阔的大道作为吸引点的倾向。然而,从吸引点内单位街道整合度的数值来看,组1复杂型的值较高,表示他们选择了相对简洁的街道,反而组 3 简单型的值较低,表示他们选择了相对复杂的街道。这与这两组被调查者的路径选择倾向正好相反,说明吸引点作为引起人们兴趣的空间只是单纯地反映了被调查者的喜好,而在选择散步路径的时候,除了考虑喜好问题还需要考虑街道的便捷性或通达性等实际通行条件,因此造成吸引点的选择结果与路径选择结果存在一定的差异。

3. 基于第二章的多元线性回归扩张模型进行分组再构建,从各个自变量的标准偏回归系数的结果来看,组 1 复杂型和组 2 中间型的取值倾向较为接近,而组 3 简单型的单位街道宽度、单位街道整合度、吸引点的选择次数这 3 个指标在半数的对象地域当中都取得了更高的值,确认了组 3 和其他两组相比在选择路径时受到单位街道特征的影响更加显著。另外,从多重相关系数的结果来看,数值由高到低排列分别是组 3 简单型、组 2 中间型、组 1 复杂型,因此可以推测尤其对于组 1 复杂型的被调查者来说,在选择散步路径时除了单位街道的客观特征以外还存在其他能让他们关注的东西,影响了他们的选择结果。

4. 根据被调查者平时的步行习惯、对地图的认知等评价结果进行因子分析,可以提取出 5 个有关个人内在属性的因子,分别是"空间认知能力""散步关注度""地图关注度""方向感觉""好奇心"。进一步解析各组被调查者的个人内在属性差异,得出组 1 复杂型同时具有较高的"散步关注度"和一定的"空间认知能力";组 2 中间型的"空间认知能力"最高但"散步关注度"略低;组 3 简单型相对缺乏"空间认知能力"以及"散步关注度",但是拥有一定的"好奇心"。

5. 从被调查者在选择路径时的思考、理由或喜好等的主观偏好回答当中,可以分别提取出否定回答、肯定回答两个方面。在否定回答方面三组的共性倾向是对"去过一次的街道"的回答次数相对较多,即如果再次选择已经选择通过的街道会缺少趣味,因此尽量选择了未知的街道来规划散步路径。在肯定回答方面三组的差异较大,组 1 复杂型对"小路"和"复杂"的回答次数明显更多,并且有意识地在"多样"的场所进行散步体验并描绘路径;而组 2 中间型和组 3 简单型对"形态"比较特殊或者感到"兴趣"的地点的回答次数较多。各组被调查者表现出了与他们的个人内在属性相符合的主观偏好,并且他们的路径选择结果也表现出了相似的倾向。

6. 将主观偏好提取出的各个项目进行分类,单位街道这部分的主观偏好构成可以分成"单位街道的特征""区域的特征",约占回答总数的 70%,是路径选择行为的最基础特征;整体路径这部分的主观偏好构成可以分成"路径方向""路径位置分布""路径复杂程度""路径和起终点的关系",约占回答总数的 30%,这可以说是路径选择行为的重要特征。另外,解读各个分析指标与各个主观偏好的对应关系可以发现,到本章为止,所使用的 7 个分析指标虽然可以反映路径选择当中的单位街道特征,但还不足以用来说明路径整体的特征。

# 第四章

## 从步行者的个体差异来看路径选择时的行动变化特征

在前一章当中,我们对被调查者进行了类型化分组,提取了有关个人内在属性的因子,从个体差异的角度初步说明了不同被调查者的路径选择倾向有何区别,以及他们的主观偏好区别,并且进一步整理了路径选择行为的特征结构。通过整理结果发现,目前为止使用的 7 个分析指标难以解释整体路径的特征,具体来看,选择单位街道数、散步路径长、转折频率这 3 个指标虽然可以用来解释路径的距离、路径曲折程度等基本的行动特征,但是从被调查者的主观偏好当中提取的路径方向、位置分布等随着行走而发生变化的行动特征也不可忽视,有必要针对这些行动再度探讨适用的分析指标,来量化这类行动变化特征。此外,还可以预想到行动变化特征也和被调查者的个人内在属性存在一定的对应关系,对这两者进行解析有助于我们更精细地认知和理解步行者的路径选择行为,及其和街道网络特征之间的关系。

因此,本章的目标是着眼于整体路径,尝试提出一些用于解析选择路径时的行动变化特征的新分析指标,从变化的角度对路径选择特征进行量化处理,并进一步从个体差异的角度来明确各组被调查者的行动变化特征存在区别的原因。

具体来看,基于第三章的被调查者分组结果、整体路径部分的主观偏好构成结果来深入比较各组的行动差异。首先,考察伴随步行前进过程而发生的路径方向变化的行动特征。其次,考察路径位置分布的变化,包括路径在对象地域内的分布范围特征、往返移动等行动特征。再次,考察路径当中通过的街道复杂程度的变化特征。最后,考察路径随着行走过程的推移和起终点之间的距离关系的变化特征。

## 一、研究对象地域的筛选

在考察这些行动变化特征时,基于前一章所述的"路径方向""路径位置分布""路径复杂程度""路径和起终点的关系"这 4 个项目,尝试分别提出适用的分析指标。

在分析之前我们需要再次对现有的研究对象地域进行筛选。具体原因和筛选流程如下:12 个对象地域中存在街道非常弯曲的不规则型街道网络,在探讨路径的前进方向变化这一行动特征时,需要尽量避免街道网络本身的弯曲度带来的影响,因此将 2 戈尔德和 9 热那亚从接下来的研究对象地域中排除。在拥有特殊的几何形态街区的对象地域中,人们的路径选择容易集中在几何形态街区附近,因此将 3 华盛顿和 10 青岛排除。另外,虽然 1 萨凡纳和 12 广岛同属于正交网格型街道网络,但是 1 萨凡纳的街道宽度相对缺少变化,因此将 1 萨凡纳排除。8 阿雷基帕和 4 福冈、7 菲斯同属于不规则型街道网络,其中 8 阿雷基帕的各个街道指标值相对缺乏特色,因此将它排除。基于此,最终筛选出 4 福冈、5 佩鲁贾、6 鹿港、7 菲斯、11 巴塞罗那、12 广岛,作为接下来考察路径选择行动变化的 6 个对象地域。

## 二、研究用语及指标含义解析

本章当中为了把握人们在选择路径时的行动变化特征,共提出了 9 个新分析指标,分别是有关"路径方向"变化的"方向区间数""方向变化距离""相邻区间的方向变化距离的差(绝对值)"这 3 个指标;有关"路径位置分布"的"通过的网格总数""往返移动比例"这 2 个指标;有关"路径复杂程度"变化的"整合度变化次数""整合度变化距离"这 2 个指标;以及有关"路径和起终点的关系"的"标准化最远直线距离""标准化最远散步距离"这 2 个指标。

(1) 用来描述路径方向变化的用语和指标

为了考察"路径方向"这一项目所包含的行动特征,本章提出了方向区间这一概念。把路径当中前进方向发生变化的交叉路口到下一个前进方向发生变化的交叉路口之间的街道定义为 1 个方向区间,用来表示人们是否主动改变了路径的方向。基于这个概念,具体在考察方向变化特征时使用了"方向区间数""方向变化距离""相邻区间的方向变化距离的差(绝对值)"这 3 个指标。

方向区间数,是指一条路径当中包含的方向区间总数[①],数值越大则表示在通

---

① 本章提出的"方向区间数"指标和第二章所述的"转折频率"指标的具体差异见下表。总的来说,转折频率表示整体路径的曲折程度,其数值大小除了受到步行者自主改变路径方向的影响以外,还受到选择单位街道自身的弯曲度的影响。而方向区间数表示步行者在通过交叉路口时是否会有意识地改变路径方向,仅反映人们主动地改变前进方向的行为。

| 指标 | 图示 | 主要含义 | 计算方法 |
|------|------|----------|----------|
| 转折频率 | 转折频率=4 | 用来描述散步时整体路径的方向变化倾向的指标。<br>以一条整体路径为计算单位,表示整体路径的曲直程度 | 把被调查者的散步路径和地图的轴线图相重合后,计算散步路径中包含的轴线数量 |
| 方向区间数 | 方向区间数=2 | 用来描述散步路径通过交叉路口时,被调查者是否有意识地改变前进方向的指标。<br>以一个交叉路口到下一个交叉路口之间的单位街道为计算单位,表示在交叉路口处被调查者主动改变前进方向的程度 | 把被调查者的散步路径和地图的轴线图相重合,交叉路口处如果有复数的轴线相交,则该交叉路口前后算作不同的方向区间 |

过交叉路口时主动改变前进方向的倾向也越强。另外,判断前进方向是否发生变化借助了空间句法理论当中的轴线概念,把被调查者的散步路径和地图的轴线图相重合,交叉路口处如果有复数的轴线相交,则判断路径在该交叉路口处发生了方向变化,该交叉路口前后算作不同的方向区间。具体计算图例如表 4.1 所示。

表 4.1　方向区间数的计算示例

| | 选择的路径 | 对象地图的轴线 | 方向区间 |
|---|---|---|---|
| 图例 | 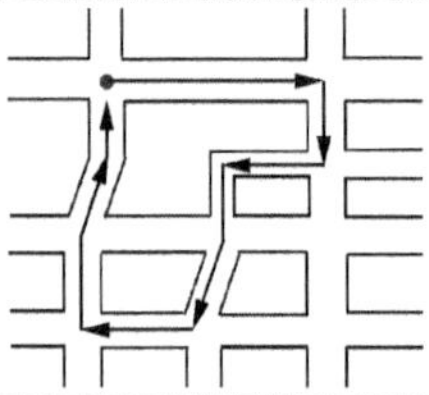 | 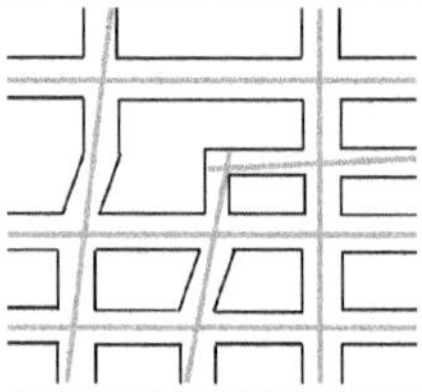 | 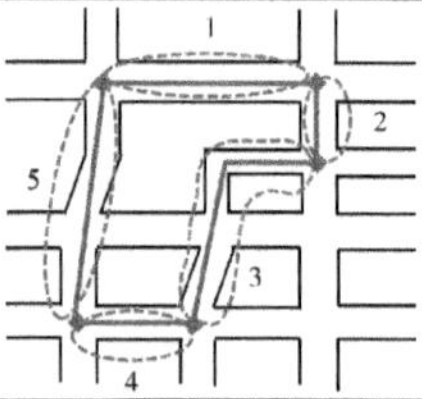 |
| 注释 | 黑色无箭头实线表示街道边缘。黑色带箭头实线表示选择的路径,箭头表示前进方向,圆点表示起终点 | 灰色实线表示对象地图的轴线 | 灰色带圆点实线表示散步路径经过的街道。圆点表示前进方向发生变化的地点。该图示的方向区间数=5 |

方向变化距离,以方向区间作为最小考察单位,指某个路径方向发生变化的地点到下一个路径方向发生变化的地点之间的散步距离,数值越小则表示在行走了越短距离后马上改变前进方向的倾向。另外,本研究当中有关路径的方向变化距离的一些概念如表 4.2 所示。从中可以看出,即使两条路径的方向区间数和平均方向变化距离相同,它们的方向变化行动也有不同特征,比如在改变路径方向时,有可能通过了几乎相等的距离,也有可能通过了不同的距离,这可以反映出步行者不同的行为模式和性格特点。

表 4.2　散步路径中的方向变化距离的概念与相关指标计算示例

| 图例　□ 50 m×50 m 单位街道　━ 散步路径 | 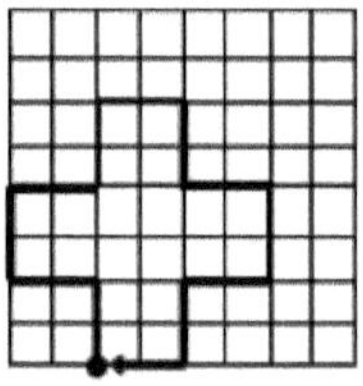 | 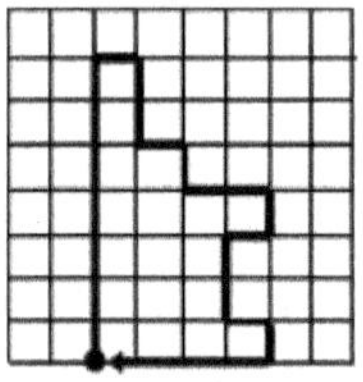 |
|---|---|---|
| 方向区间数 | 12 | 12 |
| 平均方向变化距离/m | 100 | 100 |
| 各方向变化距离的比例 | 100 m/次:100% | 50 m/次:58.3%;100 m/次:25%;200 m/次:8.3%;350 m/次:8.3% |
| 标准差 | 0 | 86.6 |
| 相邻区间的方向变化距离的差(绝对值)的均值/m | (0+0+0+0+0+0+0+0+0+0+0)/11=0 | (300+50+50+0+50+50+0+50+50+0+150)/11=68.18 |
| 特征 | 各区间之间,方向变化距离均匀,即每次改变前进方向时都经过相同的距离 | 各区间之间,方向变化距离差异较大,即每次改变前进方向时经过的距离不同 |

相邻区间的方向变化距离的差(绝对值),是指一条路径当中,各相邻方向区间的方向变化距离差值相加后的绝对值,数值越小则表示方向改变时经过的距离越均衡,即没有通过太短的距离也没有通过太长的距离。

## (2) 用来描述路径位置分布的用语和指标

"路径位置分布"特征可以描述路径在对象地域当中通过了哪些地方。为了把握这个分布范围,将对象地域平均分割成了 25 个正交网格,并提出了"通过的网格总数"和"往返移动比例"这 2 个分析指标。

通过的网格总数,是指在一个对象地域当中,人们的散步路径通过的网格总数且不包含重复通过的网格数,数值越高则表示路径的分布范围越广。

往返移动,是指一条路径从开始到结束为止依次通过一些网格,一旦进入某个网格并离开后,再次重复进入这个网格的网格间往返移动。往返移动比例,即路径通过的网格总数当中重复通过的网格数所占的比例,数值越高则表示路径当中的往返移动倾向越高。往返移动比例的计算方法见表 4.3 的计算示例。

表 4.3 散步路径在对象地域中的位置变化规律(以 12 广岛的被调查路径为例)

| | 组 1 复杂型 | 组 2 中间型 | 组 3 简单型 |
|---|---|---|---|
| 图例 | B1 通过的街道编号顺序 | D1 通过的街道编号顺序 | K1 通过的街道编号顺序 |
| 计算 | 通过的网格总数:32<br>重复通过的网格数:12<br>往返移动比例:12/32=37.5% | 通过的网格总数:22<br>重复通过的网格数:7<br>往返移动比例:7/22=31.8% | 通过的网格总数:12<br>重复通过的网格数:1<br>往返移动比例:1/12=8.3% |
| 特征 | 该被调查者从起终点出发,虽然向着没有去过的网格移动的行动比例较高,但是散步途中也在部分网格间往返移动 | 该被调查者从起终点出发,基本是向着没有去过的网格移动,但也偶尔会在部分网格间往返移动 | 该被调查者从起终点出发之后,几乎没有出现在网格间的往返移动行为,表现为向着没有去过的地点移动这种简单的行动模式 |
| 注释 | 折线图的灰色圆点表示散步路径中首次通过的网格地点,黑色圆点表示散步路径中重复通过的网格地点。<br>由于起点和终点为同一地点,所以终点所在的网格不计作重复通过的地点,以避免影响往返移动比例的计算 | | |

（3）用来描述路径复杂程度的用语和指标

在描述"路径复杂程度"的变化时使用了表示空间复杂程度的整合度指标,把全部 6 个对象地域的单位街道整合度共分为 6 个层级(0≤值<1,1≤值<2,2≤值<3,3≤值<4,4≤值<5,5≤值<6),针对一条路径中涵盖的单位街道的整合度变化进行分析。具体使用"整合度变化次数"和"整合度变化距离"这 2 个指标,计算示例如表 4.4 所示。

表 4.4　散步路径在对象地域中的复杂程度变化规律(以 12 广岛的被调查路径为例)

| | 组 1 复杂型 | 组 2 中间型 | 组 3 简单型 |
|---|---|---|---|
| 图例 | B1通过的街道编号顺序 | D1通过的街道编号顺序 | C1通过的街道编号顺序 |
| 计算 | 整合度变化次数:79<br>整合度变化距离(m):93.030 | 整合度变化次数:22<br>整合度变化距离(m):208.229 | 整合度变化次数:5<br>整合度变化距离(m):635.553 |
| 特征 | 该被调查者的散步路径在整合度不同的街道之间频繁变化移动,在行走过很短的距离后马上前往复杂程度不同的街道,形成复杂的路径选择行为模式 | 该被调查者的散步路径在整合度不同的街道之间偶尔变化移动,在行走过一定的距离后再前往复杂程度不同的街道 | 该被调查者的散步路径几乎没有在整合度不同的街道之间变化移动,通过街道的复杂程度基本维持在一个稳定的数值,形成简单的路径选择行为模式 |

整合度变化次数,是指路径依次通过的单位街道当中不同整合度的单位街道出现的次数。当路径从某条单位街道离开前往下一条单位街道时,若下一条单位街道的整合度数值发生了变化,则记录 1 次变化次数。

整合度变化距离,用来表示路径通过多长的距离后整合度会发生变化。当路径从某条单位街道离开前往下一条单位街道时,若下一条单位街道的整合度发生了变化,则记录到发生变化为止所通过的距离长度。

（4）用来描述路径与起终点关系的用语和指标

在考察"路径和起终点的关系"时本研究提出了以下概念,具体如表 4.5 所示。将起终点作为原点,把路径当中距离起终点最远的地点称为"最远地点",将最远地点和起终点之间的直线距离定义为"最远直线距离",用来表示路径到达的最远地点和起终点的距离关系。另外,将到达最远地点所需的散步距离定义为"最远散步距离",用来表示向着最远地点移动时的路径复杂程度。此外,由于从不同的起终点出发,在对象地域范围内能够到达的最远直线距离是不同的,因此把从某一个起终点出发有可能到达的最远直线距离定义为"可能到达的最远直线距离"。

**表 4.5 散步路径与起终点的位置关系的变化规律(以 12 广岛的被调查路径为例)**

| | 组 1 复杂型 | 组 2 中间型 | 组 3 简单型 |
|---|---|---|---|
| 图例 | 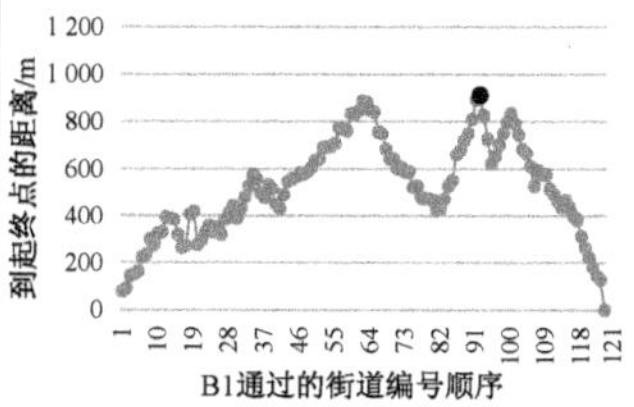 | 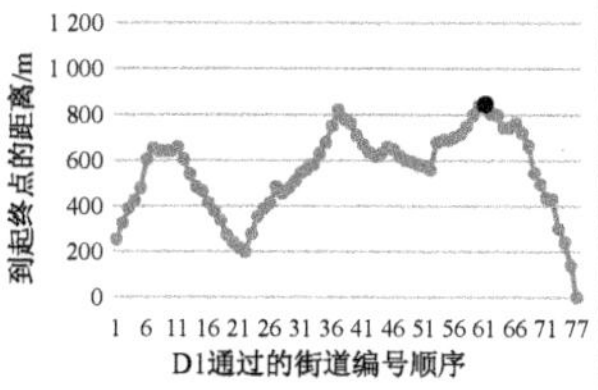 | 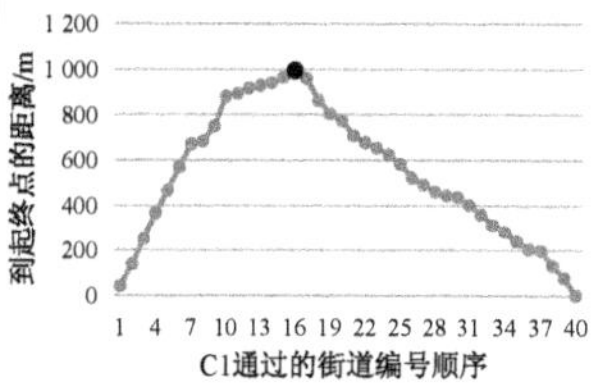 |
| 计算 | 最远直线距离/m:912<br>最远散步距离/m:5 116.53 | 最远直线距离/m:846<br>最远散步距离/m:5 070.79 | 最远直线距离/m:996<br>最远散步距离/m:3 177.76 |
| 特征 | 该被调查者的散步路径从起终点出发后,在向着远处移动的途中,多次绕远路前进,形成了复杂的行动模式 | 该被调查者的散步路径从起终点出发后,向着远处移动的途中,偶尔绕远路前进 | 该被调查者的散步路径从起终点出发后,在向着远处移动并到达最远地点的过程中没有出现绕远路的行为,并且又直接返回起终点,形成简单的行动模式 |
| 注释 | 折线图中的黑色圆点表示该散步路径中距离起终点最远的地点 | | |

为了说明清楚路径和起终点的关系,在分析中具体使用了"标准化最远直线距离"和"标准化最远散步距离"这 2 个指标,计算示例如表 4.6 所示。

**表 4.6 散步路径与起终点的位置关系的相关概念**

| 图例 | 项目 | 计算 | 意义 |
|---|---|---|---|
| 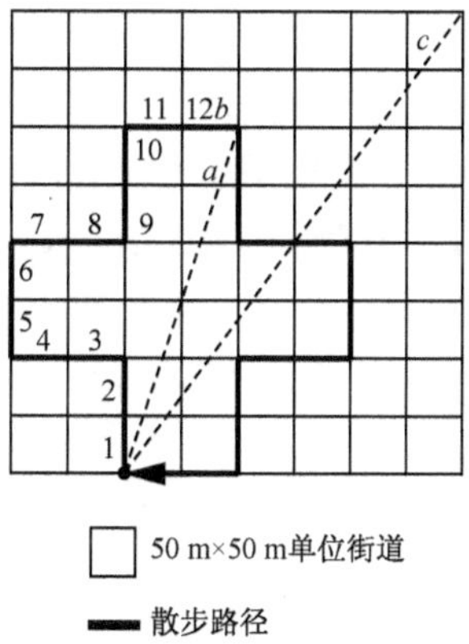 | $a$:最远直线距离/m | 316.23 | 表示散步路径中的某个所在地点到起终点的直线距离 |
| | $b$:最远散步距离/m | $12×50=600$ | 表示向着散步路径中的最远地点移动时路径的复杂程度 |
| | $c$:可能到达的最远直线距离/m | 500 | 在对象地域所示的范围内散步路径可能到达的最远直线距离 |
| | 指标值 1:<br>标准化最远直线距离 | $a/c=316.23 \text{ m}/500 \text{ m}$<br>$=0.63$ | 数值越大,表示散步路径从起终点出发后向着远处移动的倾向越强 |
| | 指标值 2:<br>标准化最远散步距离 | $b/a=600 \text{ m}/316.23 \text{ m}$<br>$=1.90$ | 数值越大,表示散步路径向着远处移动时绕远路的倾向越强 |

标准化最远直线距离,是最远直线距离($a$)与可能到达的最远直线距离($c$)相除后得到的标准化指标,数值越高则表示从起终点出发后向着较远的地点移动的倾向越强。

标准化最远散步距离,是最远散步距离($b$)和最远直线距离($a$)相除后得到的标准化指标,数值越高则表示在向着远处移动的途中绕道的倾向越强。

在下一节当中将使用上述 9 个新分析指标,尝试定量地考察被调查者在散步路径中的行动变化特征。

## 三、不同步行者的路径方向变化特征差异性比较

### (1) 方向变化的平均特征

根据前期的分析可以预测,人们在选择路径时的行动特征之一是前进方向变化。为了把握各组被调查者的路径前进方向是频繁变化还是少有变化,对方向区间数、平均方向变化距离这 2 个指标进行计算,并按照不同对象地域计算各组的平均值以及进行各组之间的方差分析,结果如图 4.1 所示。

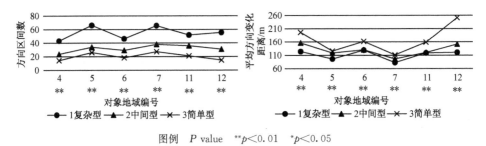

图例  *P* value  **$p<0.01$  *$p<0.05$

**图 4.1  各组被调查者的方向区间的特征值**

根据方差分析结果可以得出,虽然对象地域的方向区间数、平均方向变化距离大不相同,三组的结果都表现出统计学意义上的显著差异。组 1 复杂型的方向区间数最多,具有频繁改变前进方向的行动倾向,另外,平均方向变化距离的值最小,即一个方向区间内的路径长度的值最小,说明该组被调查者更倾向于在通过较短的直线距离后就马上改变自己的前进方向。与之相对的是组 3 简单型,其方向区间数最少但是平均方向变化距离最大,即该组被调查者在散步途中不太愿意改变前进方向,并且到改变方向为止的直线散步距离也较长。另外,组 2 中间型表现出三组之间中等的行动倾向,这与前期的分析结果相对应。

### (2) 方向变化距离的构成比例

为了进一步把握各组被调查者在通过多长的散步距离后才改变了前进方向,针对表 4.2 所示的方向变化距离的行动特征进行详细考察。首先要考察的是整体路径中的方向变化距离的构成比例,具体分析方式如下:

根据被调查者的路径选择结果把方向变化距离分成 7 个层级(0 m≤距离<50 m,50 m≤距离<100 m,100 m≤距离<150 m,150 m≤距离<200 m,200 m≤距

离<400 m,400 m≤距离<600 m,600 m≤距离<1 200 m),计算各组路径属于不同层级的方向区间数,结果如图4.2所示。

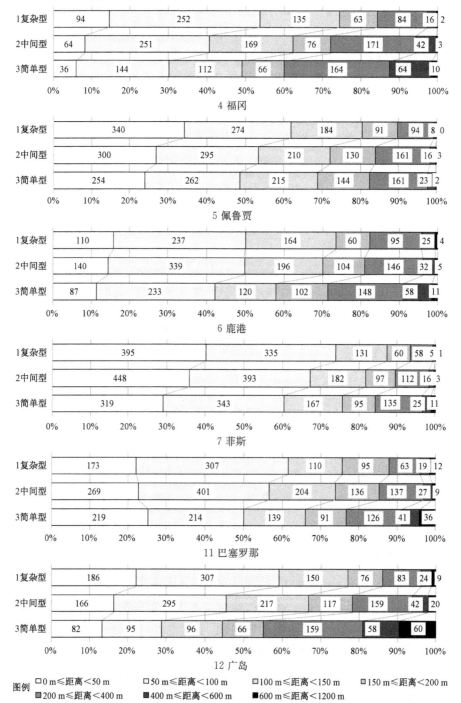

**图 4.2　各组被调查者选择路径在不同层级方向变化距离中的方向区间数**

组1复杂型无论在哪个对象地域当中,5~50 m和50~100 m这类短距离内改变前进方向的行动比例均占该组整体行动比例的约50%或以上,占比较多,而在150 m以上较长距离后改变前进方向的行动比例约占20%,特别是在400 m以上长距离后改变前进方向的占比更少,从中可以再次确认该组被调查者具有通过较短的直线散步距离就马上改变前进方向的行动倾向。相反的是组3简单型,100 m以上较长距离改变前进方向的行动比例约占该组整体行动比例的50%以上,特别是在200 m以上长距离后改变前进方向的占比比其他两组都要多,可以再次确认该组被调查者具有通过较长的直线散步距离才会改变前进方向的行动倾向。另外还可以确认,组2中间型依然表现出三组之间中等水平的行动倾向。

(3)相邻方向区间的方向变化距离波动情况

接着,为了把握被调查者在描绘路径时的方向变化距离是如何变化的,即在一条散步路径当中,方向变化距离是明显变化还是基本没有改变,针对这个变化程度进行各组之间的比较分析。

首先计算一条路径当中的方向变化距离的标准差,并按照不同对象地域计算各组的平均值以及进行各组之间的方差分析,结果如图4.3所示。另外还着眼于相邻区间的方向变化距离的差,计算一条路径中全部相邻区间的方向变化距离的差(绝对值),并按照不同对象地域计算各组的平均值以及进行各组之间的方差分析,结果如图4.4所示。

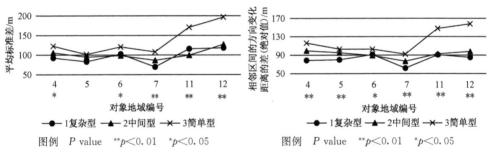

**图4.3　各组被调查者所选路径的方向变化距离的标准差**　　**图4.4　各组被调查者所选路径的相邻区间的方向变化距离的差(绝对值)**

组1复杂型与其他两组相比,无论是方向变化距离的标准差,还是其变化程度的值都几乎是三组之中最低的,表示该组被调查者在描绘散步路径时的方向变化距离不长也不短,维持了比较均衡的倾向,基于此可以判断,组1复杂型经常有意识地一边改变前进方向一边在对象地域范围内的各个地点散步。组2中间型的两个指标也基本取得了三组之间的中等数值,该组被调查者也具有在对象地域内比较仔细地探索各个地点的倾向。组3简单型的方向变化距离的标准差值较大,方向变化距离的增减程度也几乎在所有对象地域中取得了100 m以上的高数值,说明该组被调查者在描绘散步路径时,其方向变化距离的波动较大,和组1复杂型或组2中间型那种在对象地域内详细探索路径的行动方式不同,组3简单型更倾向于大致地把握对象地域的范围,以接近直线形的路径进行长距离移动,如果散步途中遇到感兴趣的地点再改变方向去那些地点探索。

## 四、不同步行者的路径位置分布特征差异性比较

通过前一节的分析把握了路径的前进方向变化的特征,本节将接着考察路径在对象地域范围内具体是如何变化的,即路径的位置分布特征。

### (1)路径位置分布范围

首先,为了把握散步路径通过了对象地域中的哪些部分,对各组被调查者通过的网格总数进行整理和方差分析比较,结果如图4.5所示。根据方差分析的计算结果,在全部对象地域当中三组的结果存在显著性差异。

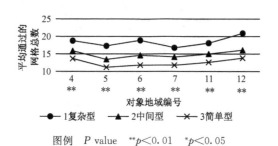

图例　$P$ value　$**p<0.01$　$*p<0.05$

**图4.5　各组被调查者通过的网格总数**

组1复杂型通过的网格总数是三组之间最多的,也就是说具有散步路径分布范围最广的倾向,正如前文中所述,该组被调查者对散步的兴趣最大,希望在对象地域所示范围内探索各处的街道,因此路径分布范围也更广。相对地,组3简单型通过的网格总数在三组之间最少,表示具有路径分布范围更狭小的倾向,即该组被调查者在对象地域所示范围的一部分街道进行探索之后,很快结束了散步行动并回到起终点。而组2中间型通过的网格总数介于另外两组之间,依然表现出三组之间中等的行动倾向。

### (2)路径位置分布的变化趋势

为了把握被调查者的散步路径具体分布在对象地域的哪些位置,把各组的各网格当中的散步路径长与该网格当中的总单位街道长相除,做标准化处理,结果如表4.7所示。网格中的颜色越深则表示描绘的路径越集中在这个位置。

表 4.7 各组被调查者的散步路径位置分布

| 对象地域 | 网格 | 组 1 复杂型 | 组 2 中间型 | 组 3 简单型 |
|---|---|---|---|---|
| 4 福冈 | | | | |
| 5 佩鲁贾 | | | | |
| 6 鹿港 | | | | |
| 7 菲斯 | | | | |
| 11 巴塞罗那 | | | | |
| 12 广岛 | | | | |

图例　$0 \leqslant \square < 0.06$　$0.06 \leqslant \square < 0.09$　$0.09 \leqslant \square < 0.12$　$0.12 \leqslant \square < 0.15$　$0.15 \leqslant \square < 0.18$

$0.18 \leqslant \blacksquare < 0.21$　$0.21 \leqslant \blacksquare < 0.24$　$0.24 \leqslant \blacksquare < 0.27$　$0.27 \leqslant \blacksquare < 0.30$　$0.30 \leqslant \blacksquare$

组 1 复杂型和另外两组相比,其路径具有在对象地域当中分布比较均衡的倾向,推测这是受到该组被调查者较强的散步关注度的影响。相对地,组 3 简单型的路径更倾向于集中分布在对象地域的某些特定位置,具体来看,在 4 福冈和 12 广岛的外圈和中心部分、7 菲斯的西南角、11 巴塞罗那的西北至东南对角线部分路径分布更加明显,这些地方分别存在宽阔显眼的大道或者形状特殊的街区,由此进一步确认了组 3 简单型更偏好简洁或醒目的街道的倾向。另外,组 2 中间型也取得了三组之间中等的倾向,但是稍微接近组 3 简单型。

接下来,探讨路径的位置具体发生了怎样的变化,计算各组被调查者的往返移动比例,即路径通过的网格总数当中重复通过的网格数所占的比例,并按照不同对象地域计算各组的平均值以及进行各组之间的方差分析,结果如图 4.6 所示。

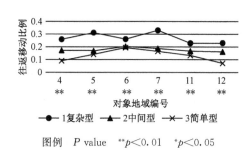

图例　P value　**p<0.01　*p<0.05

**图 4.6　各组被调查者的往返移动比例**

根据方差分析的结果可知,全部对象地域中三组之间均具有显著差异。如果从三组的共性特征来看,发生往返移动的网格数的比例低于只通过一次的网格数的比例,可以认为被调查者的宏观偏好是尽可能多地通过对象地域中的不同位置。

从各组的差异性特征来看,组 1 复杂型倾向于从起终点出发后,先向着没有通过的网格移动,再往返探索,然后再次向着没有通过的网格移动,形成比较复杂的行动模式,其发生往返移动的网格数的比例占网格总数的 20% 以上,取得了三组之间的最大值,可以推测该组被调查者虽然想向着没有通过的地点移动,但是由于他们也希望详细地探索路径,因此时常发生往返移动这种比较复杂的行为。相对的是组 3 简单型,倾向于从起终点出发后向着没有通过的网格移动,途中较少发生往返,最后返回起终点,形成比较简洁的行动模式,可以推测该组被调查者更偏好简单的路径。

## 五、不同步行者的路径复杂程度的变化

目前已经初步探讨了伴随着步行移动的路径位置变化特征,下面进一步地探讨路径的复杂程度变化,即路径在各地点之间的变化情况,是一直分布在简洁的区域或是一直分布在复杂的区域,还是在两种区域之间往返移动。如

前文表4.4所示的方法计算一条路径中包含的单位街道整合度的变化,并按照不同对象地域计算各组的平均值以及进行各组之间的方差分析,结果如图4.7所示。

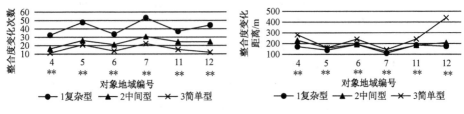

**图4.7　各组被调查者的路径复杂程度的特征值变化**

从整合度变化次数的结果来看,在全部对象地域当中三组都表现出了显著性差异。组1复杂型取得了最大值,表示该组被调查者倾向于在复杂程度不同的街道空间之间来回穿行。组2中间型表现出三组之间中等的行动倾向。组3简单型取得了最低值,表示该组被调查者倾向于在复杂程度相似的、没有什么变化的街道空间中移动。正如前文所述,组3简单型的空间认知能力较低,在选择散步街道时就更容易选择整合度高的单位街道,这个倾向在整体路径的行动变化中也保留了下来。

从整合度变化距离来看,在大部分对象地域中三组被调查者都表现出了显著性差异。几乎在所有对象地域当中都是组1复杂型取得了最低值,表示该组被调查者在复杂程度不同的街道空间之间来回穿行时的移动距离更短,行动也更具变化性。相对地,组3简单型的变化距离比其他两组更远,进一步说明了该组被调查者相对来说不怎么改变路径的复杂程度。

## 六、不同步行者的路径与起终点关系的差异性比较

从上述分析结果可以看出各组之间的路径位置分布特征具有明显的差异,因此我们可以预测,伴随着移动,路径和起终点的距离关系的变化特征也会因人而异。例如,某些人的路径会集中在起终点附近的区域,而某些人的路径会向着更远的方向移动;或者某些人在向远处移动时会以最短路径的方式直接前往,而某些人在向远处移动时更偏好绕远路迂回前进。因此对于这些行动特征,按照表4.5和表4.6所示的计算方法进行详细分析。

分别计算标准化最远直线距离、标准化最远散步距离,并按照不同对象地域计算各组的平均值以及进行各组之间的方差分析,结果分别如图4.8、图4.9所示。根据方差分析的结果可知,全部对象地域中三组之间都具有显著的行动差异。

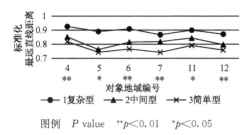

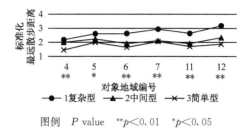

图例 $P$ value  $**p<0.01$  $*p<0.05$    图例 $P$ value  $**p<0.01$  $*p<0.05$

**图 4.8　各组被调查者的标准化最远直线距离　图 4.9　各组被调查者的标准化最远散步距离**

从标准化最远直线距离的结果来看,组 1 复杂型的值在三组当中最大,该组被调查者和其他组相比,具有从起终点出发后向着更远处移动的倾向。相反的是组 3 简单型,他们的值在三组之间最低,说明该组被调查者更倾向于在起终点附近的街区移动,尽量避免去往远处。

另外,从标准化最远散步距离来看,组 1 复杂型同样取得了三组之间的最大值,即他们在向着远处移动的途中更频繁地出现绕远路和迂回前进的行动,这也再次说明该组被调查者具有详细探索路径的行动倾向。而组 3 简单型的取值在三组之间最低,这也说明了他们偏好向着远处直接移动、在对象地域中大致探索的行动倾向。

## 七、不同步行者在路径选择时的行动变化特征的差异性总结

在本小节当中,我们对前述的各种路径选择的行动变化特征按照不同分组进行整理,汇总结果如表 4.8 所示。

**表 4.8　各组被调查者的路径选择行动变化特征**

| 分类 | 项目 | 组 1 复杂型 | 组 2 中间型 | 组 3 简单型 |
|---|---|---|---|---|
| 路径方向 | 方向区间数 | 多 | 中等 | 少 |
| | 方向变化距离 | 短 | 中等 | 长 |
| | 相邻区间的方向变化距离的差(绝对值) | 小 | 中等 | 大 |
| 位置分布 | 通过的网格总数 | 多 | 中等 | 少 |
| | 往返移动比例 | 频繁 | 中等 | 少 |
| 路径复杂程度 | 整合度变化次数 | 多 | 中等 | 少 |
| | 整合度变化距离 | 短 | 中等 | 长 |
| 路径和起终点的关系 | 标准化最远直线距离 | 大 | 中等 | 小 |
| | 标准化最远散步距离 | 大 | 中等 | 小 |

图例　数值低　数值中等　数值高

总的来说,组 1 复杂型频繁变化散步路径的行动在三组之中最明显,该组被调查者无论街道网络有何不同特征,都倾向于在对象地域所示的范围内去各处散步探索,在选择路径时积极地关注前进方向和所到位置等的空间变化,关注自身的行动。组 3 简单型的行动特征与组 1 正好相反,他们追求路径变化的程度较低,更容易受到街道网络的客观特征的影响,路径主要分布在特征比较明显的街道或街区。基于此,我们可以验证第三章当中提出的假设,即选择路径时组 3 简单型受到街道特征的影响比较强烈,而对于组 1 复杂型来说,除了单位街道的客观特征以外还存在其他能让他们关注的东西。

## 八、结语

本章主要针对"路径方向变化""路径位置分布""路径复杂程度""路径和起终点的关系"这 4 种行动变化特征进行详细的定量解析,更清晰地展示了各组被调查者的路径选择行动的特征与差异性。本章获得的主要知识点如下:

在这 4 种行动变化特征方面各组之间均存在显著性差异。具体来看:

1. 散步路径的"方向变化"特征:组 1 复杂型没有过多地选择直线形路径,而是频繁地改变前进方向,方向变化前后的散步距离不长也不短,维持得比较均衡,这可以说明该组被调查者有意识地改变自己的路径方向,主动地探索对象地域的各个街道细部。与之相对的是组 3 简单型,他们更多地选择了直线形路径,基本上在长距离的移动之后才会改变前进方向,或是遇到感兴趣的地点以后突然改变路径方向,这说明该组被调查者相对来说并没有积极地计划自己的路径方向,而是很可能在外界环境的影响下下意识地改变了自己的行动。另外,组 2 中间型维持了中等的行动倾向,这一点和他们的路径选择基本行动特征相符。

2. 路径的"位置分布"主要特征:组 1 复杂型的路径分布范围最广泛,不管在哪个研究对象地域,不管该地的街道网络有何特征,该组被调查者的路径都在对象地域的范围内四处分散分布。相对地,组 3 简单型的路径分布范围最狭小,并且根据对象地域的街道网络特征发生明显变化,主要集中在形态特殊的街道和街区附近,我们认为这是由于该组被调查者的散步关注度较低,缺少四处散步探索的兴趣,仅仅在遇到特殊的街道时才会想去看看。

3. 路径的"位置分布"的行动变化特征:全体被调查者的共性倾向是宏观上偏好尽可能多地通过对象地域当中的不同位置。当然三组之间也有一些差异性特征,比如组 1 复杂型虽然向着对象地域当中的不同位置移动,但是他们也经常出现往返移动的行为,这也是由于他们想更细致地探索路径而产生了这种复杂的行动模式;组 2 中间型出现的往返移动行为比组 1 略少,保持了三组之间的中等水平;组 3 简单型也是向着对象地域中的不同位置移动,但是相对较少发生往返移动的行为,而是在对象地域内大致地移动一圈后直接返回起终点,形成简单的行动模式。

4. 路径的"复杂程度"的行动变化特征:无论哪组被调查者都不会在散步路径中只选择特征完全相同的街道。进一步来看,组1复杂型的路径在复杂的街道和简洁的街道之间频繁变化移动,这同样展现了该组被调查者复杂的行动模式。相对来说组3简单型的路径主要停留在简洁的街道上,变化移动的倾向也较弱,这说明了该组被调查者具有简单的行动模式。另外,组2中间型的行动模式处于三组之间的中等水平,但是和组3简单型比较接近。

5. 路径和起终点的关系的行动变化特征:组1复杂型从起终点出发后向着更远处的地点描绘路径,并且在途中迂回绕道前进。相反地,组3复杂型从起终点出发之后就在附近的街区移动,更没有表现出迂回的路径倾向。另外,组2中间型依然表现出了三组之间中等的行动倾向。

# 第五章

# 步行者主观偏好与路径选择行动的一致性

前几章主要着眼于路径选择时人们的客观行动本身，分别从路径选择的基本特征、行动变化特征出发，尝试解析不同被调查者的行动倾向，此外，第三章还初步分析了被调查者对街道网络的主观偏好回答。接下来本章将基于前述这些结果，从个体差异的视角探讨人们的路径选择主观偏好和客观的路径选择行动之间的关联。

这里所指的主观偏好与客观行动的关联是指，人们是否会按照自己主观偏好的街道特征实施路径选择行动，即主客观的一致程度。因此本章的目标是，将选择路径时的主观偏好看作路径选择行动的一环，在把握整体被调查者的主观偏好与各种路径选择行动的关联性的基础上，进一步从个体差异的角度把握各组被调查者的主观偏好与客观行动的一致程度是否也存在差异性，以此更深入地解析路径选择的一系列行动特征。

具体来看，首先基于第三章整理的选择路径时的主观偏好回答，使用因子分析方法抽出主观偏好因子后，分析被调查者整体的各个主观偏好因子、各种路径选择行动之间的关系。接着，按照不同的被调查者小组再次进行分析，分别把握各组的主观偏好与客观行动的一致程度并解释二者产生差异的原因。最后，整理总结各组被调查者最具有代表性的个人内在属性、主观偏好、路径选择的基本行动特征和行动变化特征，从各项目的对应关系来详细解析路径选择的影响要素与特征。

## 一、主观偏好因子提取方法

在第三章中论证了各组被调查者的路径选择基本行动特征具有不同的倾向，主观偏好特征也各不相同，同时在第四章中证明了各组被调查者的行动变化特征也具有不同的倾向，基于此进一步提出假设：各组的主观偏好与该组的客观行动具有一定的对应关系，且各组的对应程度存在差异性，即人们虽然大致上会按照主观偏好进行路径选择，但是各组被调查者按照主观偏好行动的一致程度有所区别。接下来将针对主观偏好与客观行动的关系进行深入考察分析。

基于第三章提及的选择路径时关注或喜好的街道特征的名词和形容词（参考

表 3.9），将各个关键词的回答次数作为分值，进行因子分析法（主轴因子分解，最大方差法）。此时，基于 BIM、SPSS 软件的计算结果筛查投入分析的各关键词，删除"9. 方向"以提高本次因子分析结果的有效性。基于固定值 0.1 以上的条件抽出关于参加者主观偏好的 5 个因子，结果见表 5.1。

表 5.1　因子分析

| 内容 | 1 多样性 | 2 宽阔度 | 3 曲折度 | 4 趣味性 | 5 远近度 |
|---|---|---|---|---|---|
| 4. 复杂 | 0.848 | 0.297 | −0.068 | −0.091 | −0.014 |
| 10. 多样 | 0.737 | −0.284 | −0.087 | −0.039 | −0.169 |
| 7. 印象 | 0.514 | 0.163 | −0.023 | 0.030 | 0.059 |
| 12. 远 | −0.275 | 0.019 | 0.021 | 0.068 | −0.272 |
| 2. 小路 | 0.184 | 0.971 | −0.052 | 0.021 | −0.072 |
| 1. 大道 | −0.209 | 0.549 | −0.468 | −0.102 | −0.077 |
| 11. 大致 | −0.127 | −0.210 | −0.093 | −0.072 | 0.129 |
| 3. 曲线形 | −0.126 | 0.045 | 0.934 | 0.142 | 0.079 |
| 5. 简洁 | −0.069 | −0.051 | 0.490 | −0.050 | −0.080 |
| 8. 兴趣 | −0.265 | −0.081 | −0.191 | 0.848 | 0.174 |
| 6. 形状 | −0.136 | −0.119 | −0.309 | −0.585 | 0.089 |
| 13. 近 | −0.076 | −0.151 | −0.005 | 0.131 | 0.916 |

从因子荷载量高的项目考虑各因子的意义，分别解释各因子。第 1 因子表示是否喜欢复杂的街区或各种各样的街道，即"多样性"；第 2 因子表示是否偏好狭窄的小道，即"宽阔度"；第 3 因子表示是否偏好曲线形街道，即"曲折度"；第 4 因子表示是否对街道的吸引点或者形状感兴趣，即"趣味性"；第 5 因子表示是否偏好在起点附近的街道散步，即"远近度"。

为了调查各组被调查者的主观偏好有何差异，计算各组的各项因子平均得分，结果如图 5.1 所示。

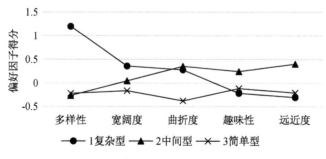

图 5.1　各组被调查者的偏好因子的倾向

首先来看组 1 复杂型，该组的"多样性"和"宽阔度"在三组之中取得了最大值，

"曲折度"得分位居中等,"趣味性"和"远近度"的值最小,这说明该组被调查者和其他两组相比,由于对散步活动具有较强的兴趣,因此不太在意散步的距离,不仅仅关注自己感兴趣的街道,而是想在整个对象地域内的各地点进行详细探索,积极地选择了多样化的街道。另外,这里需要留意的是组1复杂型的"宽阔度"取得了三组之间的最大值,这表示该组被调查者对街道宽度的关注程度较高,而并非指他们偏好宽阔的街道,由第三章的表3.9的主观偏好回答具体内容可知,组1复杂型偏好宽度更窄的街道。

组2中间型的"曲折度""趣味性""远近度"取得了三组之中的最大值,"宽阔度"取得中等数值,"多样性"的数值最低。根据前文的分析可以知道,该组被调查者对散步的关注程度较低,因此比起四处探索街道,他们更容易对形态特殊的街区产生兴趣。

组3简单型的"多样性"的值较低且和组2中间型的值非常接近,"趣味性"和"远近度"的值也在三组之间居中,"宽阔度"和"曲折度"的值最低。该组被调查者同样对散步的关注程度较低,并不偏好在对象地域内四处探索多样化的街道,相对来说他们更关注具有趣味性的街区,以及偏好在起终点附近探索路径。

## 二、主观偏好的街道特征和实际路径选择结果的关系

为了把握人们的各种路径选择的客观行动是否会按照主观偏好来进行,对被调查者整体的主观偏好因子与其客观的路径选择结果进行相关分析。样本数为6个对象地域×30名被调查者×3次实验,共计540份数据。计算结果如表5.2所示。

**表5.2 主观偏好因子与实际选择结果的相关分析**

| | 分类 | 项目 | 1 多样性 | 2 宽阔度 | 3 曲折度 | 4 趣味性 | 5 远近度 |
|---|---|---|---|---|---|---|---|
| 基本行动 | 整体路径 | 1. 选择单位街道数 | 0.428** | 0.070 | 0.210 | −0.120 | 0.020 |
| | | 2. 散步路径长 | 0.357** | 0.010 | 0.238* | −0.120 | 0.020 |
| | | 3. 转折频率 | 0.494** | 0.120 | 0.225* | −0.110 | −0.050 |
| | 单位街道 | 4. 单位街道长度 | −0.265* | −0.258* | 0.010 | 0.050 | −0.050 |
| | | 5. 单位街道宽度 | −0.386** | −0.295** | −0.316** | 0.180 | −0.090 |
| | | 6. 单位街道整合度 | −0.329** | −0.130 | −0.312** | −0.010 | 0.040 |
| | | 7. 单位街道弯曲度 | −0.040 | −0.070 | 0.200 | −0.040 | −0.150 |
| 行动变化 | 方向变化 | 8. 方向区间数 | 0.506** | 0.120 | 0.200 | −0.110 | −0.040 |
| | | 9. 方向变化距离 | −0.344** | −0.304** | −0.209* | 0.060 | −0.070 |
| | | 10. 相邻区间的方向变化距离的差 | −0.324** | −0.260* | −0.210 | 0.040 | −0.090 |
| | 路径位置分布 | 11. 通过的网格总数 | 0.150 | −0.030 | 0.220* | −0.160 | 0.010 |
| | | 12. 往返移动的比例 | 0.504** | 0.080 | 0.030 | −0.080 | 0.200 |

| 分类 | | 项目 | 1 多样性 | 2 宽阔度 | 3 曲折度 | 4 趣味性 | 5 远近度 |
|---|---|---|---|---|---|---|---|
| 行动变化 | 路径复杂程度 | 13. 整合度变化次数 | 0.515 ** | 0.100 | 0.200 | −0.110 | −0.040 |
| | | 14. 整合度变化距离 | −0.359 ** | −0.243 * | −0.210 * | −0.010 | −0.050 |
| | 路径与起终点的关系 | 15. 标准化最远直线距离 | 0.110 | −0.080 | 0.120 | −0.160 | −0.010 |
| | | 16. 标准化最远散步距离 | 0.365 ** | 0.030 | 0.180 | −0.080 | 0.130 |

| 图例 | $0.000 \leqslant |value| < 0.200$ | $0.200 \leqslant |value| < 0.400$ | $0.400 \leqslant |value| < 0.700$ |
|---|---|---|---|

**$P$ value$<0.01$　*$P$ value$<0.05$

从被调查者整体未分组前的样本结果来看，"多样性"因子和大多数客观行动之间存在相关关系，并且在一部分项目上取得了较高的相关系数（值＞0.400），而其他因子和客观行动之间的相关性并不明显，尤其是"趣味性"和"远近度"因子与客观选择结果之间并无相关性。推测此结果是因为人们虽然有自己固定偏好的街道特征，如狭窄或曲折、长或短，但是在选择散步路径的过程中，比起始终选择同一类型的街道，选择具有各种不同特征的街道才更容易给休闲步行带来乐趣，这使得主观偏好和客观行动产生了部分不一致，即表现为"多样性"和选择结果的一致程度更高，而其他主观因子和选择结果的一致程度较低。

具体来看，"多样性"因子和基本行动当中的整体路径的 3 个指标，以及行动变化特征中的方向区间数、往返移动比例、整合度变化次数这 3 个指标均呈正相关性，由于"多样性"表示是否偏好复杂的街区或者想去各种各样的街道，那些想探索不同街道的被调查者在选择路径时也随着方位和周边环境的变化而选择了更多的街道、更长的路径以及更频繁地改变前进方向，最终在街道的多样化方面表现出偏好与选择的一致性。

## 三、从不同步行者来看主观偏好的街道特征和实际路径选择结果的关系

进一步地，为了把握不同被调查者的客观行动是否会按照主观偏好来进行，基于前两个小节的结果，分别对各组的主观偏好的 5 个因子与其路径选择结果再次进行相关分析。计算结果按照各因子分别展示，见表 5.3 至表 5.7。

可以看出不同对象地域、不同组以及不同因子的相关分析结果都存在区别。大致上来说，"宽阔度""趣味性""远近度"这 3 个因子和路径选择的相关分析结果并没有表现出很明显的组间差异，而"多样性"和"曲折度"这 2 个因子和路径选择的相关分析结果显示，组 1 复杂型有更多的路径选择行动和主观偏好因子呈现相关关系，即该组被调查者和其他两组相比更能按照自己的主观偏好进行路径选择，倾向于有意识地、有计划性地规划散步路径。相对的是组 3 简单型，路径选择行动

街道网络网络模式对路径选择——当为行者个体差异视角解读步行为影响的

**表 5.3 各组被调查者的"多样性"因子与实际选择结果的相关分析**

| | 分类 | 项目 | 组1复杂型 | | | | | |
| --- | --- | --- | --- | --- | --- | --- | --- | --- |
| | | | 4 福冈 | 5 喊鲁贾 | 6 庵港 | 7 菲斯 | 11 巴塞罗那 | 12 广岛 |
| 基本行动 | 整体路径 | 1. 选择单位街道数 | 0.073 | −0.152 | 0.073 | 0.052 | −0.046 | 0.497 |
| | | 2. 散步路径长 | −0.249 | −0.344 | −0.417 | −0.117 | −0.330 | −0.001 |
| | | 3. 转折频率 | 0.565* | 0.067 | 0.183 | 0.505 | 0.313 | 0.715* |
| | 单位街道 | 4. 单位街道长度 | −0.483 | −0.592* | −0.740** | −0.420 | −0.709** | −0.833** |
| | | 5. 单位街道宽度 | −0.597* | −0.594* | −0.423 | −0.619* | −0.728** | −0.711* |
| | | 6. 单位街道整合度 | −0.442 | −0.129 | −0.210 | −0.609* | −0.485 | −0.738** |
| | | 7. 单位街道弯曲度 | 0.149 | −0.182 | −0.185 | 0.158 | 0.155 | −0.367 |
| 行动变化 | 方向变化 | 8. 方向区间数 | 0.538* | 0.170 | 0.318 | 0.468 | 0.386 | 0.715* |
| | | 9. 方向变化距离 | −0.702** | −0.497 | −0.722** | −0.684** | −0.668** | −0.858** |
| | | 10. 相邻区间的方向变化距离的差 | −0.479 | −0.499 | −0.685** | −0.507 | −0.593* | −0.715* |
| | 路径位置分布 | 11. 通过的网格总数 | −0.752** | −0.501 | −0.623* | −0.040 | −0.356 | −0.370 |
| | | 12. 往返移动比例 | 0.285 | −0.083 | 0.440 | 0.210 | −0.034 | 0.196 |
| | 路径复杂程度 | 13. 整合度变化次数 | 0.569* | 0.109 | 0.371 | 0.481 | 0.432 | 0.669** |
| | | 14. 整合度变化距离 | −0.857** | −0.685** | −0.692** | −0.709** | −0.670** | −0.812* |
| | 路径与起终点的关系 | 15. 标准化最远直线距离 | −0.468 | −0.515* | −0.512 | −0.271 | −0.384 | −0.348 |
| | | 16. 标准化最远散步距离 | 0.033 | 0.302 | 0.392 | −0.450 | 0.319 | 0.035 |

| 分类 | | 项目 | 组 2 中间型 | | | | | |
|---|---|---|---|---|---|---|---|---|
| | | | 4 福冈 | 5 佩鲁贾 | 6 庇港 | 7 菲斯 | 11 巴塞罗那 | 12 广岛 |
| 基本行动 | 整体路径 | 1. 选择单位街道数 | −0.395* | −0.280 | −0.191 | −0.466** | −0.318 | −0.216 |
| | | 2. 散步路径长 | −0.444** | −0.334 | −0.258 | −0.396* | −0.331 | −0.132 |
| | | 3. 转折频率 | −0.280 | −0.268 | −0.231 | −0.377* | −0.336 | −0.325 |
| | 单位街道 | 4. 单位街道长度 | −0.147 | −0.179 | −0.124 | 0.075 | −0.048 | 0.108 |
| | | 5. 单位街道宽度 | −0.182 | −0.092 | 0.088 | −0.165 | −0.140 | 0.093 |
| | | 6. 单位街道整合度 | −0.270 | 0.138 | 0.115 | 0.294 | 0.319 | 0.081 |
| | | 7. 单位街道弯曲度 | 0.065 | −0.068 | −0.156 | −0.376* | −0.134 | 0.041 |
| 行动变化 | 方向变化 | 8. 方向区间数 | −0.301 | −0.226 | −0.157 | −0.322 | −0.319 | −0.320 |
| | | 9. 方向变化距离 | −0.105 | −0.100 | −0.026 | 0.100 | 0.012 | 0.140 |
| | | 10. 相邻区间的方向变化距离的差 | −0.085 | −0.076 | 0.006 | 0.206 | 0.079 | 0.292 |
| | 路径位置分布 | 11. 通过的网格总数 | −0.427* | −0.385* | −0.419* | −0.390* | −0.440* | −0.339 |
| | | 12. 往返移动比例 | −0.160 | −0.035 | 0.197 | −0.097 | 0.284 | 0.231 |
| | 路径复杂程度 | 13. 整合度变化次数 | −0.095 | −0.293 | −0.238 | −0.355* | −0.275 | −0.278 |
| | | 14. 整合度变化距离 | −0.392* | −0.008 | −0.010 | 0.140 | −0.033 | 0.125 |
| | 路径与起终点的关系 | 15. 标准化最远直线距离 | −0.278 | −0.410* | −0.295 | −0.294 | −0.323 | −0.026 |
| | | 16. 标准化最远散步距离 | −0.393* | −0.014 | 0.082 | −0.237 | −0.148 | −0.016 |

续表5.3

| 分类 | | 项目 | 4 福冈 | 5 佩鲁贾 | 5 鹿港 | 7 菲斯 | 11 巴塞罗那 | 12 广岛 |
|---|---|---|---|---|---|---|---|---|
| | | | | | 组3 简单型 | | | |
| 基本行动 | 整体路径 | 1. 选择单位街道数 | -0.049 | -0.081 | 0.140 | 0.010 | -0.013 | -0.019 |
| | | 2. 散步路径长 | -0.003 | -0.183 | 0.156 | -0.088 | -0.137 | -0.150 |
| | | 3. 转折频率 | 0.167 | -0.174 | 0.259 | -0.073 | -0.017 | 0.042 |
| | 单位街道 | 4. 单位街道长度 | 0.033 | -0.294 | -0.026 | -0.185 | -0.214 | -0.245 |
| | | 5. 单位街道宽度 | -0.281 | 0.151 | -0.115 | -0.119 | -0.047 | -0.169 |
| | | 6. 单位街道整合度 | -0.244 | 0.090 | -0.120 | 0.129 | -0.020 | -0.169 |
| | | 7. 单位街道弯曲度 | 0.130 | -0.255 | 0.017 | -0.202 | -0.049 | -0.074 |
| | 方向变化 | 8. 方向区间数 | 0.169 | -0.096 | 0.218 | -0.099 | -0.045 | 0.022 |
| | | 9. 方向变化距离 | -0.224 | -0.156 | -0.129 | -0.067 | -0.090 | -0.170 |
| | | 10. 相邻区间的方向变化距离的差 | -0.124 | -0.161 | -0.116 | -0.212 | -0.122 | -0.182 |
| 行动变化 | 路径位置分布 | 11. 通过的网格总数 | -0.170 | -0.271 | 0.111 | -0.128 | -0.142 | -0.249 |
| | | 12. 往返移动比例 | 0.084 | -0.063 | 0.008 | 0.033 | 0.590** | 0.291 |
| | 路径复杂程度 | 13. 整合度变化次数 | 0.150 | -0.179 | 0.248 | -0.072 | -0.011 | 0.045 |
| | | 14. 整合度变化距离 | -0.194 | -0.045 | -0.179 | -0.095 | -0.100 | -0.169 |
| | 路径与起终点的关系 | 15. 标准化最远直线距离 | 0.017 | -0.090 | -0.060 | -0.026 | 0.054 | -0.087 |
| | | 16. 标准化最远散步距离 | -0.110 | -0.103 | 0.300 | -0.058 | 0.034 | 0.053 |

图例 | 0.000≤|value|<0.200 | 0.200≤|value|<0.400 | 0.400≤|value|<0.700 | 0.700≤|value|<1.000 | |value|=1.000

**$P$ value<0.01　*$P$ value<0.05

表 5.4　各组被调查者的"宽阔度"因子与实际选择结果的相关分析

| 分类 | | 项目 | 组 1 复杂型 | | | | | |
|---|---|---|---|---|---|---|---|---|
| | | | 4 福冈 | 5 佩鲁贾 | 6 威港 | 7 菲斯 | 11 巴塞罗那 | 12 广岛 |
| 基本行动 | 整体路径 | 1. 选择单位街道数 | −0.493 | −0.433 | −0.423 | −0.424 | −0.031 | −0.363 |
| | | 2. 散步路径长 | −0.543* | −0.315 | −0.356 | −0.532* | −0.130 | −0.441 |
| | | 3. 转折频率 | −0.503 | −0.505 | −0.257 | −0.307 | −0.143 | −0.162 |
| | 单位街道 | 4. 单位街道长度 | 0.586* | 0.193 | 0.421 | −0.428 | −0.240 | −0.023 |
| | | 5. 单位街道宽度 | 0.111 | 0.257 | −0.017 | −0.009 | 0.019 | 0.057 |
| | | 6. 单位街道整合度 | −0.001 | 0.627* | −0.030 | 0.005 | 0.092 | 0.308 |
| | | 7. 单位街道弯曲度 | 0.244 | −0.230 | 0.314 | −0.437 | −0.058 | 0.126 |
| | 方向变化 | 8. 方向变化距离 | −0.500 | −0.588* | −0.285 | −0.408 | −0.085 | −0.177 |
| | | 9. 方向变化次数 | 0.200 | 0.298 | −0.022 | −0.224 | −0.105 | −0.081 |
| | | 10. 相邻区间的方向变化距离的差 | 0.122 | 0.515* | −0.138 | −0.367 | −0.064 | −0.136 |
| 行动变化 | 路径位置分布 | 11. 通过的网格总数 | −0.316 | −0.108 | −0.216 | −0.098 | 0.185 | 0.041 |
| | | 12. 往返移动比例 | −0.245 | −0.241 | −0.481 | −0.552* | 0.701* | −0.384 |
| | 路径复杂程度 | 13. 整合度变化次数 | −0.422 | −0.546* | −0.358 | −0.351 | −0.171 | −0.209 |
| | | 14. 整合度变化距离 | 0.052 | 0.510 | 0.035 | −0.126 | −0.027 | −0.010 |
| | 路径与起终点的关系 | 15. 标准化最远直线距离 | −0.008 | 0.061 | 0.070 | −0.492 | −0.128 | −0.126 |
| | | 16. 标准化最远散步距离 | −0.173 | −0.250 | −0.326 | −0.364 | 0.321 | −0.417 |

街道网络模式对路径选择行为的影响——步行者个体差异视角解读

续表 5.4

| | 分类 | 项目 | 组 2 中间型 | | | | | |
| | | | 4 福冈 | 5 佩鲁贾 | 6 庞港 | 7 菲斯 | 11 巴塞罗那 | 12 广岛 |
|---|---|---|---|---|---|---|---|---|
| 基本行动 | 整体路径 | 1. 选择单位街道数 | −0.331 | 0.010 | 0.015 | −0.199 | −0.171 | −0.098 |
| | | 2. 散步路径长 | −0.407* | −0.128 | −0.077 | −0.384* | −0.192 | −0.133 |
| | | 3. 转折频率 | 0.024 | 0.128 | 0.224 | −0.112 | −0.036 | −0.186 |
| | 单位街道 | 4. 单位街道长度 | −0.187 | −0.254 | −0.152 | −0.346* | −0.071 | −0.132 |
| | | 5. 单位街道宽度 | −0.326 | −0.363* | −0.187 | −0.384* | −0.441* | −0.126 |
| | | 6. 单位街道整合度 | −0.486** | 0.031 | −0.265 | 0.222 | 0.195 | 0.038 |
| | | 7. 单位街道弯曲度 | −0.111 | 0.042 | 0.095 | −0.262 | −0.086 | −0.083 |
| 行动变化 | 方向变化 | 8. 方向区间数 | −0.037 | 0.082 | 0.261 | −0.093 | 0.002 | −0.160 |
| | | 9. 方向变化距离 | −0.325 | −0.243 | −0.314 | −0.188 | −0.186 | 0.035 |
| | | 10. 相邻区间的方向变化距离的差 | −0.341 | −0.273 | −0.241 | −0.020 | −0.072 | 0.270 |
| | 路径位置分布 | 11. 通过的网格总数 | −0.289 | −0.147 | −0.383* | −0.296 | −0.217 | −0.236 |
| | | 12. 往返移动比例 | −0.116 | 0.093 | 0.392* | 0.042 | −0.035 | 0.100 |
| | 路径复杂程度 | 13. 整合度变化次数 | 0.102 | −0.115 | 0.091 | −0.152 | 0.026 | −0.184 |
| | | 14. 整合度变化距离 | −0.486** | −0.010 | −0.201 | −0.149 | −0.196 | 0.131 |
| | 路径与起终点的关系 | 15. 标准化最远直线距离 | −0.181 | −0.260 | −0.204 | −0.435* | −0.024 | −0.043 |
| | | 16. 标准化最远离散步距离 | −0.193 | 0.152 | 0.153 | −0.282 | −0.138 | 0.082 |

| 分类 | | 项目 | 组 3 简单型 | | | | | |
|---|---|---|---|---|---|---|---|---|
| | | | 4 福冈 | 5 佩鲁贾 | 6 鹿港 | 7 菲斯 | 11 巴塞罗那 | 12 广岛 |
| 基本行动 | 整体路径 | 1. 选择单位街道数 | 0.103 | −0.156 | −0.145 | 0.303 | 0.049 | 0.091 |
| | | 2. 散步路径长 | −0.082 | −0.146 | −0.235 | 0.054 | 0.080 | −0.144 |
| | | 3. 转折频率 | 0.076 | 0.061 | −0.053 | 0.380* | 0.104 | 0.331* |
| | 单位街道 | 4. 单位街道长度 | −0.289 | 0.070 | −0.191 | −0.248 | 0.045 | −0.360* |
| | | 5. 单位街道宽度 | −0.028 | −0.312* | −0.210 | −0.269 | −0.006 | −0.453** |
| | | 6. 单位街道整合度 | 0.117 | −0.286 | 0.089 | −0.303 | 0.123 | 0.003 |
| | | 7. 单位街道弯曲度 | −0.469** | 0.213 | 0.041 | −0.232 | −0.129 | −0.401** |
| | 方向变化 | 8. 方向区间数 | 0.168 | 0.094 | 0.061 | 0.410** | 0.205 | 0.358* |
| | | 9. 方向变化距离 | −0.233 | −0.225 | −0.241 | −0.354* | −0.057 | −0.433** |
| | | 10. 相邻区间的方向变化距离的差 | −0.338* | −0.245 | −0.221 | −0.442** | 0.040 | −0.311* |
| 行动变化 | 路径位置分布 | 11. 通过的网络总数 | 0.064 | −0.129 | −0.282 | −0.024 | −0.152 | −0.015 |
| | | 12. 往返移动比例 | 0.029 | 0.045 | 0.101 | −0.017 | −0.148 | −0.422** |
| | 路径复杂程度 | 13. 整合度变化次数 | −0.038 | 0.072 | −0.077 | 0.343* | 0.287 | 0.292 |
| | | 14. 整合度变化距离 | 0.091 | −0.187 | −0.102 | −0.322* | −0.283 | −0.313* |
| | 路径与起终点的关系 | 15. 标准化最远直线距离 | −0.145 | −0.116 | −0.102 | −0.053 | 0.082 | −0.216 |
| | | 16. 标准化最远散步距离 | 0.052 | −0.115 | −0.198 | 0.001 | −0.049 | 0.111 |

图例 ☐ 0.000≤|value|<0.200 ☐ 0.200≤|value|<0.400 ☐ 0.400≤|value|<0.700 ☐ 0.700≤|value|<1.000 ** P value<0.01 * P value<0.05

**表 5.5 各组被调查者的"曲折度"因子与实际选择结果的相关分析**

| 分类 | | 项目 | 组1 复杂型 | | | | | |
|---|---|---|---|---|---|---|---|---|
| | | | 4 福冈 | 5 佩鲁贾 | 6 庵港 | 7 菲斯 | 11 巴塞罗那 | 12 广岛 |
| 基本行动 | 整体路径 | 1. 选择单位街道数 | 0.147 | 0.274 | 0.066 | 0.035 | 0.099 | −0.271 |
| | | 2. 散步路径长 | 0.414 | 0.415 | 0.506 | 0.248 | 0.375 | 0.232 |
| | | 3. 转折频率 | −0.270 | 0.066 | −0.045 | −0.343 | −0.160 | −0.511 |
| | 单位街道 | 4. 单位街道长度 | 0.173 | 0.466 | 0.613* | 0.552* | 0.695** | 0.779** |
| | | 5. 单位街道宽度 | 0.360 | 0.565* | 0.279 | 0.521* | 0.657** | 0.546* |
| | | 6. 单位街道整合度 | 0.266 | −0.051 | 0.078 | 0.500 | 0.345 | 0.526* |
| | | 7. 单位街道弯曲度 | −0.167 | 0.170 | 0.130 | −0.012 | −0.109 | 0.200 |
| 行动变化 | 方向变化 | 8. 方向区间数 | −0.242 | 0.036 | −0.175 | −0.283 | −0.230 | −0.507 |
| | | 9. 方向变化距离 | 0.464 | 0.348 | 0.648** | 0.655** | 0.601* | 0.744** |
| | | 10. 相邻区间的方向变化距离的差 | 0.244 | 0.298 | 0.660** | 0.553* | 0.502 | 0.620* |
| | 路径位置分布 | 11. 通过的网格总数 | 0.779** | 0.546* | 0.581** | 0.030 | 0.353 | 0.411 |
| | | 12. 往返移动比例 | −0.279 | 0.053 | −0.243 | −0.022 | −0.312 | −0.035 |
| | 路径复杂程度 | 13. 整合度变化次数 | −0.329 | 0.052 | −0.190 | −0.317 | −0.240 | −0.450 |
| | | 14. 整合度变化距离 | 0.716* | 0.495 | 0.595* | 0.664** | 0.553* | 0.663** |
| | 路径与起终点的关系 | 15. 标准化最近直线距离 | 0.451 | 0.506 | 0.371 | 0.436 | 0.402 | 0.370 |
| | | 16. 标准化最远散步距离 | −0.041 | −0.245 | −0.241 | 0.559* | −0.358 | 0.127 |

续表 5.5

| 分类 | | 项目 | 组 2 中间型 | | | | | |
|---|---|---|---|---|---|---|---|---|
| | | | 4 福冈 | 5 佩鲁贾 | 6 鹿港 | 7 菲斯 | 11 巴塞罗那 | 12 广岛 |
| 基本行动 | 整体路径 | 1. 选择单位街道数 | −0.376* | −0.043 | −0.169 | −0.075 | −0.181 | −0.099 |
| | | 2. 散步路径长 | −0.207 | 0.147 | −0.026 | −0.286 | −0.213 | −0.264 |
| | | 3. 转折频率 | −0.018 | 0.152 | 0.045 | 0.106 | 0.002 | 0.289 |
| | 单位街道 | 4. 单位街道长度 | 0.350* | 0.335 | 0.172 | −0.316 | −0.146 | −0.391* |
| | | 5. 单位街道宽度 | −0.308 | −0.172 | −0.171 | −0.316 | −0.228 | −0.475** |
| | | 6. 单位街道整合度 | −0.264 | −0.287 | −0.153 | −0.218 | −0.358* | −0.343 |
| | | 7. 单位街道弯曲度 | 0.195 | 0.402* | 0.177 | −0.022 | 0.141 | 0.089 |
| 行动变化 | 方向变化 | 8. 方向区间角数 | −0.162 | 0.001 | −0.018 | 0.163 | 0.005 | 0.287 |
| | | 9. 方向变化距离 | −0.024 | 0.138 | −0.061 | −0.394* | −0.234 | −0.414* |
| | | 10. 相邻区间的方向变化距离的差 | −0.202 | 0.153 | −0.113 | −0.330 | −0.218 | −0.378* |
| | 路径位置分布 | 11. 通过的网格总数 | −0.221 | 0.093 | 0.024 | −0.262 | −0.149 | −0.295 |
| | | 12. 往返移动比例 | −0.175 | −0.348* | −0.081 | −0.255 | −0.490** | −0.064 |
| | 路径复杂程度 | 13. 整合度变化次数 | 0.017 | −0.014 | 0.000 | 0.116 | 0.151 | 0.207 |
| | | 14. 整合度变化距离 | −0.130 | 0.141 | −0.040 | −0.375* | −0.373* | −0.356* |
| | 路径与起终点的关系 | 15. 标准化最远直线距离 | 0.09 | −0.037 | 0.031 | −0.333 | −0.213 | −0.167 |
| | | 16. 标准化最远散步距离 | −0.175 | 0.161 | 0.137 | −0.078 | −0.158 | −0.096 |

续表5.5

| 分类 | | 项目 | 组3 简单型 | | | | | |
|---|---|---|---|---|---|---|---|---|
| | | | 4 福冈 | 5 佩鲁贾 | 6 庵港 | 7 菲斯 | 11 巴塞罗那 | 12 广岛 |
| 基本行动 | 整体路径 | 1. 选择单位街道数 | 0.041 | 0.178 | 0.146 | 0.113 | −0.041 | 0.254 |
| | | 2. 散步路径长 | 0.039 | 0.128 | 0.146 | −0.006 | −0.145 | 0.131 |
| | | 3. 转折频率 | 0.323* | 0.310* | 0.412** | 0.143 | 0.035 | 0.210 |
| | 单位街道 | 4. 单位街道长度 | 0.001 | −0.15 | 0.020 | −0.103 | −0.214 | −0.224 |
| | | 5. 单位街道宽度 | −0.388* | −0.106 | −0.147 | −0.006 | −0.088 | −0.175 |
| | | 6. 单位街道整合度 | −0.385* | −0.165 | −0.277 | −0.016 | −0.099 | 0.229 |
| | | 7. 单位街道弯曲度 | 0.195 | 0.037 | 0.132 | −0.107 | 0.085 | −0.225 |
| 行动变化 | 方向变化 | 8. 方向区间数 | 0.306* | 0.281 | 0.355* | 0.173 | −0.012 | 0.221 |
| | | 9. 方向变化距离 | −0.285 | −0.215 | −0.153 | −0.125 | −0.054 | −0.166 |
| | | 10. 相邻区间的方向变化距离的差 | −0.153 | −0.268 | −0.071 | −0.200 | −0.078 | −0.058 |
| | 路径位置分布 | 11. 通过的网格总数 | −0.152 | 0.105 | 0.053 | −0.063 | −0.211 | 0.053 |
| | | 12. 往返移动比例 | 0.134 | −0.054 | 0.066 | 0.121 | −0.060 | 0.053 |
| | 路径复杂程度 | 13. 整合度变化次数 | 0.244 | 0.197 | 0.322* | 0.119 | 0.050 | 0.184 |
| | | 14. 整合度变化距离 | −0.221 | −0.132 | −0.185 | −0.065 | −0.084 | −0.112 |
| | 路径与起点终点的关系 | 15. 标准化最远直线距离 | −0.013 | −0.010 | 0.062 | −0.114 | −0.173 | 0.042 |
| | | 16. 标准化最远散步距离 | 0.275 | 0.286 | −0.009 | 0.236 | 0.154 | 0.108 |

图例 | $0.000 \leqslant |value| < 0.200$ | $0.200 \leqslant |value| < 0.400$ | $0.400 \leqslant |value| < 0.700$ | $0.700 \leqslant |value| < 1.000$

**$P\ value < 0.01$    *$P\ value < 0.05$

表5.6 各组被调查者的"趣味性"因子与实际选择结果的相关分析

| 分类 | | 项目 | 组1 复杂型 | | | | | |
|---|---|---|---|---|---|---|---|---|
| | | | 4 福冈 | 5 佩鲁贾 | 6 鹿港 | 7 菲斯 | 11 巴塞罗那 | 12 广岛 |
| 基本行动 | 整体路径 | 1. 选择单位道数 | -0.279 | -0.172 | -0.183 | -0.341 | -0.012 | -0.294 |
| | | 2. 散步路径长 | -0.208 | -0.034 | -0.108 | -0.474 | -0.010 | -0.252 |
| | | 3. 转折频率 | -0.577* | -0.239 | -0.263 | -0.563* | -0.267 | -0.322 |
| | 单位街道 | 4. 单位街道长度 | 0.608* | 0.368 | 0.425 | -0.418 | 0.012 | 0.158 |
| | | 5. 单位街道宽度 | 0.360 | 0.158 | 0.281 | 0.053 | 0.230 | 0.215 |
| | | 6. 单位街道整合度 | 0.259 | 0.329 | 0.175 | 0.287 | 0.292 | 0.322 |
| | | 7. 单位街道弯曲度 | -0.171 | 0.113 | 0.212 | -0.559* | -0.156 | 0.158 |
| | 方向变化 | 8. 方向区间数 | -0.581* | -0.350 | -0.331 | -0.590* | -0.240 | -0.322 |
| | | 9. 方向变化距离 | 0.479 | 0.330 | 0.225 | 0.090 | 0.120 | 0.201 |
| | | 10. 相邻区间的方向变化距离的差 | 0.453 | 0.510 | 0.167 | -0.014 | 0.169 | 0.229 |
| 行动变化 | 路径位置分布 | 11. 通过的网格总数 | -0.026 | 0.146 | -0.090 | -0.157 | 0.014 | 0.070 |
| | | 12. 往返移动比例 | 0.089 | -0.182 | -0.381 | -0.559* | 0.939* | -0.177 |
| | 路径复杂程度 | 13. 整合度变化次数 | -0.433 | -0.333 | -0.396 | -0.576* | -0.396 | -0.330 |
| | | 14. 整合度变化距离 | 0.317 | 0.594* | 0.249 | 0.194 | 0.241 | 0.252 |
| | 路径与起终点的关系 | 15. 标准化最近直线距离 | -0.083 | 0.260 | 0.535* | -0.262 | -0.074 | 0.015 |
| | | 16. 标准化最远散步距离 | -0.068 | -0.160 | -0.490 | -0.047 | 0.311 | -0.251 |

续表 5.6

| 分类 | 项目 | 组 2 中间型 | | | | | |
|---|---|---|---|---|---|---|---|
| | | 4 福冈 | 5 佩鲁贾 | 6 鹿港 | 7 菲斯 | 11 巴塞罗那 | 12 广岛 |
| 基本行动 | | | | | | | |
| 整体路径 | 1. 选择单位街道数 | −0.007 | −0.319 | −0.319 | −0.517** | 0.084 | 0.130 |
| | 2. 散步路径长 | −0.019 | −0.176 | −0.194 | −0.487** | 0.040 | 0.135 |
| | 3. 转折频率 | −0.224 | −0.220 | −0.259 | −0.490** | 0.023 | −0.094 |
| 单位街道 | 4. 单位街道长度 | −0.020 | 0.206 | 0.133 | 0.098 | −0.168 | 0.029 |
| | 5. 单位街道宽度 | 0.278 | −0.268 | 0.138 | 0.123 | −0.240 | 0.173 |
| | 6. 单位街道整合度 | 0.232 | −0.257 | −0.029 | 0.208 | 0.193 | 0.162 |
| | 7. 单位街道弯曲度 | −0.158 | 0.096 | 0.179 | −0.248 | 0.114 | −0.006 |
| 行动变化 | | | | | | | |
| 方向变化 | 8. 方向区间数 | −0.147 | −0.189 | −0.319 | −0.425* | −0.076 | −0.117 |
| | 9. 方向变化距离 | 0.150 | −0.035 | 0.189 | 0.158 | 0.114 | 0.204 |
| | 10. 相邻区间的方向变化距离的差 | 0.164 | −0.026 | 0.288 | 0.003 | 0.054 | 0.292 |
| 路径位置分布 | 11. 通过的网格总数 | −0.148 | 0.271 | −0.307 | −0.428* | −0.156 | −0.117 |
| | 12. 往返移动比例 | 0.176 | −0.035 | −0.064 | −0.171 | 0.229 | 0.256 |
| 路径复杂程度 | 13. 整合度变化次数 | 0.011 | −0.285 | −0.323 | −0.463** | −0.046 | −0.001 |
| | 14. 整合度变化距离 | −0.026 | 0.213 | 0.172 | 0.191 | 0.049 | 0.081 |
| 路径与起点终点的关系 | 15. 标准化最远直线距离 | −0.314 | −0.240 | −0.247 | −0.279 | −0.008 | −0.208 |
| | 16. 标准化最远散步距离 | −0.076 | 0.153 | −0.062 | −0.345* | 0.185 | 0.212 |

续表 5.6

| 分类 | | 项目 | 组 3 简单型 | | | | | |
| --- | --- | --- | --- | --- | --- | --- | --- | --- |
| | | | 4 福冈 | 5 偏鲁贾 | 6 庞港 | 7 菲斯 | 11 巴罗罗那 | 12 广岛 |
| 基本行动 | 整体路径 | 1. 选择单位街道数 | −0.252 | −0.091 | −0.307* | −0.009 | −0.213 | −0.199 |
| | | 2. 散步路径长 | −0.213 | −0.135 | −0.306* | −0.237 | −0.172 | −0.156 |
| | | 3. 转折频率 | −0.209 | −0.083 | −0.068 | 0.071 | −0.136 | −0.147 |
| | 单位街道 | 4. 单位街道长度 | 0.114 | 0.012 | 0.046 | −0.161 | 0.090 | 0.158 |
| | | 5. 单位街道宽度 | 0.305* | −0.079 | −0.109 | −0.229 | −0.063 | 0.282 |
| | | 6. 单位街道整合度 | 0.015 | 0.057 | 0.287 | 0.048 | −0.004 | −0.061 |
| | | 7. 单位街道弯曲度 | −0.025 | −0.078 | 0.045 | −0.186 | −0.096 | 0.205 |
| | 方向变化 | 8. 方向区间数 | −0.221 | −0.074 | −0.059 | 0.047 | −0.064 | −0.152 |
| | | 9. 方向变化距离 | 0.152 | 0.152 | −0.123 | −0.224 | −0.116 | 0.232 |
| | | 10. 相邻区间的方向变化距离的差 | 0.093 | 0.320* | −0.063 | 0.004 | −0.001 | −0.002 |
| 行动变化 | 路径位置分布 | 11. 通过的网格总数 | −0.147 | −0.081 | 0.264 | −0.110 | −0.030 | −0.134 |
| | | 12. 往返移动比例 | −0.232 | −0.022 | 0.146 | −0.030 | −0.229 | 0.066 |
| | 路径复杂程度 | 13. 整合度变化次数 | −0.126 | −0.146 | −0.051 | 0.153 | −0.092 | −0.108 |
| | | 14. 整合度变化距离 | −0.058 | 0.166 | −0.099 | −0.294 | −0.027 | 0.076 |
| | 路径与起终点的关系 | 15. 标准化最近直线距离 | −0.045 | −0.051 | −0.220 | −0.114 | −0.074 | 0.093 |
| | | 16. 标准化最远散步距离 | −0.173 | −0.121 | −0.097 | −0.033 | −0.189 | −0.098 |

图例　0.000≤|value|<0.200　0.200≤|value|<0.400　0.400≤|value|<0.700　0.700≤|value|<1.000　|value|=1.000

*P value<0.05　**P value<0.01　***P value<0.01

99

表 5.7 各组被调查者的"远近度"因子与实际选择结果的相关分析

组 1 复杂型

| 分类 | | 项目 | 4 福冈 | 5 佩鲁贾 | 6 庞港 | 7 菲斯 | 11 巴塞罗那 | 12 广岛 |
|---|---|---|---|---|---|---|---|---|
| 基本行动 | 整体路径 | 1. 选择单位街道数 | -0.429 | -0.435 | -0.338 | -0.352 | -0.062 | -0.161 |
| | | 2. 散步路径长 | -0.573* | -0.397 | -0.474 | -0.534* | -0.249 | -0.424 |
| | | 3. 转折频率 | -0.293 | -0.404 | -0.186 | -0.133 | -0.056 | 0.077 |
| | 单位街道 | 4. 单位街道长度 | 0.396 | -0.023 | 0.081 | -0.584* | -0.466 | -0.332 |
| | | 5. 单位街道宽度 | -0.046 | -0.043 | -0.104 | -0.230 | -0.242 | -0.178 |
| | | 6. 单位街道整合度 | -0.093 | 0.492 | -0.041 | -0.180 | -0.054 | 0.018 |
| | | 7. 单位街道弯曲度 | -0.125 | -0.219 | 0.189 | -0.368 | -0.012 | 0.011 |
| 行动变化 | 方向变化 | 8. 方向区间数 | -0.303 | -0.459 | -0.159 | -0.231 | 0.018 | 0.065 |
| | | 9. 方向变化距离 | -0.011 | 0.093 | -0.268 | -0.427 | -0.320 | -0.357 |
| | | 10. 相邻区间的方向变化距离的差 | 0.025 | 0.288 | -0.358 | -0.492 | -0.244 | -0.337 |
| | 路径位置分布 | 11. 通过的网络总数 | -0.557* | -0.286 | -0.451 | -0.104 | -0.020 | -0.134 |
| | | 12. 往返移动比例 | -0.038 | -0.22 | -0.269 | -0.44 | 0.728** | -0.265 |
| | 路径复杂程度 | 13. 整合度变化次数 | -0.195 | -0.438 | -0.21 | -0.177 | -0.056 | 0.019 |
| | | 14. 整合度变化距离 | -0.238 | 0.212 | -0.204 | -0.349 | -0.232 | -0.268 |
| | 路径与起终点的关系 | 15. 标准化最近直线距离 | -0.212 | -0.138 | -0.047 | -0.555* | -0.271 | -0.243 |
| | | 16. 标准化最远散步距离 | -0.114 | -0.088 | -0.181 | -0.492 | 0.418 | -0.368 |

| 分类 | | 项目 | 组 2 中间型 | | | | | |
|---|---|---|---|---|---|---|---|---|
| | | | 4 福冈 | 5 佩鲁贾 | 6 鹿港 | 7 菲斯 | 11 巴塞罗那 | 12 广岛 |
| 基本行动 | 整体路径 | 1. 选择单位街道数 | 0.100 | −0.352* | −0.168 | −0.095 | 0.045 | −0.142 |
| | | 2. 散步路径长 | −0.003 | −0.412* | −0.230 | −0.135 | −0.058 | −0.161 |
| | | 3. 转折频率 | 0.100 | −0.450** | −0.286 | −0.170 | 0.017 | −0.200 |
| | 单位街道 | 4. 单位街道长度 | −0.229 | 0.039 | −0.120 | −0.115 | −0.278 | −0.074 |
| | | 5. 单位街道宽度 | −0.076 | −0.026 | 0.180 | −0.083 | −0.418* | 0.073 |
| | | 6. 单位街道整合度 | 0.147 | 0.172 | 0.266 | 0.149 | 0.022 | 0.047 |
| | | 7. 单位街道弯曲度 | −0.274 | 0.102 | −0.102 | −0.102 | −0.034 | −0.296 |
| 行动变化 | 方向变化 | 8. 方向区间数 | 0.127 | −0.421* | −0.283 | −0.198 | 0.049 | −0.206 |
| | | 9. 方向变化距离 | −0.185 | 0.107 | 0.186 | 0.001 | −0.146 | −0.033 |
| | | 10. 相邻区间的方向变化距离的差 | −0.213 | 0.039 | 0.276 | −0.059 | −0.126 | 0.012 |
| | 路径位置分布 | 11. 通过的网格总数 | −0.187 | −0.411* | −0.281 | −0.427* | −0.076 | −0.344 |
| | | 12. 往返移动比例 | 0.383* | 0.127 | 0.044 | 0.556** | 0.131 | 0.178 |
| | 路径复杂程度 | 13. 整合度变化次数 | −0.072 | −0.391* | −0.201 | −0.185 | 0.064 | −0.122 |
| | | 14. 整合度变化距离 | 0.047 | 0.266 | 0.120 | −0.033 | −0.195 | −0.120 |
| | 路径与起终点的关系 | 15. 标准化最近直线距离 | −0.304 | −0.336 | −0.285 | −0.181 | −0.115 | −0.385* |
| | | 16. 标准化最远散步距离 | 0.291 | 0.0700 | −0.083 | 0.188 | 0.224 | 0.094 |

续表5.7

| 分类 | | 项目 | 组3 简单型 | | | | | |
|---|---|---|---|---|---|---|---|---|
| | | | 4 福冈 | 5 佩鲁贾 | 6 庵港 | 7 菲斯 | 11 巴塞罗那 | 12 广岛 |
| 基本行动 | 整体路径 | 1. 选择单位街道数 | 0.245 | 0.280 | 0.603** | −0.065 | 0.371* | 0.191 |
| | | 2. 散步路径长 | 0.475** | 0.214 | 0.722** | 0.322* | 0.303 | 0.310* |
| | | 3. 转折频率 | 0.207 | −0.044 | 0.144 | −0.135 | 0.257 | 0.086 |
| | 单位街道 | 4. 单位街道长度 | 0.316* | −0.094 | 0.203 | 0.346* | −0.155 | 0.118 |
| | | 5. 单位街道宽度 | −0.008 | 0.370* | 0.244 | 0.425** | 0.112 | −0.118 |
| | | 6. 单位街道整合度 | −0.018 | 0.141 | 0.298 | −0.187 | −0.063 | −0.016 |
| | | 7. 单位街道弯曲度 | 0.101 | −0.237 | −0.056 | 0.286 | −0.023 | 0.106 |
| | 方向变化 | 8. 方向区间数 | 0.154 | 0.076 | 0.043 | −0.122 | 0.278 | 0.039 |
| | | 9. 方向变化距离 | 0.077 | 0.037 | 0.368* | 0.260 | −0.107 | −0.055 |
| | | 10. 相邻区间的方向变化距离的差 | 0.059 | −0.013 | 0.198 | 0.162 | −0.143 | 0.014 |
| 行动变化 | 路径位置分布 | 11. 通过的网格总数 | 0.356* | 0.213 | 0.509** | 0.254 | 0.290 | 0.305* |
| | | 12. 往返移动比例 | 0.084 | −0.145 | 0.184 | −0.115 | 0.481** | 0.024 |
| | 路径复杂程度 | 13. 整合度变化次数 | 0.115 | 0.098 | 0.136 | −0.054 | 0.234 | 0.036 |
| | | 14. 整合度变化距离 | 0.218 | 0.102 | 0.299 | 0.188 | −0.108 | −0.027 |
| | 路径与起终点的关系 | 15. 标准化最远直线距离 | 0.186 | 0.038 | 0.388* | 0.391* | 0.176 | 0.229 |
| | | 16. 标准化最远散步距离 | 0.142 | 0.097 | 0.378* | 0.072 | 0.091 | 0.021 |

图例 | 0.000≤|value|<0.200 | 0.200≤|value|<0.400 | 0.400≤|value|<0.700 | 0.700≤|value|<1.000

**$P$ value<0.01　　*$P$ value<0.05

和主观偏好因子之间有相关关系的项目最少,可以推测该组被调查者更缺乏行动的计划性,在散步移动的过程中根据自己的好奇心或者突然注意到的事物来选择路径,又或是偏离原先的计划与偏好而出现偶然的行动。

再具体地从每个因子分别解析,首先来看表 5.3"多样性"因子的分析结果。组 1 复杂型在全部 6 个对象地域当中和"多样性"因子呈相关关系的项目均比较多。"多样性"因子和"转折频率""方向区间数"之间呈正相关关系,而和"方向变化距离""相邻区间的方向变化距离的差"之间呈负相关关系,这是由于组 1 复杂型想要在复杂的区域或者对象地域的各处散步,因此在选择路径时时常改变前进方向。同样,"多样性"因子和"整合度变化次数"之间呈正相关关系,而和"整合度变化距离"之间呈负相关关系,如前文所述,组 1 复杂型更偏好在各种不同的街道上散步,因此在选择路径时也经常在复杂的街道、简洁的街道之间来回穿行体验。"多样性"因子和"通过的网格总数"之间呈负相关关系,说明该组被调查者虽然主观上偏好在各种区域散步,但是实际的路径分布范围呈现相反的倾向,从"多样性"因子的具体内容来推测其原因,即他们不仅想让路径在对象地域的范围内分布广泛,更想在各种不同特征的街道上散步,因此路径也会集中在部分网格并进行详细探索。虽然这里组 1 复杂型的主观偏好与行动存在部分不一致的现象,但是关注散步行动、想要探索更多地点的这一组被调查者通过的网格总数依然是三组之中最多的,这一点需要留意。

组 2 中间型和组 1 复杂型相比,和"多样性"因子呈相关关系的项目有所减少,进一步从相关系数来看,"多样性"因子和"选择单位街道数""散步路径长"呈负相关性,特别是在全部 6 个对象地域中"多样性"因子和"通过的网格总数"表现出负的相关关系,这说明该组被调查者同样存在主观偏好与客观行动部分不一致的倾向。

组 3 简单型的几乎所有路径选择结果和"多样性"因子都没有表现出相关关系。由于组 2 中间型和组 3 简单型相对来说缺乏对于整体路径或者自身行动的意识,因此路径选择行动也容易偏离其原本的主观偏好。另外前文中也提到了,这两组的"好奇心"相对更高,因此在选择路径时也容易被一些偶然遇到的吸引点影响,从而改变原本计划的路径。

其次,来看表 5.4"宽阔度"因子的分析结果。与"多样性"因子的分析结果不同的是,这次三组之间并没有表现出明显的差异性,但相同的是出现了主观偏好与客观行动部分不一致的现象。组 1 复杂型的"宽阔度"因子和"单位街道宽度"之间并无相关关系,我们知道该组被调查者虽然在主观偏好上想要选择更狭窄的小道,但是他们还希望在多种不同的街道上散步体验,而不是在选择路径时只关注街道的宽度这一个特征,因此造成了主观偏好与客观选择的不一致。

再次,来看表 5.5"曲折度"因子的分析结果。可以看出三组之间存在一定的差异性。组 1 复杂型和"曲折度"因子有相关关系的项目比其他两组更多,然而具体来看各个项目的相关系数,组 1 复杂型中表示整体路径曲折程度的"转折频率"

以及表示选择单位街道曲直程度的"单位街道弯曲度"都和反映是否偏好曲线形街道的"曲折度"因子没有相关性。另外,组2中间型的"转折频率"、组3简单型的"单位街道弯曲度"也都和"曲折度"因子没有相关性,这说明这些路径选择结果和主观偏好并不一致。

我们推测这是人们的显在意识(表面意识)①和潜在意识(下意识)②并不完全一致所引起的结果③。也就是说被调查者想要走曲折的路径,或者是选择弯曲的街道,这些都是显在意识可以直接回答出的主观偏好,然而在实际的路径选择过程中,尤其是在已经通过了一些街道之后,人们可能会下意识地判断曲折的路径比较复杂烦琐,从而按照主观偏好选择曲折的路径或弯曲的街道的想法会逐渐减弱,因此行动偏离了原本的主观偏好。

复次,来看表5.6"趣味性"因子的分析结果。三组之间的差异性并不十分明显,另外也出现了主观偏好与客观行动部分不一致的现象。"趣味性"因子反映是否对街道的吸引点或者形状感兴趣,然而无论哪一组被调查者,其有关单位街道特征的4个指标项目和"趣味性"因子之间都几乎没有相关关系。原因如第二章所述,人们对由复数街道所组成的形态特殊的街区更感兴趣,而对于一条一条的单位街道的关注相对较少。

最后,来看表5.7"远近度"因子的分析结果。三组之间的差异性并不十分明显。另外"远近度"因子和"标准化最远直线距离"之间的相关性较弱,这反映出主观偏好与客观行动部分不一致的现象。

基于上述分析可以知晓,人们的路径选择存在各种主观偏好与各种客观行动,其中有按照主观偏好进行选择的行动,也有两者之间出现差异的情况。此外不同被调查者的主观偏好与客观行动的一致程度也存在区别。

## 四、不同步行者的个人内在属性、主观偏好、客观行动的对应关系总结

为了从个体差异的角度把握各组被调查者的主观偏好与客观行动的一致程度,深入解析路径选择的一系列行动特征,本小节汇总各组被调查者最具有代表性的个人内在属性、主观偏好和路径选择的基本行动特征、行动变化特征,从各项目的对应关系来回顾与详细解析路径选择的影响要素与特征,结果如表5.8所示。

---

① 显在意识也被叫作"表面意识",是指人们平时可以认知的、感知到的意识,反映了理性的思考和判断力。

② 潜在意识也被叫作"下意识、无意识",是指人们平时不能主动认知的、感知到的意识,反映了直觉、记忆以及本能。

③ 在认知科学当中,显在意识和潜在意识有时候表现得并不一致,而这种不一致会对人们的行为造成一定的影响[103-104]。

**表 5.8　各组被调查者的个人内在属性、主观偏好、客观行动的对应关系**

| 分类 | 分类 | 项目 | 组1复杂型 | 组2中间型 | 组3简单型 |
|---|---|---|---|---|---|
| 个体差异 | 个人内在属性 | 空间认知能力 | 中等 | 强 | 缺乏 |
| | | 散步关注度 | 高 | 中等 | 一缺乏 |
| | | 好奇心 | 缺乏 | 强 | 中等 |
| 基本行动特征 | 路径选择倾向 | 选择单位街道数 | 多 | 中等 | 少 |
| | | 散步路径长 | 长 | 中等 | 短 |
| | | 转折频率 | 高 | 中等 | 低 |
| | | 选择单位街道宽度 | 狭窄 | 中等 | 宽阔 |
| | | 选择单位街道整合度 | 低 | 中等 | 高 |
| | | 选择单位街道弯曲度 | 曲折 | 中等 | 直 |
| 行动变化特征 | 路径方向 | 方向区间数 | 多 | 中等 | 少 |
| | | 方向变化距离 | 短 | 中等 | 长 |
| | | 相邻区间的方向变化距离的差 | 小 | 中等 | 大 |
| | 位置分布 | 通过的网格总数 | 多 | 中等 | 少 |
| | | 往返移动比例 | 频繁 | 中等 | 少 |
| | 路径复杂程度 | 整合度变化次数 | 多 | 中等 | 少 |
| | | 整合度变化距离 | 短 | 中等 | 长 |
| | 路径和起终点的关系 | 标准化最远直线距离 | 大 | 中等 | 小 |
| | | 标准化最远散步距离 | 大 | 中等 | 小 |
| 主观偏好 | 路径整体偏好 | 多样性 | 多样 | 统一 | 中等 |
| | | 前进方向 | 较高关注 | 较少关注 | 中等 |
| | | 路径距离 | 不关注 | 较远 | 近 |
| | 街道特征偏好 | 街道宽度 | 狭窄 | 中等 | 宽阔 |
| | | 街道形态 | 较少关注 | 中等 | 较高关注 |
| | | 街道复杂程度 | 复杂 | 简洁 | 中等 |
| 主观偏好与客观行动的关系 | 一致程度 | "多样性"因子 | 较高 | 中等 | 较低 |
| | | "曲折度"因子 | 较高 | 中等 | 较低 |

图例　数值高　数值中等　数值低

　　首先分析组1复杂型。从"基本行动特征"来看,其受到了较强的"空间认知能力"的影响,其散步路径更长,偏好复杂的路径和狭窄的小道;受到"散步关注度"的高度影响,想要在对象地域范围内的各种街道、各个地点散步。从"行动变化特征"来看,该组被调查者频繁改变散步路径的行动在三组之中最明显,也就是说无论街道网络的特征有何不同,他们都倾向于在对象地域所示的范围内四处散步探索,在选择路径时积极地关注前进方向和所到位置等的空间变化，关注自身的行动。从"主观偏好"来看，组1复杂型更关注街道的多样性以及路径的方向变化，这也符合他们"散步关注度"高的内在属性特征。从"主观偏好与客观行动的关系"来看，该组的"多样性"与"曲折度"因子和对应行动的相关程度更高。

其次分析组2中间型。从"基本行动特征"来看，由于他们的"散步关注度"稍低，因此其散步路径长度比组1略短，表现为三组当中的中等水平；虽然该组被调查者具有三组之间最强的"空间认知能力"，但是同样由于对散步的关心度和兴趣程度不够充足，为了避免在复杂的街道上行走带来不便而选择了宽度、复杂程度都一般的街道。从"行动变化特征"来看，该组的全部行动变化倾向均处于三组之间中等的位置，这和他们的基本行动特征、内在属性相一致。从"主观偏好"来看，组2中间型对街道的多样性与路径方向的关注程度比组1略低，这同样是由于该组的"散步关注度"稍低。从"主观偏好与客观行动的关系"来看，该组的"多样性"与"曲折度"因子和对应行动的相关程度中等，出现了较多主观偏好与客观行动不一致的现象。

最后分析组3简单型。从"基本行动特征"来看，其"散步关注度"在三组之间最低，这也使其散步路径最短；较低的"空间认知能力"使他们更倾向于选择简洁和宽阔的大道行走。从"行动变化特征"来看，该组被调查者的行动特征与组1正好相反，他们追求路径变化的程度较低，更容易受到街道网络的客观特征的影响，路径主要分布在特征比较明显的街道或街区。从"主观偏好"来看，他们对街道的多样性和路径方向的关注程度也比较低，而对近距离路线和街道形态的关注程度更高，这说明比起计划自身的散步行动，他们更容易被街道的客观特征所吸引。从"主观偏好与客观行动的关系"来看，组3简单型的"多样性"与"曲折度"因子和对应行动的相关程度更低，这同样可以说明该组容易根据自己的好奇心或者突然注意到的事物来选择路径，因此偏离原先的计划与偏好，造成主观偏好与客观行动不一致。

## 五、结语

本章探讨了路径选择的主观偏好与各种行动之间的相关性，并且从个体差异的角度分析了各组被调查者的主观偏好与客观行动的一致程度有何区别，以及尝试分析了二者不一致的原因。本章获得的主要知识点如下所示：

1. 基于被调查者的主观偏好回答可以提取出有关主观偏好的5个因子，分别是"多样性""宽阔度""曲折度""趣味性""远近度"。

2. 进一步解析各组被调查者的主观偏好因子差异，得出组1复杂型的"多样性"显著高于其他两组，但是"趣味性"略低，可以验证该组被调查者不仅对一些特殊的吸引点感兴趣，还想选择各种街道以及复杂的路径；组2中间型的"趣味性"略高,可以确认他们的主观偏好是在感兴趣的地点散步;组3简单型的"多样性"较低,偏好简洁的、统一的街道,然而"趣味性"较高,同样说明他们想选择感兴趣的地点散步。

3. 从选择路径时的主观偏好和客观选择的一致程度结果来看,对于被调查者整体来说,路径选择行动和主观偏好并不能完全保持一致,这是因为人们比起总是选择同样特征的街道,更想在特征不同的街道上散步,哪怕部分街道和他们的主观偏好有差异。另外,路径选择行动和"多样性"因子的一致程度相对较高,"多样性"因子反映是否想在对象地域内四处探索,被调查者在选择街道的过程中也确实去了各处的街道。

4. 从各组被调查者的主观偏好和客观选择的一致程度来看,组1复杂型和"多样性"因子之间存在相关关系的项目明显多于其他两组,这说明该组被调查者更关注散步时对街道变化的体验,在这一方面能按照自己的主观偏好选择路径。组2中间型虽然也有和"多样性"因子存在相关关系的项目,但是和组1复杂型相比,该组的主观偏好与客观行动的关系性稍弱,偶尔会按照主观偏好选择路径,表现出三组之间居中的倾向。而组3简单型的很多行动与主观偏好并不一致,尽管他们有固定偏好的街道类型,但是并没有按照原本的偏好去选择,这是由于他们的行动受到好奇心的影响较强同时又缺乏散步的兴趣,在路径途中时常被偶然遇到的吸引点分散注意力而偏离主观偏好。

# 第六章

## 模拟情境与现实情境下的路径选择行为异同

第三章到第五章从个体差异的视角出发,讨论了不同街道网络模式下的散步路径选择行动的特点,以及它们和主观偏好的关系。然而,这些结果都是基于空白地图的地图记录法来取得实验数据的。在实际的街道空间中体验散步时,人们的路径选择行动和主观偏好之间是否也存在相似的对应关系?不同被调查者的行动与偏好的倾向是否依然具有差异性?对这些问题有必要进行实证检验。

本章的目标是比较模拟情境和现实情境下的路径选择特征来验证前期的研究结果。将选择新的被调查者作为实验比较的样本,再次实施空白地图的路径选择实验,同时实施现实空间的路径选择实验,对二者的结果进行比较验证。

具体来看,首先从第二章所述的对象地域当中进一步筛选符合本章研究目标的对象地域,使用筛选后的对象地域的空白地图,再次实施基于地图记录法的模拟情境下的路径选择实验,同时在现实的街道空间中选择新的对象地域,实施现实情境下的路径选择实验,对两个实验的内容与限定条件进行简述。其次,考察分析现实空间的新对象地域的街道网络客观特征、周边建筑环境特征。再次,按照和第三章同样的方法对新的被调查者进行分组,并根据他们的意识调查结果提取有关个人内在属性的因子,分析比较各组被调查者的内在属性。最后,通过比较两个实验的结果来说明空白地图实验是否具有再现性与有效性,并进一步深入理解人们在散步路径选择行动、主观偏好上的特征差异。

## 一、休闲步行路径选择的模拟情境与现实情境

这里为了区分几个实验,把第二章所述的基于地图记录法第一次实施的路径选择实验称为"空白地图实验 A",把本章所述的基于地图记录法再次实施的路径选择实验称为"空白地图实验 B",把在实际的街道空间中实施的路径选择实验称为"现实空间实验"。

（1）模拟情境下基于地图记录法的休闲步行路径选择实验流程

为了确认前期空白地图实验A的结果是否具有再现性，即在相同的实验条件下是否能够复制实验结果，以及为了和现实空间实验的路径选择结果进行对比验证，我们先实施了空白地图实验B。

首先，在进行实验之前，为了减轻被调查者的实验负担并且保证对象地域的多样性，从第二章所述的12个对象地域当中进一步筛选出4个街道网络特征差异较大的地域用于实验。

具体的方法是基于第二章图2.2的聚类分析结果进行概括分组，如图6.1所示，从这4组当中分别选择一个具有代表性的对象地域。组1当中的1萨凡纳和12广岛同样都是正交网格状的街道，而1萨凡纳的街道宽度的变化较小特征不明显，因此排除。组2中的一些对象地域当中具有特殊形状的街道，可以预测所有被调查者都容易被这些街道所吸引，从而难以产生行动差异，因此将2戈尔德和3华盛顿排除。组3当中的5佩鲁贾拥有大量弯曲且细小的道路，让被调查者较难表现出行动差异

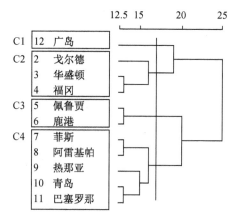

图6.1 各组的对象地域代表与再分组

因此被排除。组4中的7菲斯和10青岛存在一些少见的几何形态的街区，同样地，被调查者们都容易被这些街区吸引，难以产生行动差异，因此被排除；另外8阿雷基帕和4福冈比较类似，都属于较规则的网络型街道网络，但是8阿雷基帕的街道宽度变化相比之下略少，因此被排除；而9热那亚也拥有异常曲折的街道，同样会对路径选择结果的差异性造成影响，因此也被排除。基于此，最终筛选4福冈、6鹿港、11巴塞罗那和12广岛这4个对象地域用于本章的分析。关于这4个对象地域的合理性验证可以具体参考附录1。

使用上述4个对象地域的空白地图进行空白地图实验B。实验日期为2018年8月27日、29日、31日，9月10日、12日、19日，以及10月3日、4日、5日、6日。本次共征集了24名被调查者，均为日本广岛大学（Hiroshima University）建筑环境学研究室的学生，其中男性19名、女性5名，与前期空白地图实验A的被调查者为不同的人。具体实验方式和流程和空白地图实验A流程相同，如下所示：

① 向每位被调查者提供上述4个对象地域的A4空白地图，告知他们想象在地图所示的范围内进行休闲散步，并分别在各地图上记录自己计划的散步路径；② 告知被调查者如果在描绘路径的过程中有感兴趣的、想去看看的地方（即"吸引点"），则用虚线圈出；③ 为了把握本次新筛选的24名被调查者对街道的主观偏

好,同样让他们在路径选择结束后记录自己关注或喜欢的街道特征,并按照整体对象地域、各个对象地域分别作答;④ 在上述实验流程结束之后,使用问卷调查的形式收集被调查者平时的步行习惯、对地图的认知等信息。

在流程①描绘散步路径时每张地图限时 5 分钟,在流程②记录吸引点时每张地图限时 1 分钟。另外,为了让被调查者对空白地图上的距离感有比较正确的认知,在实验时向他们提供广岛大学校园地图(包含建筑物等信息,比例尺寸与空白地图相同)作为路径选择实验的参考资料。实验开始后向被调查者发放空白地图,每个人拿到的对象地域排列顺序均为随机排列,以避免被调查者参考他人的路径。

同样,本次实验设置散步的起点、终点的位置时,考虑到若设置在不同地点,散步将变成向着终点的交通步行,容易出现选择最短路径的情况,因此将起点和终点设置在同一地点(即"起终点")。此外,如果起终点设置在对象地域的中心部位,路径则容易全部集中在地图的中心区域,因此将起终点分散设置在对象地域的边缘处。如图 6.2 所示,各对象地域的边缘分别设置 6 个起终点,每个起终点随机采集 4 名被调查者的路径数据。另外,考虑到实验时被调查者有可能受到当时的身体状态或者情绪等偶然因素的影响,即使是同一个被调查者也有可能出现不同的路径选择结果,因此为了减少实验数据误差,保证实验结果的再现性,本次空白地图实验 B 也共实施 3 次,并且每个被调查者在各次实验中分配到的起终点都不同。因此,各对象地域分别收集 72 份路径数据,共计 288 份。

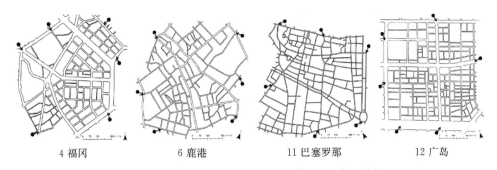

4 福冈　　　　　　6 鹿港　　　　　　11 巴塞罗那　　　　　12 广岛

**图 6.2　对象地域的街道网络与起终点关系(空白地图)**

## (2) 现实情境下借助 GPS 追踪的休闲步行路径选择实验流程

此外,为了和空白地图实验 B 的结果做比较验证,还要实施现实空间实验。

现实空间实验的对象地域主要需要满足以下几个条件:① 和前两个空白地图实验的对象地域不在同一地点,这是为了避免被调查者在参加完空白地图实验后留下的印象会影响现实空间实验中的路径选择;② 尽量减少街道周边建筑环境的影响,这是因为本研究的目的之一是探讨街道网络模式对休闲步行行为的影响,丰富的建筑环境势必会影响人们的判断,所以需要尽可能地统一街道周边的建筑、设施、景观等要素,因此把关注点放在环境构成要素种类比较少的日本传统住宅区上。基于这两个条件，最终选择了东广岛市（East Hiroshima）的高美之丘（Takamigaoka）地区。对象地域内的重要设施分布情况如图 6.3 所示，该地域范围内没有河流或者铁路等影响道路走向和街区形态的物体，街道网络模式属于常见的较规则的网络型。对象地域的范围大约为 0.54 km²①，区域边界和内部街道网络如图 6.4 所示。

图 6.3　现实空间对象地域内的重要设施

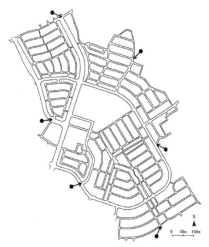

图 6.4　对象地域的街道网络与
起终点关系（现实空间）

　　在上述新的对象地域当中实施现实空间实验。实验日期与当时的天气状况见表 6.1。本次实验的被调查者与空白地图实验 B 中的一样，为相同的 24 名。具体实验方式和流程如下所示：

表 6.1　现实情境下的路径选择实验日程与天气情况

| 日期（周） | 时间段 | 天气 | 温度/℃ |
|---|---|---|---|
| 10 月 21 日（日） | 12:40～13:15 | 晴朗 | 10～21 |
| 10 月 24 日（三） | 12:25～14:05 | 晴朗 | 9～22 |
| 10 月 25 日（四） | 12:40～13:50 | 晴朗 | 10～21 |
| 10 月 26 日（五） | 12:30～14:00 | 晴转多云 | 12～18 |
| 10 月 29 日（一） | 12:30～14:10 | 晴转多云 | 10～18 |
| 10 月 30 日（二） | 12:40～14:05 | 晴转多云 | 6～17 |
| 10 月 31 日（三） | 11:55～13:00 | 晴转多云 | 5～14 |

---

　　①　虽然在空白地图实验时，研究对象地域的范围设定为 1.0 km²，但是在现实的街道空间中进行散步活动时，为了避免范围过大会对被调查者造成体能负担，因此将研究对象地域的范围缩减为空白地图的一半，约 0.54 km²。

首先,告知被调查者在对象地域的范围内自由散步;其次,告知被调查者如果在散步的过程中有感兴趣的、想去看看的地方(即"吸引点")则进行记录,为了把握他们对什么感兴趣,还要求他们回答吸引点的具体内容;最后,为了把握被调查者对街道的主观偏好,让他们在路径选择结束后记录自己关注或者喜欢的街道特征。

另外,被调查者自由散步的时间被限制在 0.5~2 小时。考虑到实际步行会受到体力的影响,因此允许被调查者在散步途中休息,每次休息时间控制在 5 分钟左右,并且要求他们记录自己的休息次数和散步时间,如果因为疲劳而结束散步的话也要记录。实验过程中不允许查看手机地图导航,但是为了让被调查者把握对象地域的正确范围,向他们提供了 A4 纸印刷的对象地域的空白地图,并且为了让他们能够随时随地把握自己的方位避免迷路,要求被调查者在空白地图上描绘记录自己的散步路径,画法参考空白地图实验时的路径描绘方法。同时,为了确保路径记录的正确性,让被调查者在实验时随身携带 GPS 装置。此外,如果多名被调查者同时出发的话容易发生对话交流等互动行为,而已经有研究证实这些互动行为会影响路径选择的结果[105],因此让被调查者每间隔 5 分钟出发一人。本次现实空间实验的起终点同样设置在同一地点,如图 6.4 所示,在对象地域的边缘一共设置 6 个起终点,每个地点随机安排 4 名被调查者。另外,为了减轻被调查者的行走负担,实际空间实验仅实施 1 次①。

## 二、研究对象地域的街道特征

接下来介绍分析现实空间对象地域的街道网络特征以及街道周边的建筑环境特征。

首先整理有关对象地域街道网络特征的指标值,结果如表 6.2 所示,同时附上第二章的 12 个对象地域的数据进行比较参考。从实际空间对象地域的整体街道的 3 个指标值来看,其总单位街道数、总单位街道长以及网格轴线度和前期的 12 个对象地域相比基本处于中等的水平,没有非常特别的数值,属于常见的街道网络。另外,从单位街道的 4 个指标值来看,单位街道宽度的标准差较大——从图 6.4 可以看出该对象地域当中有宽阔显眼的环状主要大道,周边也有细小的支路连接;其单位街道长度和单位街道整合度的值相对较小,表示对象地域内部拥有很多短而空间位置深的小街。

---

① 第二章的空白地图实验 A 共实施了 3 次,各被调查者在每次实验时被分配到的起终点均不相同,根据该实验结果可知,从不同的起终点出发得到的路径选择指标值并无显著差异,因此,在现实空间实验时为了减轻被调查者的体能负担,将实验次数缩减为 1 次。另外,从不同的起终点出发得到的路径选择指标值的比较分析结果可详见附录 2。

表 6.2　各对象地域的街道网络指标值（空白地图数据同第二章表 2.8）

| 对象地域 | 整体街道 | | | 单位街道长度/m | | 单位街道宽度/m | | 单位街道整合度 | | 单位街道弯曲度 | |
|---|---|---|---|---|---|---|---|---|---|---|---|
| | 总单位街道数 | 总单位街道长/m | 网格轴线度 | 均值 | 标准差 | 均值 | 标准差 | 均值 | 标准差 | 均值 | 标准差 |
| 高美之丘 | 303 | 17 754.33 | 0.13 | 58.21 | 40.48 | 6.67 | 3.47 | 1.36 | 0.28 | 1.20 | 0.46 |
| 1 萨凡纳 | 432 | 29 871.98 | 0.33 | 69.15 | 37.34 | 5.82 | 0.27 | 4.06 | 0.98 | 1.05 | 0.22 |
| 2 戈尔德 | 100 | 13 981.06 | 0.09 | 139.81 | 188.61 | 8.47 | 2.67 | 2.07 | 0.68 | 2.17 | 1.26 |
| 3 华盛顿 | 192 | 20 839.40 | 0.17 | 108.54 | 80.44 | 5.73 | 0.70 | 2.88 | 0.75 | 1.32 | 0.51 |
| 4 福冈 | 219 | 16 507.92 | 0.23 | 75.38 | 46.01 | 13.22 | 9.62 | 3.31 | 0.72 | 1.21 | 0.42 |
| 5 佩鲁贾 | 384 | 25 134.64 | 0.06 | 65.46 | 53.24 | 5.03 | 1.21 | 2.34 | 0.85 | 1.65 | 0.89 |
| 6 鹿港 | 229 | 19 348.73 | 0.13 | 84.49 | 62.97 | 8.13 | 2.64 | 2.85 | 0.82 | 1.28 | 0.53 |
| 7 菲斯 | 465 | 25 518.90 | 0.16 | 54.88 | 48.86 | 7.42 | 1.92 | 3.32 | 1.03 | 1.08 | 0.27 |
| 8 阿雷基帕 | 251 | 20 164.56 | 0.15 | 80.34 | 53.84 | 10.30 | 6.27 | 2.92 | 0.89 | 1.19 | 0.43 |
| 9 热那亚 | 138 | 20 726.57 | 0.07 | 150.19 | 135.79 | 7.97 | 2.95 | 1.92 | 0.55 | 2.18 | 1.55 |
| 10 青岛 | 135 | 15 342.92 | 0.20 | 113.65 | 87.05 | 8.15 | 1.37 | 2.75 | 0.58 | 1.20 | 0.74 |
| 11 巴塞罗那 | 345 | 24 991.37 | 0.12 | 72.44 | 46.02 | 5.35 | 1.13 | 3.09 | 0.86 | 1.19 | 0.46 |
| 12 广岛 | 405 | 27 720.98 | 0.29 | 68.45 | 40.23 | 12.41 | 13.58 | 3.82 | 1.03 | 1.02 | 0.14 |

图例　空白地图实验 B 使用的对象地域　现实空间的对象地域

其次，来看现实空间对象地域的建筑环境情况。以起终点所处的交叉路口为原点，分别采集路口左右两个方向的街道照片，各个起终点附近的街道风景如图6.5 所示。街道两侧没有显眼的标志物，店铺也比较稀少，建筑多为日本特有的独栋低层住宅，实验期间人车流量稀少，各条街道风景相似，具有比较单纯、均一的建

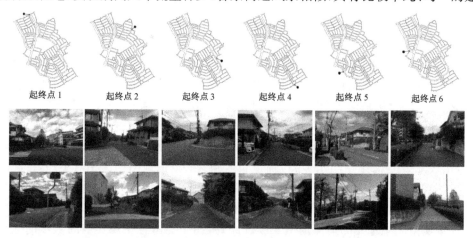

起终点 1　　起终点 2　　起终点 3　　起终点 4　　起终点 5　　起终点 6

图 6.5　各起终点附近的街道风景照片

筑环境特征。由此,可以较清晰地把握街道网络模式与路径选择行为的关系。

## 三、步行者整体的路径选择结果验证

接下来对空白地图实验 B 与现实空间实验的路径选择结果进行比较与验证。

### (1) 整体路径的选择结果验证

首先,比较分析被调查者选择的整体路径的特征。用选择整体路径的结果(平均选择单位街道数、平均散步路径长、平均转折频率)分别和对象地域的整体街道的 3 个指标(总单位街道数、总单位街道长、网格轴线度)做比较。

空白地图实验 B 的结果如图 6.6 所示。从平均选择单位街道数来看,有 48～66 条街道被选择,表现出对象地域的总单位街道数越多则路径中可供选择的单位街道数也越多的直线型倾向。从平均散步路径长来看,被调查者想象的散步距离在 3 700～4 800 m,表现出对象地域的总单位街道长度越长则散步路径长也越长的倾向。从平均转折频率来看,表现出对象地域的网格轴线度的值越低则路径的转折频率就越高的负的直线型倾向。这些结果和前期空白地图实验 A 得到的结果相同(参考第二章图 2.5)。

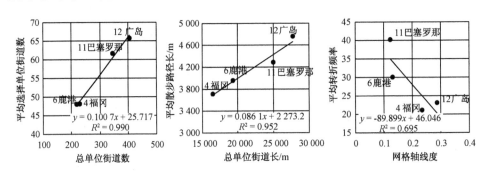

**图 6.6　街道特征和整体路径的关系(空白地图实验 B)**

在上述结果的基础上增加现实空间实验的数据结果,如图 6.7 所示。从平均选择单位街道数、平均转折频率的结果来看,表现出和空白地图的结果类似的直线型倾向。然而,从平均散步路径长的结果来看,$R^2$ 的值由 0.952 降低到 0.770,降幅比较明显。对其原因进行分析,发现现实空间对象地域的总单位街道长约为 17 000 m,和 4 福冈比较接近,但是它的平均散步路径长只有 3 100 m 左右,数值略低,由表 6.2 可知现实空间的单位街道长度和这些空白地图相比相对更短,推测由于被调查者选择了短的街道从而引起了结果变化。另外,在空白地图的虚拟情境和现实空间的现实情境之间,人们的认知距离会产生偏差,因此也有可能影响了人们在现实空间中选择的单位街道长度。此外,还需要留意在现实空间散步时人们的体力因素对散步路径长度的影响。

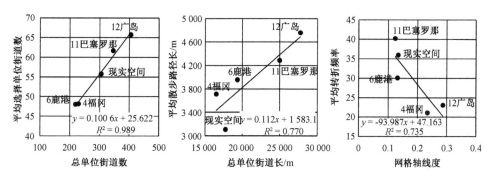

**图 6.7　街道特征和整体路径的关系（空白地图实验 B 及现实空间实验）**

为了验证体力因素会影响散步行为的这个猜想，对被调查者在散步途中记录的休息次数和散步时长进行整理，结果如表 6.3 所示。各被调查者的休息次数均在 0～3 次的范围内，24 名被调查者中有 6 名在散步途中休息过，并且因为疲劳而结束散步的人共有 5 名。由此可知，体力对路径选择的结果，特别是对散步路径的长度会造成一定影响。另外，被调查者的平均散步时长大约为 50 分钟，其中时间最长的为 80 分钟，虽然在实验开始之前被告知散步时长最长可以到 2 小时，但是因为体力等原因并没有人达到这个时长。

**表 6.3　现实情境下被调查者的散步时长及休息情况**

|  | 休息人数 | 因为疲劳而停止散步的人数 | 休息次数/(人·次$^{-1}$) | 散步时长/分钟 |
|---|---|---|---|---|
| 综述 | 6 | 5 | — | — |
| 比例 | 0.250 | 0.208 | — | — |
| 最小值 | — | — | 0 | 32 |
| 最大值 | — | — | 3 | 80 |
| 平均值 | — | — | 0.417 | 49.542 |

## （2）单位街道的选择次数验证

其次，在比较完整体路径的选择结果后，同第二章一样，通过分析选择单位街道的 4 个指标值来考察被调查者选择的单位街道的特征。图 6.8 展示了各对象地域的单位街道选择次数的结果，街道的线条颜色越深且越宽则表示被选择通过的次数越多。另外，本章当中各单位街道的选择次数的最大值分别为：空白地图实验 B 当中被调查者 24 名×实验 3 次＝72 次，现实空间实验当中被调查者 24 名×实验 1 次＝24 次。下面将基于这个结果进行深入分析。

从空白地图实验 B 的 4 个对象地域的单位街道选择次数来看，和第二章图 2.6 所示的单位街道选择次数分布结果相似，选择次数多的地点主要是宽阔的大道。在现实空间对象地域当中人们的路径也倾向于集中在宽阔的道路上。

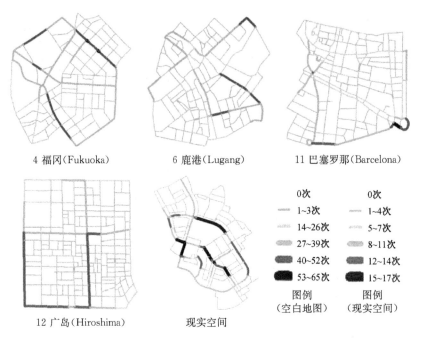

4 福冈（Fukuoka）　　　6 鹿港（Lugang）　　　11 巴塞罗那（Barcelona）

| 0次 | 0次 |
|---|---|
| 1~3次 | 1~4次 |
| 14~26次 | 5~7次 |
| 27~39次 | 8~11次 |
| 40~52次 | 12~14次 |
| 53~65次 | 15~17次 |
| 图例 | 图例 |
| （空白地图） | （现实空间） |

12 广岛（Hiroshima）　　　现实空间

**图 6.8　单位街道的选择次数**

再次，分析各对象地域当中的吸引点特征，结果见图 6.9。黑色线条围合的区域为吸引点，线条越集中则表示该区域作为吸引点被选择的次数越多。

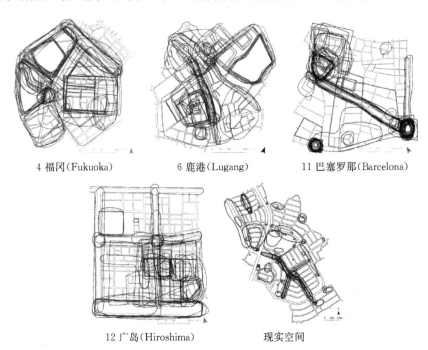

4 福冈（Fukuoka）　　　6 鹿港（Lugang）　　　11 巴塞罗那（Barcelona）

12 广岛（Hiroshima）　　　现实空间

**图 6.9　吸引点的空间分布**

从空白地图实验 B 的 4 个对象地域的结果来看，4 福冈和 6 鹿港当中宽阔的道路和比较大型的街区作为吸引点的选择次数比较集中。11 巴塞罗那的西北角形状特殊的街区和东南角的圆形区域作为吸引点的选择次数非常集中，并且连接了这两个地点的两片平行的街道也被人们频繁标记。12 广岛当中宽阔的街道和大型街区的被选择次数也比较多。据此可以初步认为该结果与空白地图实验 A 表现出同样的倾向，即宽阔的街道、大型街区和形状特殊的街区容易吸引被调查者的兴趣和注意。

而现实空间的结果则表现出和空白地图的结果略微不同的倾向，即比起由复数单位街道构成的街区，现实空间中的吸引点呈现出小的点状倾向，内部覆盖的街道也比较少。为了解释这个原因，进一步对被调查者回答的吸引点的具体内容进行整理归纳，结果如表 6.4 所示。

表 6.4　现实空间中吸引点的具体内容

| 分类 | 项目 | 具体内容 | 回答次数 |
|---|---|---|---|
| 街道网络 | 道路形状 | 和周围不一样的街区，或者形状特殊的街道 | 5 |
| 建筑物 | 公共空间 | 公园或者小广场 | 18 |
| | 建筑物 | 住宅、邮局等建筑 | 12 |
| | 学校 | 小学、幼儿园等 | 7 |
| | 店铺 | 装修时尚的商店 | 2 |
| 街道环境或风景 | 街道风景 | 美丽的街道风景 | 11 |
| | 绿植 | 树木、花、果实、红叶等 | 9 |
| | 步行者专用道路 | 步行者的专用步道 | 8 |
| | 坡道 | 上坡路 | 1 |
| 街道家具或设施 | 设施 | 有趣的街头设施或者雕塑 | 7 |
| | 自动贩卖机 | 时尚的自动贩卖机 | 2 |

从吸引点的具体内容来看，关于街区或者街道形态的回答次数相对较少，而关于建筑或植物等其他的建筑环境的回答次数较多，也就是说在现实的街道空间当中散步时，这些建筑环境要素给人们带来的视觉冲击更加强烈，也更容易让人觉得有趣。其中，公共空间的回答次数为 18 次，在所有项目当中回答次数最多，从回答的具体内容可以看出公园或者小型广场是非常容易吸引被调查者的要素，这也与一些既往研究得出的结论相同[106-107]。

更进一步，想要知道单位街道的哪些指标对选择次数的影响更大，基于上述结果分析单位街道选择次数和单位街道特征之间的关联。具体来说，和第二章中空白地图实验 A 一样，以单位街道选择次数为因变量，单位街道的长度、宽度、整合度、弯曲度、吸引点内单位街道的选择次数这 5 个指标为自变量，进行多元线性回归分析并构筑扩张模型，结果如表 6.5 所示。另外，在前文中提到过，由于现实空

表 6.5 单位街道特征、单位街道选择次数、吸引点内单位街道选择次数的关联（空白地图实验 B）

| 对象地域 | 整体对象地域 | | 4 福冈 | | 6 庭港 | | 11 巴塞罗那 | | 12 广岛 | |
|---|---|---|---|---|---|---|---|---|---|---|
| 样本数 | 1 169 | | 214 | | 224 | | 331 | | 400 | |
| 多重相关系数 | 0.654 | | 0.894 | | 0.829 | | 0.561 | | 0.819 | |
| | Bate | VIF | Bate | VIF | Bate | VIF | Bate | VIF | Bate | VIF |
| 单位街道长度 | −0.038 | 1.349 | −0.053 | 1.321 | −0.106* | 1.719 | −0.100 | 1.238 | −0.011 | 1.556 |
| 单位街道宽度 | 0.492** | 1.206 | 0.775** | 1.408 | 0.665** | 1.660 | 0.331** | 1.137 | 0.648** | 1.333 |
| 单位街道整合度 | 0.226** | 1.256 | 0.163** | 1.554 | 0.275** | 1.983 | 0.200** | 1.275 | 0.297** | 1.100 |
| 单位街道弯曲度 | 0.144** | 1.327 | 0.121** | 1.150 | 0.142** | 1.694 | 0.152** | 1.360 | −0.021 | 1.206 |
| 吸引点内的选择次数 | 0.200** | 1.101 | 0.140** | 1.065 | 0.042 | 1.062 | 0.364** | 1.196 | 0.210** | 1.196 |

标准偏回归系数

图例 | 0.000≤|value|<0.200 | 0.200≤|value|<0.400 | 0.400≤|value|<0.700 | 0.700≤|value|<1.000 | 1.000

$P$ value　　**$p<0.01$　*$p<0.05$

间当中作为吸引点被人们选择的单位街道很少,因此这里排除吸引点的相关指标,用单位街道的 4 个指标做自变量,使用现实空间实验的数据进行多元线性回归分析,结果如表 6.6 所示。

表 6.6 单位街道特征、单位街道选择次数、吸引点内单位街道选择次数的关联
(现实空间实验)

| 对象地域 | | 现实空间 | |
|---|---|---|---|
| 样本数 | | 264 | |
| 多重相关系数 | | 0.652 | |
| | | Bate | VIF |
| 标准偏回归系数 | 单位街道长度 | −0.147 * | 2.013 |
| | 单位街道宽度 | 0.381 ** | 1.546 |
| | 单位街道整合度 | 0.407 ** | 1.489 |
| | 单位街道弯曲度 | 0.190 ** | 1.951 |

图例 | 0.000≤|value|<0.200 | 0.200≤|value|<0.400 | 0.400≤|value|<0.700 | 0.700≤|value|<1.000 |

$P$ value  **$p<0.01$  *$p<0.05$

先来分析空白地图实验 B 的回归分析结果。从多重相关系数来看,4 福冈、6 鹿港和 12 广岛的值比较高,均在 0.800 以上,而 11 巴塞罗那的值最低,仅有 0.561,这和前期的空白地图实验 A 的结果相近。从标准偏回归系数来看,整体对象地域的计算结果是除了单位街道长度没有显著影响力以外,其他 3 个指标值均表现出一定程度的影响力,这也和空白地图实验 A 的结果一致。然而,吸引点内单位街道选择次数的标准偏回归系数由第二章表 2.15 的 0.441 降低为 0.200,该指标的影响力大幅减弱,这是因为空白地图实验 B 的 4 个对象地域当中形态特殊的街区或者街道相对较少。另外,各个对象地域的计算结果也和前期实验表现出类似的倾向,4 福冈、6 鹿港、12 广岛的吸引点影响力较小,而单位街道宽度的影响力更大,这是因为这些对象地域比较缺乏特殊形态的街区,这时宽阔的街道就更容易被人们注意和选择。11 巴塞罗那和其他对象地域相比,吸引点内单位街道的选择次数的值相对较高,其影响力也比较大,从图 6.8 和图 6.9 来看,选择次数多的街道和作为吸引点被标记次数多的区域都集中在该对象地域的西北方和东南方,由此可以再次确认如果街道网络中存在类似的形状特殊的街区,那么这些地点容易引起人们的兴趣并被选择。

对比分析现实空间实验的结果,多重相关系数的值也比较高,达到 0.652,这说明在现实空间当中街道网络对路径选择行动的影响力是被认可的。从标准偏回归系数来看,参与计算的所有 4 个单位街道指标都具有一定的影响力,特别是单位街道宽度、单位街道整合度的值更高,再次证明了宽阔的街道、连接程度高的街

道[109]对路径选择的影响力较大,更能引发步行行动,这也和其他研究者的既往研究取得了同样的结论。另外,虽然把吸引点的相关指标从自变量中排除了,但是从表 6.4 所示的吸引点的具体内容可知,与周围有所不同的街区或者街道形状更能够引起被调查者的兴趣,也就是说在现实空间当中如果人们可以获得街道网络的情报(例如通过纸质地图、手机地图、汽车导航等),那么这些形态特殊的地方有可能影响他们的路径选择。

基于以上结果,可以验证在空白地图上选择路径时,无论是单条单位街道的宽度、连接关系,还是由复数单位街道组成的形态特殊的街区都会影响散步路径。进一步还验证了在现实的街道空间当中选择路径时,即使存在各种丰富的建筑环境要素,街道网络的特征也会影响人们的选择。

## 四、步行者的分类与个体差异比较

### (1) 基于个体路径选择特征的步行者分类方法

本小节将对应第三章的分析内容,同样把本次参与实验的被调查者进行类型化处理,并比较各组被调查者的各项路径选择指标的差异。具体的分类方法是基于空白地图实验 B 的路径选择结果数据,使用选择单位街道数、转折频率、单位街道宽度、单位街道整合度这 4 个指标,对数据做标准化处理后进行聚类分析运算(Ward法),将 24 名被调查者分为 3 个行动模式不同的小组①,结果如图 6.10 所示。

我们依据各组被调查者的行动特征②给他们的小组命名,分别是组 1"复杂-长距离型",组 2"简单-长距离型",组 3"复杂-短距离型"。接下来对各组的路径选择行动进行详细的比较分析。

### (2) 意识调查

为了根据被调查者的个人内在属性来解释各组路径选择结果的差异,这里同样使用了问卷调查的形式来收集被调查者平时的步行习惯、对地图的认知、社会属性等信息。主要调查内容如表 6.7 所示。此外,为了把握人们对行动变化的意识,在本次的问卷中追加了相关提问项目。

---

① 本次的空白地图实验 B 共有 24 名被调查者参加,由于该实验共实施 3 次,因此样本数共计 72 份,被调查者分成 3 组后各组的样本数分别为 24、33、15 份。另外,现实空间实验只实施 1 次,因此各组的样本数分别为 8、11、5 份,由于样本数量相对较少,还需要在今后的研究中继续增加被调查者人数,使各组之间的行动差异性更加明显。

② 组 1 的散步路径较长呈曲折形,倾向于选择狭窄的小道或者复杂的区域,其前方向改变较频繁,呈现往返移动的倾向,因此被命名为"复杂-长距离型"。组 2 虽然倾向于选择简洁宽阔的大道,但是其散步路径长度较长,路径的分布范围也比较广泛,因此被命名为"简单-长距离型"。组 3 的散步路径较短,倾向于选择狭窄的小道或者复杂的区域,比较频繁地改变前进方向,因此被命名为"复杂-短距离型"。

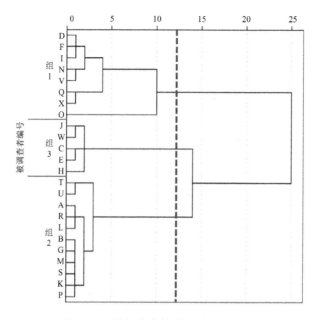

**图 6.10　被调查者的分组结果树状图**

**表 6.7　被调查者的意识调查内容(基于第三章表 3.5 的项目进行追加)**

| 项目 | 评价内容 | 评价方法 | 问题示例 |
|------|---------|---------|---------|
| 对地图的<br>意识或行动 | 地图的使用频率 | 单项选择 | 平时会经常看地图吗?<br>a. 经常看 — d. 几乎不看 |
| | 对地图的兴趣 | 单项选择 | 喜欢看地图吗?<br>a. 喜欢 — d. 不怎么喜欢 |
| | | | 对街道的形态感兴趣吗?<br>a. 感兴趣 — d. 不感兴趣 |
| | 地图的解读能力 | 单项选择 | 可以在地图上迅速找到自己的所在地吗?<br>a. 可以迅速找到 — d. 无法迅速找到 |
| 对散步的<br>意识或行动 | 对散步的兴趣 | 单项选择 | 平时的散步频率?<br>a. 几乎每天散步 — e. 基本不散步 |
| | | | 喜欢散步吗?<br>a. 喜欢 — d. 不喜欢 |
| | 对周围环境的兴趣 | 单项选择 | 想去不认识的街道或者没有去过的街道走走看?<br>a. 想去 — d. 不想去 |
| | | | 平时看到街道风景的变化会感到开心吗?<br>a. 感到开心 — d. 没有感觉 |
| | 空间认知能力 | 单项选择 | 经常迷路吗?<br>a. 经常迷路 — d. 很少迷路 |
| | ★探索兴趣 | 单项选择 | 想去街道的细节处仔细探索行走吗?<br>a. 只想大致走走 — d. 想仔细探索 |
| | ★对变化的关注 | 单项选择 | 想去各种不同特征的街道走走吗?<br>a. 想去不同的街道走走 — d. 想在相似的街道走走 |

| 项目 | 评价内容 | 评价方法 | 问题示例 |
|---|---|---|---|
| 对旅行的意识或行动 | 旅行的计划性 | 单项选择 | 会预先做旅行目的地筛选或行程的规划吗？<br>a. 会主动做　——　d. 交给别人做 |
| | 旅行的经验 | 自由记录 | 到访过的国内的城市<br>根据记忆回答至今为止去过的城市或当地街道 |
| | | | 到访过的海外的城市<br>根据记忆回答至今为止去过的国家以及当地城市 |
| 个人社会属性 | 价值观/性格 | 李克特量表尺度 | 合作—独自、自然—城市 |
| | 属性 | 自由记录 | 姓名、性别、出生地 |

注：★部分是本次意识调查中追加的项目。

### （3）不同步行者的个人内在属性差异比较

从上述意识调查的项目当中选择最能表示休闲步行特性的 15 个项目，用李克特量表的方式分别赋予各回答 1～4 分，并采用因子分析（主轴因子分解，最大方差法），基于固定值 0.1 以上的条件抽出关于个人内在属性的 5 个因子，结果如表 6.8 所示。

表 6.8　因子分析结果

| 项目 | 1 地图关注度 | 2 空间认知能力 | 3 探索兴趣 | 4 空间变化关注度 | 5 散步关注度 |
|---|---|---|---|---|---|
| 1 看地图时会想象该地的样子 | 0.805 | 0.122 | 0.232 | −0.112 | −0.018 |
| 2 对街道的形态感兴趣 | 0.766 | −0.062 | 0.049 | 0.142 | 0.071 |
| 3 对地图上少见的地名感兴趣 | 0.742 | 0.162 | 0.214 | 0.130 | −0.066 |
| 4 确认目的地后不看地图也能到达 | 0.165 | 0.841 | 0.178 | −0.118 | 0.028 |
| 5 可以在地图上迅速找到自己的所在地 | −0.353 | 0.655 | 0.154 | 0.039 | −0.587 |
| 6 不看地图也能明白方向 | 0.217 | 0.619 | −0.139 | −0.047 | −0.144 |
| 7 不容易迷路 | −0.155 | 0.604 | 0.119 | 0.522 | 0.001 |
| ★8 想去距离起终点远的地方散步 | −0.017 | −0.542 | 0.462 | 0.027 | 0.133 |
| ★9 想去街道的细节处仔细探索行走 | 0.135 | 0.113 | 0.728 | 0.275 | 0.018 |
| ★10 想在整个街区各处均匀地探索 | 0.367 | −0.149 | 0.684 | −0.198 | −0.023 |
| 11 能迅速在地图上找到住处 | 0.471 | 0.143 | 0.575 | 0.092 | −0.171 |
| ★12 想去各种特征不同的街道走走 | 0.176 | −0.168 | 0.118 | 0.871 | 0.072 |
| 13 想去不认识的街道或者没有去过的街道走走看 | 0.113 | 0.008 | −0.024 | 0.460 | 0.658 |
| 14 喜欢散步 | −0.098 | −0.057 | −0.076 | 0.039 | 0.596 |
| 15 看到新建建筑会觉得有趣 | −0.043 | −0.170 | 0.311 | −0.332 | 0.561 |

图例　│因子荷载量│＞0.400

注：★部分是本次意识调查中追加的项目。

从因子荷载量高的项目考虑各因子的意义，分别解释各因子。第 1 因子反映看地图时是否会想象该地或是对街道形态产生兴趣，即"地图关注度"；第 2 因子反映是否容易迷路以及能否顺利定位，即"空间认知能力"；第3因子反映是否想去远处或者街道的细节处仔细探索，即"探索兴趣"；第4因子反映是否想去各种特征不同的街道或者没去过的街道，即"空间变化关注度"；第5因子反映是否喜欢散步，即"散步关注度"。

　　为了比较被调查者的个人内在属性有何差异，计算各组的各项因子平均得分，结果如图6.11所示。

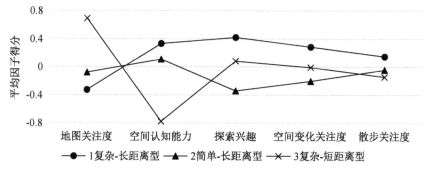

**图6.11　各组被调查者的个人内在属性**

　　组1复杂-长距离型的"地图关注度"的值在三组当中最低，其他因子的得分都最高，这表示该组被调查者和其他两组相比具有更高的把握空间的能力，喜欢散步活动，在散步途中追求空间环境的变化，并且希望可以探索各种各样的街道，但是缺乏观察地图的兴趣。

　　组2简单-长距离型的"地图关注度""空间认知能力"和"散步关注度"的值在三组之间居中，"探索兴趣"和"空间变化关注度"的值最低，这说明该组被调查者比较喜欢散步，具有一定程度认知空间的能力，但是对于细致地探索街道和对周围环境的变化相对不太关心。

　　组3复杂-短距离型的"空间认知能力"和"散步关注度"的值是三组之间最低的，"探索兴趣"和"空间变化关注度"取得了中等数值，相对来说"地图关注度"的值非常高，这表示该组被调查者虽然缺乏散步的兴趣，并且把握空间的能力不足，但是对探索街道空间具有一定的兴趣，对观察地图也十分感兴趣。

　　基于此，确认了本次实验虽然更换了新的被调查者，但是和前期空白地图实验A一样，基于空白地图的路径选择结果可以把被调查者分成行动模式不同的3个小组，并且各组都具有不同的个人内在属性特点。接下来将根据这3组被调查者的个体差异，比较分析模拟情境和现实情境下的路径选择结果的异同之处。

## 五、不同步行者在休闲步行路径选择时的基本特征比较

### （1）整体路径的选择结果特征验证

　　为了验证各组被调查者的散步路径倾向，把有关整体路径的3个指标按组重

新整理,并按照不同对象地域计算各组的平均值以及进行各组之间的方差分析,结果如图 6.12 所示。

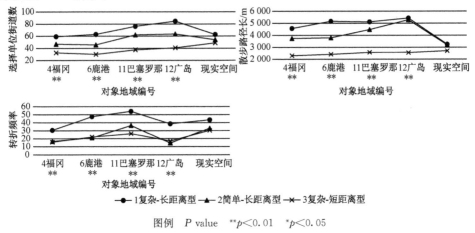

图例 *P* value **$p<0.01$ *$p<0.05$

图 6.12 各对象地域的散步路径倾向(整体路径)

从空白地图实验 B 的 4 个对象地域结果来看,比较各组的整体路径结果,选择单位街道数、散步路径长、转折频率这 3 个指标的三组路径选择结果都具有统计学意义上的显著差异。组 1 复杂-长距离型的 3 个指标值无论在哪个对象地域当中都取得了三组之间的最大值,即该组被调查者选择了更长的散步路径,选择通过了更多的街道,并且表现出路径曲折前进的倾向,可以认为这是受到他们"散步关注度"高的影响。与之相对的是组 3 复杂-短距离型,该组被调查者的选择单位街道数和散步路径长的值在三组之间最低,说明他们选择了更短的散步路径,通过的街道数量也最少,路径保持了相对直线形前进的倾向。而组 2 简单-长距离型的这 3 个指标值在三组当中基本上表现出中等的倾向,其转折频率的数值和组 3 的更加接近。

从现实空间实验对象地域的结果来看,三组之间并没有表现出显著性差异。但是,可以大致看出各组的选择倾向和空白地图实验 B 的选择倾向有一些类似的地方,即组 1 复杂-长距离型的 3 个指标值的取值略高,组 2 简单-长距离型在三组之间表现居中,组 3 复杂-短距离型的值稍低。

## (2) 选择单位街道的客观特征验证

把有关选择单位街道的 4 个指标按组重新整理,并按照不同对象地域计算各组的平均值以及各组之间的方差分析,结果如图 6.13 所示。

从空白地图实验 B 的 4 个对象地域结果来看,选择单位街道长度的结果是 11 巴塞罗那和 12 广岛表现出三组之间的显著差异。组 1 复杂-长距离型选择了相对短的街道,推测这是因为该组被调查者拥有较强的"探索兴趣",连街区的支路也想要去探索行走,所以选择的小短道较多。组 3 复杂-短距离型相对选择了长度中等的街道,接着是组 2 简单-长距离型选择了更长的街道。

选择单位街道宽度的结果是 4 个对象地域都表现出了三组之间的显著差异。

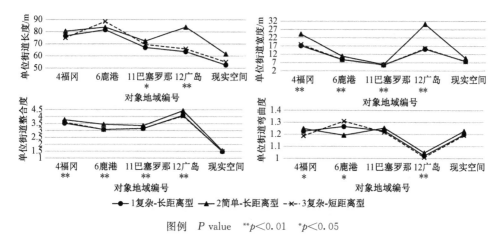

图例　*P* value　**p<0.01　*p<0.05

**图 6.13　各对象地域的散步路径倾向（单位街道）**

组 1 复杂-长距离型和组 3 复杂-短距离型的选择倾向比较接近，都取得了较小的数值，表示他们更容易选择狭窄的道路。组 2 简单-长距离型选择的街道宽度数值最大，虽然该组被调查者具有一定的"空间认知能力"，但是他们的"探索兴趣"最低，很可能为了避免行走在狭窄的小道上而选择了相对宽阔的道路。

　　选择单位街道整合度的结果也是 4 个对象地域都表现出了三组之间的显著差异。组 1 复杂-长距离型和组 3 复杂-短距离型的值较低也比较接近，表现出他们更倾向于选择复杂的、处于空间深处的街道。组 2 简单-长距离型的取值略高，该组被调查者选择了相对简单的、连接性强且接近地域中心位置的街道。该结果很可能是由组 1 和组 3 的被调查者具有较高的"探索兴趣"，而组 2 的被调查者探索街区细节处的兴趣略低而造成的。

　　选择单位街道弯曲度的结果是 4 福冈、6 鹿港和 12 广岛表现出了三组之间的显著性的差异。组 2 简单-长距离型在更多的对象地域当中选择了弯曲度更高的、曲线形态的街道，而组 3 复杂-短距离型相对选择了弯曲度较低的、偏向直线形态的街道。

　　从现实空间实验对象地域的结果来看，无论哪个指标都没有表现出三组之间的显著差异。但是，可以大致看出 4 个指标都是组 1 复杂-长距离型与组 3 复杂-短距离型的值略低也更加接近，而组 2 简单-长距离型的值更高，这些选择倾向和空白地图实验 B 中的选择倾向比较类似。

　　接下来，为了比较各组被调查者的吸引点倾向，把有关吸引点的 6 个指标按组进行整理，并按照不同对象地域计算各组的平均值以及进行各组之间的方差分析，路径整体的结果如图 6.14 所示，吸引点内单位街道的结果如图 6.15 所示。

　　吸引点中有关路径整体的 2 个指标的结果显示，空白地图实验 B 的 4 个对象地域几乎都没有体现出三组之间的显著差异。仅在 11 巴塞罗那当中，组 1 复杂-长距离型的吸引点内单位街道数更多，组 2 简单-长距离型和组 3 复杂-短距离型的值更低，这说明组 1 的被调查者在选择散步路径时感兴趣的地点和留意到的区域相对更多。另外，从吸引点面积的结果也能大致看出近似的倾向。

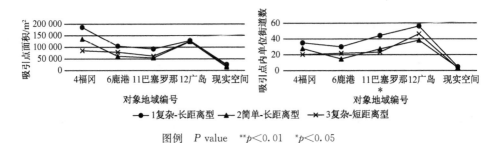

图 6.14　各组被调查者的吸引点特征(整体路径)

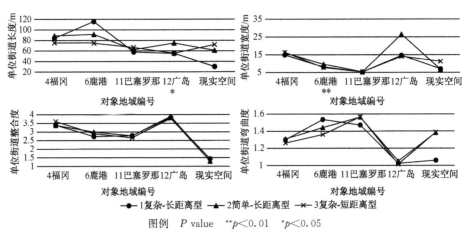

图 6.15　各组被调查者的吸引点特征(单位街道)

从现实空间实验对象地域的结果来看,同样是三组之间没有表现出显著性差异。另外,现实空间实验的数值结果明显低于空白地图实验 B 的数值,其原因正如前文中所述,在实际的街道空间当中存在大量的建筑环境要素,这类对视觉刺激更强烈的要素更容易吸引人们的注意从而被选择,导致平面的街道网络要素的选择数量下降。

通过上述分析可知,吸引点内单位街道的 4 个指标的选择结果、选择单位街道的 4 个指标的选择结果之间并没有表现出相同倾向。也就是说作为吸引点,各组被调查者在空白地图上的选择结果基本不存在明显差异,并且各组的选择倾向根据对象地域的街道网络特征发生改变,在 4 个对象地域当中没有共性的选择倾向。同样在现实空间当中各组之间的选择结果也没有明显差异,也只能大致看出组 1 复杂-长距离型的吸引点内单位街道的长度、宽度、弯曲度取值稍微低于其他两组。

进一步基于上述结果,为了从各组之间差异的角度去验证各个指标对单位街道选择次数的影响,这里把表 6.5 和表 6.6 所示的多元线性回归扩张模型进行分组再构建,空白地图实验 B 的结果见表 6.9,现实空间实验的结果见表 6.10。

表 6.9 单位街道特征、单位街道选择次数、吸引点内单位街道选择次数的关联（空白地图实验 B）

| 对象地域 | | 整体对象地域 | | | | | | 4 福冈 | | | | | |
| --- | --- | --- | --- | --- | --- | --- | --- | --- | --- | --- | --- | --- | --- |
| 组别 | | 组 1 复杂-长距离型 | | 组 2 简单-长距离型 | | 组 3 复杂-短距离型 | | 组 1 复杂-长距离型 | | 组 2 简单-长距离型 | | 组 3 复杂-短距离型 | |
| 样本数 | | 1 136 | | 866 | | 890 | | 208 | | 167 | | 166 | |
| 多重相关系数 | | 0.472 | | 0.640 | | 0.381 | | 0.703 | | 0.884 | | 0.577 | |
| | | Bate | VIF | Bate | VIF | Bate | VIF | Bate | VIF | Bate | VIF | Bate | VIF |
| 标准偏回归系数 | 单位街道长度 | -0.108** | 1.363 | 0.018 | 1.314 | -0.094** | 1.304 | -0.010 | 1.325 | -0.022 | 1.336 | -0.187* | 1.352 |
| | 单位街道宽度 | 0.275*** | 1.177 | 0.542** | 1.190 | 0.236** | 1.208 | 0.573** | 1.411 | 0.804** | 1.293 | 0.402** | 1.421 |
| | 单位街道整合度 | 0.188** | 1.268 | 0.163** | 1.243 | 0.103** | 1.265 | 0.170** | 1.531 | 0.151** | 1.421 | 0.144 | 1.509 |
| | 单位街道弯曲度 | 0.180** | 1.332 | 0.109** | 1.331 | 0.140** | 1.300 | 0.094 | 1.158 | 0.131** | 1.138 | 0.103 | 1.150 |
| | 吸引点内的选择次数 | 0.242** | 1.081 | 0.132** | 1.077 | 0.186** | 1.101 | 0.207** | 1.029 | 0.007 | 1.049 | 0.125 | 1.261 |

续表 6.9

| 对象地域 | 6 鹿港 | | | | | | 11 巴塞罗那 | | | | | | 12 广岛 | | | | | |
|---|---|---|---|---|---|---|---|---|---|---|---|---|---|---|---|---|---|---|
| 组别 | 组1 复杂-长距离型 | | 组2 简单-长距离型 | | 组3 复杂-短距离型 | | 组1 复杂-长距离型 | | 组2 简单-长距离型 | | 组3 复杂-短距离型 | | 组1 复杂-长距离型 | | 组2 简单-长距离型 | | 组3 复杂-短距离型 | |
| | Bate | VIF | Bate | VIF | Bate | VIF | Bate | VIF | Bate | VIF | Bate | VIF | Bate | VIF | Bate | VIF | Bate | VIF |
| 样本数 | 222 | | 182 | | 181 | | 317 | | 251 | | 257 | | 389 | | 266 | | 286 | |
| 多重相关系数 | 0.550 | | 0.848 | | 0.337 | | 0.502 | | 0.480 | | 0.221 | | 0.609 | | 0.809 | | 0.554 | |
| 单位街道长度 | −0.097 | 1.708 | −0.077 | 1.852 | −0.011 | 1.670 | −0.204** | 1.280 | −0.028 | 1.160 | −0.084 | 1.104 | −0.197** | 1.538 | 0.092 | 1.659 | −0.017 | 1.575 |
| 单位街道宽度 | 0.353** | 1.673 | 0.759** | 1.773 | 0.196* | 1.599 | 0.323** | 1.161 | 0.280** | 1.159 | 0.136* | 1.120 | 0.334** | 1.270 | 0.696** | 1.468 | 0.211** | 1.315 |
| 单位街道整合度 | 0.271** | 2.009 | 0.184** | 1.744 | 0.206** | 2.047 | 0.037 | 1.295 | 0.224** | 1.322 | 0.060 | 1.273 | 0.327** | 1.090 | 0.203** | 1.045 | 0.191** | 1.086 |
| 单位街道弯曲度 | 0.180* | 1.662 | 0.084 | 1.790 | 0.108 | 1.716 | 0.135* | 1.358 | 0.173** | 1.318 | 0.168* | 1.298 | 0.083 | 1.215 | −0.054 | 1.264 | 0.009 | 1.151 |
| 吸引点的选择次数 | 0.188** | 1.048 | 0.010 | 1.232 | 0.168* | 1.103 | 0.313** | 1.217 | 0.299** | 1.160 | 0.049 | 1.138 | 0.254** | 1.136 | 0.134** | 1.258 | 0.442** | 1.202 |

（标准偏回归系数）

图例 $0.000 \leqslant |\text{value}| < 0.200$ | $0.200 \leqslant |\text{value}| < 0.400$ | $0.400 \leqslant |\text{value}| < 0.700$ | $0.700 \leqslant |\text{value}| < 1.000$ | $|\text{value}| = 1.000$

P value $**p < 0.01$ $*p < 0.05$

表 6.10　单位街道特征、单位街道选择次数、吸引点内单位街道选择次数的关联
（现实空间实验）

| 对象地域 | | 现实空间 | | | | | |
|---|---|---|---|---|---|---|---|
| 组别 | | 组 1 复杂-长距离型 | | 组 2 简单-长距离型 | | 组 3 复杂-短距离型 | |
| 样本数 | | 217 | | 208 | | 156 | |
| 多重相关系数 | | 0.435 | | 0.720 | | 0.309 | |
| | | Bate | VIF | Bate | VIF | Bate | VIF |
| 标准偏回归系数 | 单位街道长度 | −0.180 * | 1.972 | −0.065 | 2.157 | −0.034 | 2.175 |
| | 单位街道宽度 | 0.124 | 1.604 | 0.486 ** | 1.671 | 0.110 | 1.785 |
| | 单位街道整合度 | 0.390 ** | 1.482 | 0.357 ** | 1.572 | 0.251 * | 1.619 |
| | 单位街道弯曲度 | 0.172 * | 1.841 | 0.130 | 2.039 | 0.079 | 2.018 |
| | 吸引点的选择次数 | −0.180 * | 1.972 | −0.065 | 2.157 | −0.034 | 2.175 |
| 图例 | | 0.000≤∣value∣<0.200 | 0.200≤∣value∣<0.400 | 0.400≤∣value∣<0.700 | | 0.700≤∣value∣<1.000 | |
| | | *P* value　**p<0.01　*p<0.05 | | | | | |

从空白地图实验 B 的 4 个对象地域结果来看，多重相关系数在整体对象地域和各个对象地域的计算结果都是组 2 简单-长距离型取得了最大值（11 巴塞罗那中排第二），特别是 4 福冈的数值高达 0.884，考虑到该组被调查者对于探索路径和追求街道空间变化的关心程度在三组之间最低，因此单位街道的客观特征对他们的影响变得更大。标准偏回归系数的计算结果是几乎在全部对象地域当中，组 2 简单-长距离型的单位街道宽度的值比其他两组的更大，可以确认该组被调查者更倾向于选择宽阔的大道。

从现实空间实验对象地域的结果来看，多重相关系数的计算结果是组 2 简单-长距离型的值比其他两组更高，达到了 0.720，这验证了该组被调查者在实际的街道空间中选择路径时受到街道网络客观特征的影响更大。标准偏回归系数的计算结果同样显示了组 2 简单-长距离型的单位街道宽度的值比其他两组的更大，验证了空白地图实验 B 的结果。

基于此可以总结出，作为路径选择行动的基本特征，在模拟情境空白地图上的整体路径和选择单位街道的结果都展现出了各组被调查者的差异性，并且选择结果和他们的个人内在属性相对应，并且现实情境的现实空间实验结果也验证了这些结果的有效性。

## 六、不同步行者在休闲步行路径选择时的行动变化特征比较

本小节将对应第四章的分析，从行动变化的角度对整体路径的选择特征进行量化计算，来验证各组被调查者的行动变化的差异性及其原因。

回顾我们在探讨行动变化特征时使用的 9 个分析指标,分别是有关"路径方向"变化的"方向区间数""方向变化距离""相邻区间的方向变化距离的差(绝对值)"这 3 个指标;有关"路径位置分布"的"通过的网格总数""往返移动比例"这 2 个指标;有关"路径复杂程度"变化的"整合度变化次数""整合度变化距离"这 2 个指标;以及有关"路径和起终点的关系"的"标准化最远直线距离""标准化最远散步距离"这 2 个指标。

(1)路径方向变化的验证

对于"路径方向"变化的特征,需要计算方向区间数、平均方向变化距离这 2 个指标,并按照不同对象地域计算各组的平均值以及进行各组之间的方差分析,结果如图 6.16 所示。

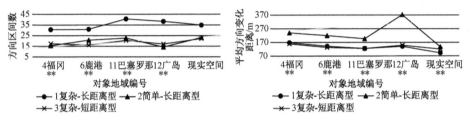

图例　$P$ value　**$p<0.01$　*$p<0.05$

**图 6.16　各组被调查者的方向区间的特征值**

从空白地图实验 B 的 4 个对象地域结果来看,无论哪个对象地域都在这两个指标上表现出三组之间的显著性差异。方向区间数是组 1 复杂-长距离型取得了最大值,可以看出该组被调查者拥有频繁改变前进方向的行动倾向,推测这是受到了较强的"散步关注度"和"探索兴趣"的影响。组 2 简单-长距离型和组 3 复杂-短距离型的值比较低,前进方向相对接近直线形,推测这是由于组 2 简单-长距离型的"探索兴趣"比较低,而组 3 复杂-短距离型的"散步关注度"比较低而造成的。平均方向变化距离是组 1 复杂-长距离型和组 3 复杂-短距离型的值非常接近,即一个方向区间内的路径长度较短,因为他们拥有在街区内四处探索的兴趣,所以更倾向于在通过较短的直线距离后马上改变前进方向,这样可以去更多不同的地方探索。而组 2 简单-长距离型的值最大,前文也提到了该组被调查者的"探索兴趣"比较低,因此在前进途中不太愿意改变方向。

从现实空间实验对象地域的结果来看,虽然三组之间没有显著性差异,但是大致能够看出方向区间数是组 1 复杂-长距离型的值最大,组 2 简单-长距离型和组 3 复杂-短距离型的值更低。平均方向变化距离是组 1 复杂-长距离型取得了最小值,组 2 简单-长距离型取得了最大值。这些结果和空白地图实验 B 的结果较为相似。

为了进一步把握各组被调查者在通过多长的散步距离后才改变前进方向,考察了整体路径中的方向变化距离的构成比例。具体分析方式如下：根据被调查者的路径选择结果把方向变化距离分成 7 个层级（0 m≤距离＜50 m，50 m≤距离＜100 m，100 m≤距离＜150 m，150 m≤距离＜200 m，200 m≤距离＜400 m，400 m≤距离＜600 m，600 m≤距离＜1 200 m），计算各组的路径所属的不同层级的方向区间数，结果如图 6.17 所示。

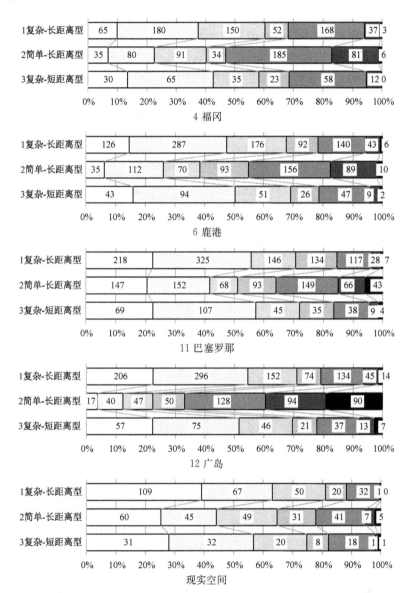

图例　□ 0 m≤距离＜50 m　□ 50 m≤距离＜100 m　□ 100 m≤距离＜150 m　▨ 150 m≤距离＜200 m
　　　▨ 200 m≤距离＜400 m　■ 400 m≤距离＜600 m　■ 600 m≤距离＜1 200 m

**图 6.17　各组被调查者选择路径在不同层级方向变化距离中的方向区间数**

关于空白地图实验 B 的 4 个对象地域的结果,组 1 复杂-长距离型和组 3 复杂-短距离型的选择倾向比较近似,在大多数对象地域当中,在 100 m 以下的短距离内改变前进方向的行动比例约占整体行动比例的 50% 以上,在 200 m 以上长距离改变前进方向的占比大约停留在 20%,这验证了这两组被调查者在行走了较短距离后马上就改变前进方向的行动倾向。与之相对的是组 2 简单-长距离型,在大多数对象地域当中,在 100 m 以下的短距离内改变前进方向的行动比例占该组整体行动比例的 20% 左右,在 200 m 以上长距离后改变前进方向的行动比例比其他两组要高,尤其是在 11 巴塞罗那和 12 广岛当中,在 400 以上超长距离后改变前进方向的比例很高,这再次验证了组 2 的被调查者具有保持直线形路径的行动倾向。

现实空间实验对象地域的结果,可以验证组 1 复杂-长距离型和组 3 复杂-短距离型会在较短的行走距离内改变前进方向,而组 2 简单-长距离型会在较长的步行距离后再改变前进方向。

为了验证被调查者的路径方向变化距离具体是如何变化的,即一条路径中的方向变化距离是明显地变化,还是基本没有改变,针对这个变化程度进行各组之间的比较分析。计算一条路径当中的方向变化距离的标准差,以及一条路径中全部相邻区间的方向变化距离的差(绝对值),并按照不同对象地域计算各组的平均值以及进行各组之间的方差分析,结果如图 6.18 所示。

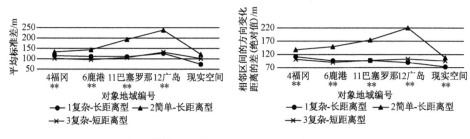

图例　*P* value　**p<0.01　*p<0.05

**图 6.18　各组被调查者所选路径的方向变化距离的特征值**

先来看空白地图实验 B 的 4 个对象地域的结果,在全部对象地域当中 2 个指标都表现出了三组之间的显著性差异。组 1 复杂-长距离型和组 3 复杂-短距离型的方向变化距离的标准差及其增减程度的值都比较低,取值也很接近,即他们所选路径当中的方向变化距离不长也不短,维持了比较均衡的行动倾向,正如前文中提到的,这两组的"探索兴趣"更高,其行动倾向是前进了较短距离后马上改变路径方向,这个倾向也在整体路径当中维持了下来。组 2 简单-长距离型的 2 个指标值比其他两组更高,说明"探索兴趣"较低的这组被调查者更倾向于大致地把握对象地域的范围,以直线形的路径进行长距离移动,途中遇到了感兴趣的地点再改变方向前去探索,因此造成方向变化距离的波动较大。

再来看现实空间实验对象地域的结果,2 个指标都是组 1 复杂-长距离型取得了最小值,组 2 简单-长距离型取得了最大值,由此基本可以验证空白地图实验 B 的结果。

## (2) 路径位置分布的验证

接着考察路径在对象地域范围内具体是如何变化的,即路径的位置分布特征。为了把握这个分布范围,根据各个对象地域的特征分别将空白地图上的对象地域平均分割成 25 个网格、现实空间中的对象地域平均分割成 28 个网格,如表 6.11 所示,并使用"通过的网格总数"和"往返移动比例"这 2 个分析指标进行解析。

为了把握散步路径通过了对象地域中的哪些部分,这里整理了各组被调查者通过的网格总数,结果如图 6.19 所示。

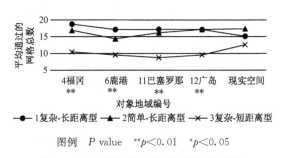

图例  *P* value  **$p < 0.01$  *$p < 0.05$

**图 6.19 各组被调查者通过的网格总数**

从空白地图实验 B 的 4 个对象地域的结果来看,在全部对象地域当中三组之间的结果均存在显著性差异。组 1 复杂-长距离型通过的网格总数最多,路径分布范围最广,这是因为该组被调查者比较喜欢散步与探索,所以路径到达了对象地域范围内的更多地点。组 3 复杂-短距离型通过的网格总数最少,路径分布范围和其他两组相比小了很多,这同样是受到该组被调查者较低的"散步关注度"和"探索兴趣"的影响。

而现实空间实验对象地域的结果表现出稍微不同的倾向。虽然并不具有统计学意义上的差异,但是大致上组 2 简单-长距离型通过的网格总数比组 1 复杂-长距离型的多。我们推测,在实际的街道空间中组 1 复杂-长距离型比另外两组行走了更长的距离,并且频繁改变前进方向探索了一部分街区的细节之处,在向着其他范围行走时由于受到体力的影响而没能到达更多的网格。

接下来为了把握被调查者的散步路径具体分布在对象地域的哪些位置,把各组的各网格当中的散步路径长与该网格当中的总单位街道长相除,做标准化处理,结果如表 6.11 所示。网格中的颜色越深则表示散步路径越集中在这个位置。

表 6.11　各组被调查者的散步路径位置分布

| 对象地域 | 网格 | 组 1 复杂-长距离型 | 组 2 简单-长距离型 | 组 3 复杂-短距离型 |
|---|---|---|---|---|
| 4 福冈 | | | | |
| 6 鹿港 | | | | |
| 11 巴塞罗那 | | | | |
| 12 广岛 | | | | |
| 现实空间 | | | | |

图例　0 ≤ □ <0.06　0.06 ≤ □ <0.09　0.09 ≤ □ <0.12　0.12 ≤ □ <0.15　0.15 ≤ □ <0.18
0.18 ≤ □ <0.21　0.21 ≤ □ <0.24　0.24 ≤ □ <0.27　0.27 ≤ □ <0.30　0.30 ≤ □

从空白地图实验 B 的 4 个对象地域的路径位置分布特征来看,组 1 复杂-长距离型和其他两组相比,无论街道网络模式如何,其路径都基本遍布整个区域,这是受到该组被调查者较高的散步兴趣的影响。组 2 简单-长距离型的路径虽然也比较均匀地分布在整个区域各处,但是和组 1 复杂-长距离型相比,其路径集中在某些网格,比如 11 巴塞罗那的东南角形态特殊的街区、4 福冈和 12 广岛的边缘部分以及中心区域具有宽阔大街的地点。造成这种分布结果的原因在前文中已有介绍,组 2 简单-长距离型虽然拥有一定程度的"散步关注度",使其路径分布范围比较广泛,但是又由于他们的"探索兴趣"不足,路径更倾向集中在可以引起兴趣的街区或者方便通行的大道上。另外,这也再次确认了组 3 复杂-短距离型具有路径集中于一部分特殊网格的倾向。

从现实空间实验对象地域的路径位置分布特征来看,三组之间的差异虽然不如空白地图实验 B 的明显,但是可以看出组 3 复杂-短距离型的路径和其他两组相比略微偏向对象地域的西侧,而那里的街区形状也和周围相比显得特殊。

再继续探讨路径的位置具体发生了怎样的变化,计算各组被调查者的往返移动比例,即路径通过的网格总数当中重复通过的网格数所占的比例,并按照不同对象地域计算各组的平均值以及进行各组之间的方差分析,结果如图 6.20 所示。

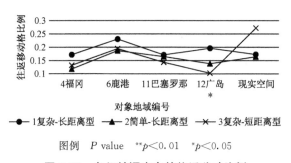

图例 *P* value **$p < 0.01$ *$p < 0.05$

**图 6.20 各组被调查者的往返移动比例**

观察空白地图实验 B 的 4 个对象地域的结果,能让各组之间表现出显著差异的对象地域并不多,仅在 12 广岛当中组 1 复杂-长距离型的往返移动比例比另外两组高,达到了 20% 左右,表示该组被调查者在散步途中重复通过了更多的网格,以便在对象地域范围内仔细探索各个地点;组 2 简单-长距离型的值稍低;组 3 复杂-短距离型的值则最低,即他们在各个网格之间来回移动的倾向并不显著。

然而,现实空间实验对象地域的结果中组 3 复杂-短距离型的值比其他两组高出很多,尽管这个结果并不是统计学上认可的显著差异,但也体现了它和空白地图实验 B 的结果存在着一些差别。我们推测其原因在于,在实际的街道空间中散步时体力因素会影响人们的行动,组 1 和组 2 的被调查者本身的散步路径比较长,并且路径分布范围也比较广泛,在此行动基础上若再想在网格之间频繁往返移动会对身体造成负担,而组 3 的被调查者本身的散步路径最短,有余力在一部分网格之间频繁地往返移动。

（3）路径复杂程度的验证

上述内容初步验证了散步移动过程中的路径位置变化特征，下面将探讨路径的复杂程度变化，即一条路径会一直分布在简洁的区域还是复杂的区域，还是会在二者之间来回移动。

在描述"路径复杂程度"的变化时使用了表示空间复杂程度的整合度指标，根据对象地域的实际情况，分别把空白地图实验 B 的 4 个对象地域的单位街道整合度分为 6 个层级（$0 \leq$ 值 $<1$，$1 \leq$ 值 $<2$，$2 \leq$ 值 $<3$，$3 \leq$ 值 $<4$，$4 \leq$ 值 $<5$，$5 \leq$ 值 $<6$），把现实空间实验对象地域的单位街道整合度分为另外 6 个层级（$0 \leq$ 值 $<1$，$1 \leq$ 值 $<1.2$，$1.2 \leq$ 值 $<1.4$，$1.4 \leq$ 值 $<1.6$，$1.6 \leq$ 值 $<1.8$，$1.8 \leq$ 值 $<2.1$），针对一条路径中涵盖的单位街道的整合度变化进行分析。具体使用"整合度变化次数"和"整合度变化距离"这 2 个指标，计算一条路径中包含的单位街道整合度的变化，并按照不同对象地域计算各组的平均值以及进行各组之间的方差分析，结果如图 6.21 所示。

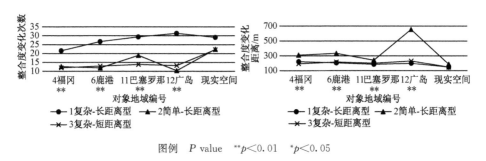

图例　P value　**$p<0.01$　*$p<0.05$

**图 6.21　各组被调查者的散步路径复杂程度的特征值**

先来看空白地图实验 B 的 4 个对象地域的结果，全部对象地域的整合度变化次数指标都表现出了三组之间的显著性差异，组 1 复杂-长距离型的值明显更高，具有在复杂程度不同的街道空间之间来回穿行的行动倾向，组 2 简单-长距离型的值相对更低，具有在复杂程度相似的、没有什么变化的街道空间中移动的倾向。另外，全部对象地域的整合度变化距离指标也都表现出了三组之间的显著性差异，组 1 复杂-长距离型和组 3 复杂-短距离型的值比较低，也更接近，这两组被调查者拥有较高的"空间变化关注度"，他们在复杂程度不同的街道空间之间来回穿行时的移动距离更短，行动也富有变化；组 2 简单-长距离型的取值最大，从图 6.13 可以看出该组选择的单位街道整合度值最高，缺乏"探索兴趣"的该组被调查者更多地选择了连接程度强的、位于区域中心地点的街道，并在整体路径当中尽可能保持了这个选择倾向。

再来看现实空间实验对象地域的结果，相对来说组 1 复杂-长距离型的整合度变化次数的值略高，而组 2 简单-长距离型则是整合度变化距离的值略高。这个结果并不具有统计学意义上的显著差异,只能初步说明现实空间中路径复杂程度变化的结果和空白地图实验 B 的结果在一定程度上表现出类似倾向,但不能完全验证。

## (4)路径与起终点关系的验证

这一步我们将针对路径和起终点的关系进行验证,即路径是集中在起终点附近的区域还是向着更远的方向移动,向着远处移动时会以最短路径的方式直接前往还是绕远路迂回前进。分别计算标准化最远直线距离、标准化最远散步距离指标,并按照不同对象地域计算各组的平均值以及进行各组之间的方差分析,结果分别如图 6.22、图 6.23 所示。

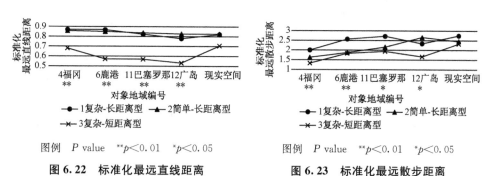

| **图 6.22** 标准化最远直线距离 | **图 6.23** 标准化最远散步距离 |

从空白地图实验 B 的 4 个对象地域的结果来看,所有对象地域的这 2 个指标都表现出三组之间的显著差异。标准化最远直线距离的结果是,组 1 复杂-长距离型和组 2 简单-长距离型的值比较接近也更高,他们具有从起终点出发后向着更远处移动的倾向,组 3 复杂-短距离型的值要低很多,该组被调查者具有在起终点附近的街区移动而尽量避免去往远处的行动倾向。标准化最远散步距离的结果是,在大多数对象地域当中组 1 复杂-长距离型取得了最大值,表示该组被调查者在向着远处移动的途中频繁地绕远路和迂回行动,据此可以再次确认该组具有详细探索路径的行动倾向,组 3 复杂-短距离型的值最低,据此可以再次确认该组被调查者具有向着远处直接移动、粗略探索的行动倾向。

从现实空间实验对象地域的结果来看,这 2 个指标都表现为三组之间不具有显著性差异。但是大致来看,标准化最远直线距离的结果是组 1 复杂-长距离型和组 2 简单-长距离型的值更高也更接近,组 3 复杂-短距离型的值最低;标准化最远散步距离的结果是组 1 复杂-长距离型的值最大,组 3 复杂-短距离型的值最低,这和空白地图实验 B 的结果有一定的相似之处。

这里对以上所有的行动变化特征的验证结果进行总结说明。在模拟情境下使用地图记录法进行路径选择时,个人内在属性不同的被调查者的路径具有不同特征,该结论的再现性由空白地图实验 B 的结果成功验证,而现实空间实验的结果虽然难以表现出各组之间的显著差异，但是可以从一定程度上验证各组被调查者的行动具有什么倾向，即体现了空白地图实验 B 结果的有效性。

关于空白地图实验 B 当中各组之间的行动差异更显著而现实空间实验当中难以表现出组间显著差异这一问题，推测其原因在于，和实际的街道空间相比，空白地图上的路径选择更加单纯地受到人们的兴趣、关注点、意愿等个人内在属性的影响，因此选择结果也更容易产生显著性差异；然而在实际步行的情况下，人们还会受到体力、身体状况等的影响，不能完全按照兴趣和偏好等内在属性去选择路径，因此选择结果难以拉开差距。另外，本研究关注的是路径选择行动与街道网络模式之间的关系，而现实空间中还存在其他影响路径选择的要素，比如建筑环境类的具象要素，以及空间氛围类的抽象要素，如果把它们也列入考察对象的话，各组之间的选择结果差异有可能会更显著。此外还要再次强调，尽管现实空间实验的结果当中很多指标没有表现出三组之间的统计学差异，但是需要留意的是，根据此结果可以看出各组的行动有何倾向，并且大多数的行动倾向可以和空白地图实验 B 的倾向相对应，因此能够说明各组被调查者的实际散步行动也是有差别的。

## 七、不同步行者在休闲路径选择时的主观偏好的验证

### （1）步行者整体的主观偏好概述

到前一小节为止，再次确认了不同被调查者在空白地图上的路径选择特征存在差异性，并且通过和实际街道空间中的路径选择特征进行比较，验证了空白地图实验 B 的结果。然而，实际的街道空间当中存在大量并且种类丰富的建筑环境要素，那么在实际散步时人们也是着眼于街道网络模式的特征来选择路径的吗？还是更加关注和参考其他的建筑环境要素来选择路径？这一问题有待解析验证。

因此，本小节对被调查者在现实的街道空间中有关路径选择的主观偏好回答进行整理，提取关于选择理由的名词或形容词，比如"街道形状""变化""方向"等。回答结果可以分成单位街道、路径整体、街道网络以外这三大类别，并进一步根据回答的内容分成"单位街道的特征""区域的特征""路径方向""路径位置分布""路径复杂程度""路径和起终点的关系""街道网络以外"这 7 个小类别，每个类别当中又细分出若干子项目。求得各项目的回答次数、回答占比，结果如表 6.12 所示。

首先来看单位街道这部分的主观偏好构成，和第三章的主观偏好回答结果一样，它也包含了"单位街道的特征"和"区域的特征"这 2 个类别。前者表示人们偏好的街道宽度、曲直形状特征；后者表示人们偏好的由复数街道所构成的街区的形态或者复杂程度特征。单位街道这部分的主观偏好约占整体回答总数的 62%，虽然和第三章的结果 70% 相比略微降低一些，但是仍然表明它们反映了有关路径选

择行为的基本特征，可以说即使是在现实空间当中，街道网络的特征也会引起步行者们的注意，是构成街道空间的重要属性。其中，"坡道"和"平坦"等项目是在空白地图实验 B 中未能提取出的，这些二维平面的空白地图无法反映出的地形特征在现实空间中对人们的影响是不可忽视的。

表 6.12　现实空间中关于路径选择时主观偏好的回答构成

| 分类 | 项目 | 回答内容（单位街道） | 回答次数 | 比例/% |
|------|------|------|------|------|
| 单位街道的特征 | a. 大道 | 宽阔的大道 | 33 | 50 |
| | b. 小路 | 狭窄的道路或小巷 | | |
| | c. 曲线形 | 弯曲的道路 | | |
| | ★d. 坡道 | 上坡路 | | |
| | ★e. 平坦 | 平坦的道路 | | |
| 区域的特征 | f. 形态 | 形状特别的街道，或与周围不同的街区 | 8 | 12.12 |
| | ★g. 变化 | 有变化的道路 | | |

| 分类 | 项目 | 回答内容（路径整体） | 回答次数 | 比例/% |
|------|------|------|------|------|
| 路径方向 | h. 方向 | 顺时针行走，或路口选择左转 | 1 | 1.15 |
| 路径位置分布 | i. 多样 | 众多的地方，或各种各样的道路 | 4 | 6.06 |
| | j. 均匀 | 街道分布均匀的区域 | | |
| 路径复杂程度 | k. 大致 | 大致在对象地域内转一圈 | 5 | 7.58 |
| 路径和起终点的关系 | l. 远 | 距离起终点远的地方 | | |

| 分类 | 项目 | 回答内容（街道网络以外） | 回答次数 | 比例/% |
|------|------|------|------|------|
| 街道网络以外 | ★m. 建筑物 | 住宅、邮局等建筑 | 15 | 22.73 |
| | ★n. 公共空间 | 公园或者小广场 | | |
| | ★o. 铺地 | 整齐的道路铺地 | | |
| | ★p. 步行者专用道路 | 步行者的专用步道 | | |
| | ★q. 街道风景 | 美丽的街道风景 | | |
| | ★r. 树荫 | 有树荫的街道 | | |
| | ★s. 无汽车 | 没有汽车通行的安静道路 | | |

注：★部分是现实空间中的路径选择时主观偏好的回答，和空白地图上的主观偏好不同。

再来看整体路径这部分的主观偏好构成，同样，它包含了"路径方向""路径位置分布""路径复杂程度""路径和起终点的关系"这 4 个类别。"路径方向"表示散步路径的前进方向；"路径位置分布"表示在空白地图上描绘的路径的位置分布情况，或者已经通过的场所的体验；"路径复杂程度"表示选择的路径或散步行动模式是简洁还是复杂；"路径和起终点的关系"表示在选择路径时是否考虑了散步距离和起终点的关系。整体路径这部分的主观偏好约占整体回答总数的 15%，和第三章的结果 30% 相比减少了一半，这一方面可以说明它们是构成路径选择行为的重要因素,另一方面也说明在实际的街道空间当中人们的主观偏好会被其他要素分散。

而其他要素则是指街道网络以外的要素,比如建筑和公园等建造物、街道风景和树荫等绿化、汽车等其他物体,这部分的主观偏好约占整体回答总数的 23%,这和许多研究者得出的结论一样,即建筑或风景等是影响步行者的重要因素。另外,从树荫、汽车这类回答还可以看出,虽然这些要素并不属于街道本身的构件,只是偶然出现在那里或是随着时间而变化,但是它们依然能够成为引起人们注意的要素。

(2) 不同步行者的主观偏好差异性比较

进一步整理上述有关路径选择时的主观偏好的回答结果,并按照各组的被调查者人数做标准化处理,所得结果分为否定回答(表 6.13)与肯定回答(表 6.14)。

表 6.13　各组被调查的路径选择主观偏好(否定回答)

| 项目 | 组 1 复杂-长距离型 | 组 2 简单-长距离型 | 组 3 复杂-短距离型 |
|---|---|---|---|
| 大道 | 1 | 0 | 0 |
| 小路 | 0 | 1 | 0 |
| 去过一次的街道 | 1 | 0 | 1 |

表 6.14　各组被调查的路径选择主观偏好(肯定回答)

图例　—●— 1 复杂-长距离型　—▲— 2 简单-长距离型　--✕-- 3 复杂-短距离型

注:★部分是现实空间中的路径选择时主观偏好的回答,和空白地图上的主观偏好不同。

从三组被调查者的共性倾向来看，现实空间的回答结果和空白地图的回答结果相似；主观偏好的肯定回答和否定回答相比，无论在项目数量上还是回答次数上肯定回答都要更多，各组之间的答案差异也更大。

具体来看，虽然否定回答非常少，但是组1复杂-长距离型对"大道"回答了1次，组2简单-长距离型对"小路"回答了1次，这也符合他们各组的特征。

在肯定回答当中，从街道宽度来看的话，组1复杂-长距离型和组3复杂-短距离型对"大道"的回答次数非常少，而组2简单-长距离型则对"小路"的回答次数很少，这验证了"探索兴趣"较低的组2更偏好在简洁宽阔的大道上散步这一行动倾向。

从地形来看的话，组1复杂-长距离型对"坡道"和"平坦"的肯定回答，比其他两组的回答次数要多，可见该组被调查者在选择路径时会留意地形的情况。

关于街区的特征，组2简单-长距离型对"形态"的回答次数更多，由于该组被调查者对散步和探索行为相对缺乏兴趣，因此除了特殊的街区和街道形态以外其他的难以吸引他们的注意，也难以让他们产生想去散步的想法。有关道路或周边街景的"变化"这一项，只有组1复杂-长距离型做了回答，可以看出该组被调查者受到较强的"空间变化关注度"的影响，更加在意行走途中周围环境的变化，当然这也和他们对散步和探索的兴趣有关，丰富多变的街景更容易带来趣味性与探索的乐趣。

从整体路径来看，组1复杂-长距离型对"多样"的回答次数比较多，即该组被调查者想在对象地域范围内更多不同的区域、各种街道上散步探索。对于"大致"这一项只有组2简单-长距离型做了回答，即该组被调查者并不打算四处活动，只希望在对象地域范围内粗略走一圈便结束散步，这也是受到他们的低"探索兴趣"的影响。

另外，关于街道网络以外的回答，除了"建筑物"和"无汽车"以外，总体来说组1复杂-长距离型的回答更多，可见该组被调查者一边感受街道的风景、树荫、铺装等众多环境要素一边散步，这体现出他们在散步过程中的乐趣。与之相对的是组3复杂-短距离型，除了"无汽车"以外他们没有回答任何项目，这也侧面反映出了该组被调查者对散步行动不太关心。

基于此，我们得出虽然在现实的街道空间当中有各种丰富的建筑环境要素，但是人们在选择散步路径时依然会关注街道网络的特征，这也进一步表明街道网络是影响路径选择的重要属性。此外，从各组被调查者的主观偏好倾向来看，其与该组的路径选择结果存在对应关系，这从主观偏好的角度证实了步行者的个体差异。

## 八、不同步行者的休闲步行路径选择行为的特征总结

本小节汇总整理出各组具有代表性的个人内在属性、路径选择行动的基本特

征、行动变化特征,并将空白地图实验 B 和现实空间实验的结果以对应的形式展示,如表 6.15 所示。

表 6.15　各组被调查者的路径选择行动代表性特征

| 分类 | | 项目 | 组1复杂-长距离型 | | 组2简单-长距离型 | | 组3复杂-短距离型 | |
|---|---|---|---|---|---|---|---|---|
| | | | 空白地图B | 实际空间 | 空白地图B | 实际空间 | 空白地图B | 实际空间 |
| 个人内在属性 | | 散步关注度 | 强 | | 中等 | | 缺乏 | |
| | | 空间认知能力 | 强 | | 中等 | | 缺乏 | |
| | | 探索兴趣 | 强 | | 缺乏 | | 中等 | |
| | | 空间变化关注度 | 强 | | 缺乏 | | 中等 | |
| 路径选择的基本行动特征 | 整体路径 | 选择单位街道数 | 多 | ○ | 中等 | ○ | 少 | ○ |
| | | 散步路径长 | 长 | ○ | 中等 | ○ | 短 | ○ |
| | | 转折频率 | 高 | ○ | 中等 | ○ | 低 | ○ |
| | 单位街道 | 选择单位街道长度 | 短 | ○ | 长 | ○ | 中等 | ○ |
| | | 选择单位街道宽度 | 窄 | ○ | 宽 | ○ | 窄 | ○ |
| | | 选择单位街道整合度 | 低 | ○ | 高 | ○ | 低 | ○ |
| 路径选择的行动变化特征 | 路径方向 | 方向区间数 | 多 | ○ | 少 | ○ | 少 | ○ |
| | | 方向变化距离 | 中等 | 少 | 多 | ○ | 少 | 中等 |
| | | 各相邻区间的方向变化距离的差 | 少 | ○ | 大 | ○ | 少 | ○ |
| | 位置分布 | 通过的网格总数 | 多 | 中等 | 中等 | 多 | 少 | ○ |
| | | 往返移动的比例 | 多 | 少 | 少 | ○ | 少 | 多 |
| | 路径复杂程度 | 整合变化次数 | 多 | ○ | 少 | ○ | 少 | ○ |
| | | 整合度变化距离 | 短 | 中间 | 长 | ○ | 中等 | 短 |
| | 路径和起终点的关系 | 标准化最远直线距离 | 大 | ○ | 大 | ○ | 小 | ○ |
| | | 标准化最远散步距离 | 大 | ○ | 中等 | ○ | 小 | ○ |

图例　数值低　数值中等　数值高

注:○表示实际空间和空白地图实验 B 的结果相同的项目

可以看出两个实验的结果多少有一些区别,其原因在前文中已经强调,即在实际的街道上散步时,人们的体力因素、对空间和距离的认知以及其他建筑环境要素都会影响路径选择结果,而这些在空白地图实验中无法得到体现,这一点需要留意。尽管如此,整体的结果仍然反映出各组被调查者拥有不同的个人内在属性,他们在空白地图上的路径选择倾向具有差异,并且和在现实街道中的路径选择倾向存在相当一部分对应关系,因此认为空白地图的实验结果具有一定的有效性。

# 九、结语

本章选用了 4 个空白地图,实施了基于地图记录法的路径选择实验,并且选择了新的对象地域实施了现实空间的路径选择实验,再次考察前述章节中涉及的各种路径选择行为,以此确认空白地图实验结果的再现性、有效性。本章获得的主要知识点如下所示:

1. 整体被调查者的共性路径选择倾向。在整体路径方面,空白地图实验 B 中对象地域的总单位街道长度越长则散步路径也越长,总单位街道数量越多则路径中通过的单位街道数也越多,街道网络的构成越不规则则路径的转折频率也越大,由此确认了路径选择结果会随着街道网络特征而变化的倾向。现实空间实验的结果也表现出相似倾向,由此确认了这部分空白地图实验 B 结果的有效性。

2. 被调查者在路径中选择的单位街道特征。在空白地图实验 B 中,无论是被选择的单位街道还是吸引点都主要集中在宽阔的大街或形态特殊的街区上。进一步地把路径中单位街道的选择次数作为因变量,单位街道的长度、宽度、整合度、弯曲度、吸引点内单位街道的选择次数这 5 个物理指标作为自变量,进行多元线性回归分析。结果确认了如果对象地域内拥有特殊形态的街区或街道,那么这些地点的影响力更大;如果对象地域内没有这类地点,那么则依然是街道宽度和整合度的影响力更大。另外,现实空间实验的对象地域内缺少这类形态特殊的街道,结果显示宽阔的、空间连接关系强的街道更容易被人们选择,这一点证实了空白地图实验 B 结果的有效性。

3. 基于路径选择结果可以把 24 名被调查者分成行动模式不同的 3 组,根据被调查者平时的步行习惯、对地图的认知等评价结果进行因子分析,可以提取出 5 个有关个人内在属性的因子,分别是"地图关注度""空间认知能力""探索兴趣""空间变化关注度""散步关注度"。进一步解析各组被调查者的个人内在属性差异,得出组 1 复杂-长距离型的"地图关注度"最低,但是其他 4 项因子得分均为三组中最高;组 2 简单-长距离型拥有一定的"散步关注度"和"空间认知能力",但是缺乏"探索兴趣";组 3 复杂-短距离型的"散步关注度"和"空间认知能力"最低,但是拥有"探索兴趣"。

4. 各组被调查者的基本行动特征。在空白地图实验 B 中,组 1 复杂-长距离型的散步路径最长,通过的街道数量最多,这和他们的高"散步关注度"对应;另外该组被调查者更偏好复杂的路径和狭窄的街道,这和他们的高"空间认知能力"对应。组 2 简单-长距离型的"散步关注度"略低,他们的"散步路径长"和"选择单位街道数"也略低,在三组之间属于中等;另外该组被调查者偏好宽阔简洁的大道,这是由于他们的"探索兴趣"最低,为了避免烦琐的路径而选择了通行便捷的街道。组 3 复杂-短距离型的"散步关注度"最低,他们的"散步路径长"和"选择单位街道数"的值也最小；但是该组被调查者比较偏好狭窄的小道和稍微复杂的道路，由于他们具有一定的"探索兴趣"，因此在散步时选择了这类地点。这些结果确认了不同被调查者具有不同的路径选择基本行动倾向。同样在现实空间实验中也显示出类似的行动倾向。

5. 从各组被调查者的路径选择行动变化特征来看，在空白地图实验B中，组1复杂-长距离型比较关心探索和空间变化，所以无论在哪类街道网络中他们的路径方向都频繁发生改变，一边往返移动一边散步，路径的分布范围也更广泛。组2简单-长距离型对探索和变化的关心程度都低，因此他们的路径维持了直行的倾向，尽量选择了便捷的宽阔大街或形态特殊的街区。组3复杂-短距离型的路径在移动了较短的距离后很快改变前进方向，和组1的被调查者一样也是受到了较高的"探索兴趣"和"空间变化关注度"的影响。现实空间实验中各组被调查者的行动倾向和空白地图实验B大致相似，然而不同的是，在实际的街道空间中组3复杂-短距离型的往返移动比例的值最大，这是因为实际步行时会受到体力的影响，组1和组2的被调查者在行走了更长的路径和更广的范围后，若想保持频繁的往返移动将消耗大量体力，而组3的散步路径短，行走范围也小，在小范围内更容易发生往返移动。

6. 在现实空间散步的情境下被调查者的主观偏好和在空白地图实验B中有一些区别，可以提取出建筑物、街道设施等建筑环境要素，以及树荫、汽车等偶然性要素。关于街道网络特征方面的偏好约占整体回答总数的62%，这证实了街道网络是影响路径选择的重要属性。另外从各组的主观偏好倾向来看，组1复杂-长距离型对街道空间的"变化""多样"的回答较多，组2简单-长距离型对街道的"形态"和路径"大致"的回答较多，组3复杂-短距离型对"小路"的回答则更多，这些偏好分别和各组的个人内在属性相对应，并且进一步表现出和各组的路径选择结果相似的倾向，以此确认了各组的差异性。

7. 空白地图实验B和现实空间实验的路径选择倾向没有表现出过大的差异，因此可以认为空白地图实验B结果具有一定的有效性。两个实验结果存在部分差异的原因在于，实际的街道空间中的建筑环境要素、个人体力因素等无法通过地图记录法来体现，因此也不能忽视空白地图实验的制约性。

# 第七章

## 研究展望与发展方向

### 一、街道模式对休闲步行时路径选择的影响要点与问题总结

本章将概括前述各个章节的主要内容,总结本研究所得的成果,归纳现有研究留存的问题,并对未来相关领域的研究发展方向和课题进行展望。

（1）模拟情境下的休闲步行路径选择特征要点

第一章作为本书的开端,主要介绍了本课题的重要性,即当今国际社会提出"步行友好街道"的共同目标,越来越多的人开始关注步行者的行动和街道空间的人性化需求。在概观与本课题相关的国内外既往研究成果之后,基于前人的成果给本课题详细定位,设定研究目的与研究框架,即以散步行为中的路径选择为研究对象,目的是通过分析步行者的各类客观行动与主观偏好之间的关系,来探索街道网络对散步路径选择行为的影响,并从个人内在属性差异的角度使解析结果更加精细化。

从第二章开始进入正式的实验和数据分析环节。本章为了把握路径选择的基本行动特征,探讨了 30 名被调查者的共性路径选择行动,并考察了他们的路径选择结果和街道网络特征的关联性。在研究人们的路径选择行为之前,需要选择合适的研究对象地域。由于街道网络的特征是本次研究要探讨的主要变量,为了网罗多种多样的街道网络模式,我们采用相似度评价方法进行了街道网络模式的相似度评价实验,最终把 350 个备选对象地域的地图分为 11 个特征不同的组,从各组筛选出一个代表性的地域,并根据既往研究的成果经验补充了 12 号地域广岛,使用这 12 个研究对象地域的空白地图进行模拟情境的路径选择实验,数据收集方法采用了地图记录法。

把对象地域的街道网络特征分成整体路径、单位街道这两个方面,分别计算和概述客观特征之后,进入路径选择实验结果的分析。首先,使用用于描述整体路径特征的 3 个指标,即"选择单位街道数""散步路径长"以及本研究设计提出的"转折频率"指标,计算分析整体路径的选择结果,发现散步路径中包含的街道数量、距

离、路径曲折程度都会随着不同对象地域的街道网络模式发生变化。

其次，使用用于描述单位街道特征的4个指标，即"选择单位街道长度""选择单位街道宽度""选择单位街道整合度"以及本研究设计提出的"选择单位街道弯曲度"，通过比较均值的方法初步计算分析路径当中单位街道的选择结果，发现较短的、宽阔的、和周围街道空间连接紧密的街道更容易被人们选择。

再次，为了把握这4个单位街道指标对路径选择的具体影响力大小，以单位街道的被选择次数作为因变量，以这4个指标作为自变量进行多元线性回归分析，构建路径选择模型，得出在各类街道网络模式当中街道宽度和整合度都是具有显著说明力的指标，而街道长度和弯曲度的说明力则会根据街道网络模式的特征发生变化。此外，如果某个对象地域内部拥有形态特殊的街区或街道，那么仅仅依靠这4个指标无法很好地解释单位街道的被选择次数。

又次，为了找到可以优化路径选择模型的新指标，对被调查者在选择路径时的吸引点进行了考察，得出由复数单位街道组成的吸引点，尤其是其中形态比较特殊的街区更容易引起人们的关注和兴趣。

因此进一步地把吸引点内单位街道的选择次数作为新的自变量投入前期的数学模型，加上单位街道的长度、宽度、整合度、弯曲度共计5个指标，重新进行多元线性回归分析，构建路径选择扩张模型，得出结论：吸引点是具有说明力的指标，特别是在拥有特殊形态街区的对象地域当中吸引点的说明力更加显著，但是在缺少这类街区的对象地域当中，则依然是街道宽度和整合度的影响力更大。

最后，为了把握被调查者们对空白地图上的路径选择行动有怎样的认知，初步考察了他们在选择路径时的理由和思考，即主观偏好。被调查者的回答结果显示，他们能够顺利地把空白地图上的街道形态作为街道空间去认知而非作为图形去看待，也可以顺利地在这些模拟情境下的街道空间中规划散步路径，因此初步说明了基于地图记录法的空白地图实验具有一定的有效性。

第二章的分析结果向我们展示了被调查者整体的路径选择行动的基本特征，即人们更倾向于选择宽阔的、空间联系紧密的、处于地区中心位置的、形态特殊的街道，并且，人们的路径选择倾向还会跟随街道网络模式的客观特征而变化。

第三章从个体差异的视角出发，目的是把握不同被调查者的路径选择行动的基本特征有何差异。在比较差异之前，需要对被调查者进行类型化处理。首先，基于前一章的路径选择结果，采用聚类分析的方法把30名被调查者分成行动模式不同的3组，并根据各组的行动特征为他们命名，分别是组1复杂型、组2中间型、组3简单型。通过方差分析比较均值的方法考察各组的路径选择倾向，得出结论：组1复杂型选择的单位街道数最多，更倾向于选择狭窄的复杂的小道；组2中间型几乎所有的路径选择指标都取得了三组之间的中等值；组3简单型则选择的单位街道数最少，倾向于选择宽阔的便捷的大道。

其次，比较各组被调查者选择的吸引点有何差异，发现虽然各组的吸引点内包含的一条一条单位街道本身没有显著性差异,但是从吸引点整体的特征来看,组 1 复杂型的吸引点更多且面积更大,组 2 中间型依然保持了中等的倾向,而组 3 简单型的吸引点最少,面积也最小。

再次,基于第二章的路径选择扩张模型结果,按照不同分组再次建模,得出组 3 简单型的多重相关系数的值几乎在全部对象地域当中都是最高的,并且对于该组被调查者来说单位街道宽度、整合度、吸引点的影响力相对更大,这表示组 3 简单型和其他两组相比,街道的客观特征对他们的路径选择具有显著影响。而组 1 复杂型则表现出相反的倾向,其多重相关系数的值、各单位街道指标的标准偏回归系数的值都相对更低,因此推测除了街道本身的特征以外,该组被调查者在选择路径时还有其他关注的东西存在。

又次,为了解释各组被调查者的路径选择结果产生差异的原因,对他们平时的步行习惯、对地图的认知、社会属性等信息进行了调查,并基于该意识调查结果采用因子分析的方法提取出有关个人内在属性的 5 个因子,分别是"空间认知能力""散步关注度""地图关注度""方向感觉""好奇心"。比较各组的个人内在属性发现,组 1 复杂型对散步的兴趣更大且拥有一定的把握空间结构的能力;组 2 中间型虽然在认知空间能力方面最强但是对散步的兴趣稍弱;组 3 简单型则同时缺乏散步的兴趣和把握空间的能力,但是具有一定的好奇心。另外发现,各组的路径选择倾向可以和该组的个人内在属性特征相对应。

另外,为了进一步确认各组被调查者的路径选择行动的差异,详细比较考察了各组在选择路径时的主观偏好,发现组 1 复杂型更偏好在小道和各种不同的街道散步,而组 3 简单型则比较偏好大道和形态特殊的地点。可以看出拥有不同个人内在属性的人们偏好的街道特征或散步行为也不同,并且他们的主观偏好和最终选择的路径有一定相似的倾向,因此确认了各组被调查者存在个体差异性。

最后,为了使路径选择行为的特征结构更加明确化,并找出前述提到的"选择路径时还有其他关注的东西",对主观偏好回答进行了详细分类,除了"单位街道的特征""区域的特征"等常规项目以外,还提取出了有关路径选择的行动变化特征的 4 个项目,分别是"路径方向""路径位置分布""路径复杂程度""路径和起终点的关系",它们约占回答总数的 30%,因此可以认为是路径选择行动的重要特征。另外,通过解读分析指标与主观偏好的对应关系发现,到本章为止使用的 7 个分析指标不足以用来说明路径整体的特征,尤其是关于行动变化的特征。

第三章的分析结果向我们展示了路径选择倾向与个人内在属性的对应关系,并且显示在路径选择行动当中,除了散步路径长度、选择单位街道数等基本的行动特征以外,路径的方向、位置分布等的变化也是不可忽略的重要特征。

第四章重点关注第三章发现的路径选择过程中的行动变化特征,提出若干个适用于这些行动的新分析指标,从变化的视角重新解析人们的路径选择行动,并进一步地从个体差异的角度细化这些行动。

首先,提出了第一组 3 个指标,用来解析路径当中的方向变化特征,分别是"方向区间数""方向变化距离""相邻区间的方向变化距离的差",通过定量计算与方差分析比较三组被调查者的路径结果发现,组 1 复杂型的行动特征是频繁地改变路径方向,从改变方向到下一次改变方向之间的散步距离不长也不短,维持得比较均衡;组 2 中间型的 3 个指标基本取得了三组之间的中等水平;组 3 简单型的行动特征是在移动了较长的距离后才会改变路径方向,偶尔出现短距离突然改变方向的情况。

其次,把各个对象地域都均分为 25 个网格后,提出了第二组 2 个指标,用来解析路径在对象地域当中的位置分布变化特征,分别是"通过的网格总数""往返移动比例",通过定量计算与方差分析比较得出结论:组 1 复杂型在不同模式的街道网络当中都表现出路径分布范围最广的倾向,并且经常在各个网格之间往返移动;组 2 中间型的路径分布范围略小,但也出现了一些往返移动行为;组 3 简单型的路径主要集中分布在形态特殊的街区上,其行动模式也更加单一。

再次,基于空间句法理论提出了第三组 2 个指标,用来说明路径复杂程度的变化特征,分别是"整合度变化次数""整合度变化距离",对三组被调查者的路径结果进行定量计算与方差分析比较后得出结论:组 1 复杂型的路径在复杂的深处的支路和简洁的主要的大道之间频繁穿梭,形成富有变化的复杂的散步路径;组 2 中间型的行动依然是三组之间中等的倾向;组 3 简单型的路径的变化较少,主要停留在简洁的街道上,形成相对单一的路径模式。

最后,提出第四组 2 个指标,用来描述路径和起终点的关系变化,分别是"标准化最远直线距离""标准化最远散步距离",通过定量计算与方差分析比较三组被调查者的路径后得出结论:组 1 复杂型从起终点出发后向着远处的地点散步,途中没有直接以最短直线距离移动而是时常绕道前进;组 2 中间型虽然也有绕道迂回的行动,但是该倾向和比组 1 相比稍弱;组 3 简单型出发后主要就在起终点附近散步,其路径更加粗略直接。

第四章的分析结果向我们展示了被调查者的路径选择的行动变化特征,即从全员共性特征来看人们宏观上偏好尽可能多地通过对象地域中的不同位置,一边感受街道周围的变化一边选择散步路径。同时,从各组被调查者的个体差异来看他们具有不同的行动倾向,尤其是喜欢散步的组 1 复杂型更加关注自身在散步过程中的体验,而对散步关心程度较低的组 3 简单型则更容易受到街道客观特征的影响。

尽管在前几个章节中通过比较对应关系的方式初步考察了选择路径时的客观行动与主观偏好的关系,并发现主观偏好和人们最终选择的路径有一定相似的倾向,但是由于未经过量化计算,还不能确定两者的具体相关程度。因此,第 5 章基于上述章节的分析结果,深度计算各种路径选择行动与人们在选择路径时的主观偏好的相关性,以把握两者之间的一致程度、产生差异的原因,并进一步展示不同被调查者的个体差异。

首先,基于被调查者的主观偏好回答采用因子分析的方法提取出有关主观偏好的 5 个因子,分别是"多样性""宽阔度""曲折度""趣味性""远近度"。比较各组被调查者的主观偏好因子差异,发现组 1 复杂型对街道空间多样性的追求显著高于另外两组,这表示该组被调查者不仅对形态特殊的吸引点感兴趣,还希望在各种不同的街道散步;组 2 中间型拥有较高的趣味性,这表示他们偏好在感兴趣的地点散步,而非体验各类街道;组 3 简单型对街道空间多样性的关注较低,他们更偏好简洁统一的街道,另外他们的趣味性较高,同样想选择感兴趣的地点散步。

其次,为了把握客观的路径选择行动是否会按照主观偏好进行,采用相关分析的方法计算整体对象地域中的路径选择结果与整体被调查者的主观偏好因子的相关性,发现人们的路径选择行动和主观偏好并不能完全一致,推测是由于在特征不同的街道散步更具有趣味性,尽管其中的部分街道特征和他们的主观偏好不同,人们也会去选择,这样整体来看人们还是会追求街道空间的变化。

最后,按照不同对象地域、不同被调查者分组,再次详细计算主观偏好 5 个因子与路径选择结果的相关性。发现组 1 复杂型和"多样性"因子之间存在相关关系的项目多于另外两组,这表示该组被调查者更关注街道的空间变化体验,在这一点上能够按照主观偏好选择路径;组 2 中间型在行动与偏好的一致程度方面依然保持了三组之间居中的倾向;组 3 简单型的许多行动与主观偏好不一致,尽管该组被调查者也有固定偏好的街道类型,但是并没有按照原本的偏好去选择,推测是因为他们的好奇心较强,在散步途中时常被偶然遇到的吸引点分散注意而偏离原本主观偏好的街道。

第五章的分析结果向我们展示了人们的路径选择客观行动与主观偏好并不能完全保持一致,这种不一致程度和他们的个人内在属性有关,然而大体上说人们具有追求街道空间多样化的趋势。

(2) 现实情境与模拟情境下的休闲步行路径选择特征异同

前几个章节主要是针对基于地图记录法的空白地图路径选择实验的结果进行解析,属于模拟情境下的实验结果阐述,而第六章则是对前述章节得出的各类路径选择行动特征进行实证检验,主要目的是通过再次实施的空白地图实验来验证前期实验的再现性,以及通过新的现实空间实验来验证空白地图实验的有效性。具体是从前期的 12 个研究对象地域当中进一步筛选出满足该章目的的 4 个对象地域,采用新一批 24 名被调查者再次实施基于地图记录法的路径选择实验,即空白地图实验 B,并且在实际的街道空间中选择了新的对象地域,实施现实空间的路径选择实验,比较模拟情境与现实情境下的路径选择结果有何异同。

从整体街道和单位街道两个方面分别介绍了现实空间对象地域的街道客观特征之后,进入两个实验结果的比较分析阶段。首先,为了验证第二章得出的全员共性的路径选择行动基本特征,对该章新的 24 名被调查者的路径结果进行考察,从整体路径的选择结果得出选择单位街道数、散步路径长、转折频率都随着不同的街道网络模式而改变,这一倾向在空白地图实验 B 和现实空间实验中均得到体现。从单位街道的选择结果得出人们在空白地图实验 B 中更容易选择宽阔的大道、形态特殊的街区作为吸引点或者路径通过地点,在现实空间实验中也表现出类似的选择倾向。进一步地,为了验证单位街道的各个指标对单位街道选择次数的影响力,同样把路径当中单位街道的选择次数作为因变量,单位街道的各个物理指标作为自变量,进行多元线性回归分析,从空白地图实验 B 的结果来看,如果对象地域中包含形状特殊的街区,则这些街区作为吸引点对路径选择的影响力比较大,如果对象地域中的这类街区比较少,则街道的宽度和整合度的影响力比较大,现实空间实验的结果也可以验证这一选择倾向。

其次,为了验证第三章得出的路径选择行动的个体差异,依据空白地图实验 B 的路径选择结果对 24 名被调查者进行类型化处理,分成行动特征不同的三组,并根据各组的行动特征为他们命名,分别是组 1 复杂-长距离型、组 2 简单-长距离型、组 3 复杂-短距离型。对他们平时的步行习惯、对地图的认知、社会属性等信息进行调查后,基于该意识调查结果采用因子分析的方法提取出有关个人内在属性的 5 个因子,分别是"地图关注度""空间认知能力""探索兴趣""空间变化关注度""散步关注度"。

比较各组的个人内在属性与路径选择结果的对应关系,从基本的行动特征来看,空白地图实验 B 的结果显示组 1 复杂-长距离型受到了较高的"散步关注度"和"空间认知能力"的影响,他们的散步路径最长并且选择了相对复杂的路径和狭窄的小路;组 2 简单-长距离型受到了较低的"探索兴趣"的影响,他们的散步路径长度略短并且更加偏好便捷的或者宽阔的主要道路;组 3 复杂-短距离型受到较低的"散步关注度"的影响,他们的散步路径也比较短,与此同时,该组被调查者具有较高的"探索兴趣",因此他们选择了相对复杂的、位于对象地域深处的支路。现实空间实验的结果显示出各组被调查者的行动特征和空白地图实验 B 具有类似的倾向,验证了地图记录法可以在一定程度上反映出路径选择的基本的行动特征。之后,基于该章整体被调查者数据的路径选择扩张模型结果,按照不同分组再次进行多元线性回归建模,从空白地图实验 B 的结果来看,组 2 简单-长距离型的多重相关系数和其他两组相比,几乎在全部的对象地域当中都取得了最大值,并且单位街道宽度的影响力也取得了较高数值。从现实空间实验的结果来看,组 2 简单-长距离型受到的街道网络特征的影响也比其他两组更大,验证了他们更容易选择宽阔的街道这一行动倾向。

再次,为了验证第四章得出的行动变化特征,继续比较各组的个人内在属性与路径选择结果的对应关系。空白地图实验 B 的结果显示,组 1 复杂-长距离型由于具有高"探索兴趣"和"空间变化关注度",因此经常一边改变路径的前进方向一边往返移动，无论街道网络特征如何，他们的路径都是比较均匀地遍布在对象地域的各个地点；组2简单-长距离型由于探索街道的兴趣较低并且不太关注街道空间的变化，相对来说维持了直行前进的行动倾向，路径也主要分布在宽阔的街道或者形态特殊的街区附近；组3复杂-短距离型的"探索兴趣"和"空间变化关注度"也比较高，因此他们在行走了较短的距离之后会马上改变前进方向，前往下一个地点探索，然而，该组被调查者对散步的兴趣又不够充足，因此他们的路径分布范围并没有组1的广泛。现实空间实验的结果显示，虽然各组被调查者的路径选择倾向和空白地图实验的结果不完全一致，但是也可以看出部分对应关系，比如说各组被调查者的路径方向变化倾向、路径分布范围特征、路径的复杂程度等，可以认为这部分行动变化特征通过了实证检验。

　　最后，为了验证在空白地图实验中得到的路径选择主观偏好特征是否有效，考察被调查者在实际的街道空间中散步时的主观偏好并将结果和空白地图实验结果做对比。得出结论：在实际的街道空间中，人们的主观偏好可以分为"单位街道""路径整体"，这两项和空白地图实验相同，另外还可以单独提取出"街道网络以外"这一项。从整体被调查者的主观偏好来看，"单位街道"的回答约占回答总数的62%，"路径整体"的回答约占15%，"街道网络以外"的回答约占23%，这说明即使是在各类建筑环境要素混杂的现实空间当中，街道网络的客观特征也是步行者在选择散步路径时考虑的重要因素之一，因此表示空白地图实验获得的主观偏好具有有效性。进一步比较各组被调查者的主观偏好，组1复杂-长距离型更偏好富有变化的街道、各种特征不同的地点；组2简单-长距离型对形态特殊的地点更感兴趣，偏好在对象地域当中大致地走一圈；组3复杂-短距离型更偏好狭窄的道路或者小巷。这些主观偏好倾向可以和各组被调查者的个人内在属性找到关联性，并且各组的路径选择行动也体现出相应的倾向，因此验证了步行者的个人内在属性、路径选择行动、主观偏好存在一定的对应关系。

　　第六章通过再次实施的模拟情境实验，向我们展示了空白地图实验结果具有再现性，即在相同的实验条件和内容设置下可以重复类似的实验结果；进一步通过现实情境与模拟情境下的路径选择实验结果对比，向我们展示了空白地图实验结果具有一定的有效性，即对于一部分路径选择行动的特征，可以直接通过模拟情境实验来解析，以提高数据采集效率和增加样本数量。

　　另外需要留意的是，两个实验结果存在一些差异性，一方面是因为步行者在实际的街道空间中行走时，体力、身体状况、天气等因素会影响路径选择结果，这些是模拟情境下的步行行动无法体验到的，这一问题即使是仿真度更高的电脑模拟空间建模、实验室搭的小型模拟空间环境也难以避免。另一方面，在空白地图上选择路径时，由于被调查者可以从宏观的视角把握整个街区的状况，因此其路径选择结果更容易受到个人的兴趣、好奇心等的影响，而在实际的街道空间中选择路径时，由于存在迷路、找不到方向等可能性，因此步行者的行动更容易受到空间认知能力、方向感觉等的影响。

本研究对 12 个国内外不同城市街区的街道网络的形态、空间连接方式进行了定量分析,揭示了街道网络模式的一部分客观特征。此外还提出了一些解析散步路径行动特征的方法与分析指标,把握了街道网络的客观特征、路径选择的客观结果、路径选择的主观偏好以及个人内在属性之间的相互关系。并且这些结论通过新的模拟情境实验、现实情境实验得到了再现或验证。

以往涉及步行路径选择和个体差异的研究主要是基于步行者的社会属性差异或者单独的空间认知能力差异,而本研究从个体的空间认知、好奇心、散步兴趣、探索兴趣等多个属性出发,考察复数的个人内在属性与路径选择行动的对应关系,这将有助于我们更广泛地理解步行者的行为和心理。

此外,以往的研究在分析路径选择特征时,主要的考察内容是街道构成要素和路径长度、街道截面人流量等基本行动特征的关系,而本研究还考察了选择路径时的行动变化特征,这一视角与以往的研究不同。当然,关于行动变化的解析还处于初步阶段,期待本研究提出的方法论有助于推进新分析方法的设计和运用,能更准确地解释个体的行动特征和差异,为认知人们的心理与行为做出科学贡献。

## (3) 成果应用方向

城市街道的建设和城市的发展有着密不可分的关系。一方面,随着当前城市建设工作的迅速发展,如何科学地创造出通行更加便捷、更能反映城市本身的特点、能够体现当地精神面貌的街道网络是我们需要考虑的重要课题,目前我国已经在相关理论研究与实践方面有了长足的发展,还期待在不久的将来有更丰富的成果积累。本研究的成果也将在相关领域的理论研究中为人们提供认知街道空间形态的科学知识,在解析街道网络的发展过程等方面可作为参考资料。

另一方面,在设计和规划街道网络时除了要考虑移动是否便捷的问题,还要从步行者的舒适度、行走乐趣等角度出发去营造良好的城市街道网络,并根据不同对象地域的特征和需要达到的效果去选择不同的改善重点和手法。

具体来说,一般的城市街道在建成后,若想再进行大规模改造将十分困难,也并不可取,因此针对当地的重点问题,选择小范围进行改善是主要且可行的方向。例如,通常交通步行需要保证效率与便捷性,应当提供足够有效的道路宽度与直线形路径,这时就需要对不能满足高效通行需求的、人流量大的街道进行适度的扩宽工作。

然而,一味地扩宽街道也有增加成本与失去地域自身特色的风险,由于休闲步行也在日常生活中占有很大比例,并且通过研究发现一部分步行者认为弯曲的或者狭窄的街道更能产生行走的趣味性,那么对于移动便捷性无大问题的街道,维持它们原有的形态特征与地域特色也是一个经济的策略方向。

同样,对于水平面起伏较大的地势或者有较多转折的山地地区,如果仅仅从提高便捷性的角度出发去大量改造直线形道路,虽然可以提高移动的效率,但是也会造成经济成本增加,那么为了满足通行需求,在改善一部分道路网络的同时,对于通行流量没有太高要求的街道,则可以顺应其原有的地貌,把突出地域特有的意向作为建设的重点。

此外,在设计街道网络时顺应"人性化"步行空间的发展方向,考虑步行者、使用者的个体差异性也是必不可少的。根据研究发现,人们会根据自身的偏好选择通行道路,那么适当设计一些支路加强与大道的连接,丰富步行者的视觉感官,以诱导不同步行者的动线,可以让人们根据各自不同的需求去选择步行路径,以达到优化各条街道使用效率的效果。

在手机、电子导航等移动终端普及的今天,人们越来越容易查看地图、获得街道网络信息,由于部分步行者表现出对街道或街区形状的兴趣,若能在街道网络中增加一些形状特殊的区域,并在这些地点设置一些机能重要的设施或者建筑物,将有望达到吸引这类人群的注意力并为周边带来活力的效果。

另外,虽然某些街道特点更受人们的喜爱,但是街道设计一味地向统一模式发展容易丧失步行过程中的变化与趣味性。因此将不同特点的街道进行设计组合,创造出多样化的街区,丰富行走时的空间变化体验,也是提高步行者道路环境的一个思路。

## (4) 留存问题

本研究目前还存在一定的局限性以及未能探讨的内容,主要如下:

在选择参与实验的被调查者时,为了控制个人内在属性差异以外的变量,本次研究中统一了年龄、学历等社会属性变量,而根据前人的研究可知这些社会属性也会对步行行动产生一定的影响,这一点需要在后期的研究中进行详细划分并且深入比较分析。

为了提高多元线性回归模型的解释力度,分析中引入了吸引点指标,但是根据既往研究发现,局部空间的吸引力对周边人流量的预测力随着距离增大呈现衰减趋势,如果加入距离衰减这一特征的话是否能够提高吸引点对休闲步行的描述能力? 是否能够让步行模型更加完善? 这在后续研究中值得尝试。

在本次采用的描述单位街道特征的指标当中,拓扑层面的指标仅使用了空间句法中最基本的整合度,并在具体的计算中只列举了全局整合度的结果,缺少不同半径整合度的比较分析。在进行整合度模型的计算时采用了轴线分析方法,而近年来线段分析已代替轴线分析成为更适合描述步行行动的方法,这一点还需要在后续研究中更新。另外,随着空间句法的发展,更多可以描述交通步行流量的指标被用于实证研究中,并取得了良好的效果,这些改良后的指标是否同样可以用来解释休闲步行行为? 是否能够进一步地提高步行模型的拟合程度? 这些还需要继续做验证。

研究中虽然尝试提出了一些新的分析指标用来解释路径的方向、位置分布、复杂程度等的变化，但是在判断路径是否发生变化时，各个指标的意义和判断方法是相对独立的，并未能形成统一的判断标准。另外，研究中判断路径发生变化的地点还停留在量化计算结果的层面，未考虑步行者自身能否主观感知到路径发生了变化，有必要将主客观结果进行对照检验，以达到提高计算精度的效果。

在考察被调查者选择路径的主观偏好时，是以一条路径作为分析单位的，今后为了获得更详细的主观偏好答案，可以把单位街道作为更小的分析单位，去考察路径通过交叉路口时的选择偏好。比如说，如果面对特征不同的街道会选择哪一类街道？如果面对多条特征相似的街道又会依据什么来选择路径？如果能经过更详细的分析则有望帮助我们进一步理解步行者的路径选择行为。

本研究通过对比被调查者的主观偏好回答和实际的路径选择结果，验证了街道网络这类平面体系也能被人们感知并且影响休闲步行，但是街道网络能否成为休闲步行的决定性影响因素？它与建筑环境要素相比影响程度如何？有必要在下一步研究中通过构筑新的数学模型深入解析。

在选择现实空间实验的对象地域时，为了控制环境变量而选择了郊区化的日本传统居住区，然而在其他类型的城市街区当中是否会产生不同的行为规律还并不明确，为了提高研究结果的普适性，需要增加现实空间的对象地域来进行检验。

对于具体的成果应用方式，应该以怎样的手法或配比来组合不同特点的街道，才能更加满足人们的心理和使用需求？对这一问题需要通过设计新的调查实验，进一步量化计算与实证研究来解答。

## 二、未来的研究发展方向

关于步行行为这一课题，今后的发展方向可以大致分为以下几个类型，即步行者差异性研究深化、大数据时代下的步行者行为探索、智能街道家具对步行环境的影响。当然，还有一些其他有趣的相关研究方向，本书根据当前国内外的研究趋势暂时选取以上三个比较重要的、热点的方向进行详细介绍。

### （1）步行者差异性研究深化

我们知道步行行为的研究在很长一段时间以来都是以群体的共性行为特征为主导方向的，而个体差异研究展开时间相对较晚，目前主要是对步行者的年龄、性别、收入等社会属性差异进行比较分析。尽管本书还探讨了人们的内在属性差异，然而仅考虑这些因素仍然无法满足当今步行环境的多元化需求，不同城市和地区在历史发展的过程中形成了各自的特征，需要对它们单独分析处理[110]。

因此，出现了对特定城市类型及其人群结构特点的差异性研究。与社会属性差异性的研究不同，这类研究根据人们的经验差异进行行为比较，以旅游型城市为代表,基于游客和居民到访经验差异的研究得到发展,所得成果也对旅游城市发挥了特定的指导作用。例如,张琳等[111]从建筑和景观要素等物质方面、乡土和历史文化等非物质方面出发,对比展示了游客与居民对地域特征的认知差异,但是该研究没有涉及数学模型的构建问题,在定量解析方面也需要继续深化。陈志钢等[112]使用"居民好客度"和"游客行为"等变量构建结构方程模型(SEM),比较了游客和居民的旅游环境质量感知差异,并根据模型结果提出加强两类人群之间的互动与行为的管理策略,但是该研究从较为宏观的视角出发,没有从步行者的视角去讨论微观的步行环境问题。吕宁等[113]采用"服务水平""交通便捷度""空气质量"等指标,基于顾客满意度模型(ACSI)构建城市休闲满意度测评体系,比较了游客和居民的休闲满意度指数及影响因素,但该研究同样未讨论步行环境设计的微观层面。

　　基于游客和居民的环境偏好差异,探索适合旅游城市的休闲步行建模方式的研究尚未形成一个成熟的体系。除了传统的旅游城市之外,许多传统的工业城市伴随着能源枯竭、环境污染等全球化的问题,面临转型发展的难题,那么如何有效利用当地的自然条件、人文背景、工业发展历史等特色来制定向着旅游城市转型的合理策略,如何解决城市转型过程中的人与环境的关系,也是本学科领域在未来的思考方向。

## (2) 大数据时代下的步行者行为探索

　　在第一章中已经介绍过一些常用的数据采集方法,对于步行路径数据来说,有旅行日记法、现场记录、利用图像等多媒体获得虚拟的轨迹数据等,本研究使用的步行样本数据分别来源于地图记录法和GPS记录。对于街道环境数据来说,有现场观测获得客观样本、问卷调查获得环境评价的主观样本等方法,本研究主要使用了前者。然而,这些常规的数据采集方法耗时耗力,尤其是环境数据方面,不仅难以统一天气、人车流量等突发的变量,能进行实际调查的范围也受到限制。

　　近年来,大数据的出现与发展为获得多种新数据源提供了可能性[114],通过大数据来降低测量成本并控制变量,这让利用大数据的街道环境研究成为相关领域当下的学术热点。其中,街景图像(street view)在近5年逐渐展开应用实例研究[115-116],相对于传统的遥感影像或地理标记社交媒体数据,街景图像更侧重从人本视角获得数据,在代替实地观测上也具有可靠性和优势[117-118]。例如,唐婧娴等[119]对来自街景图像的环境内容进行解析,根据沿街建筑物、人行道和底层商店等的年度变化特征比较环境品质,确认了街景图像可以作为一种有效的数据源,并解决了客观测量的低效问题,然而,该研究在高效采集到环境数据后,对环境变量解析方法仍使用了定性评价方法,这将影响研究结果的客观性。崔喆等[120]通过量化计算,对图像数据进行深度像素解析,分析不同层级街道的绿视率(green appearance percentage),证实了绿视率计量方法更符合人们的视觉特性,优于传统的绿化率指标,但是其研究仍未解决量化计算工作量大的问题。小俣等[121]运用谷歌街景图像实施模拟情境下的路径选择实验,通过记录参加者从起终点到达目的地的路径,分析路径与目的地之间的距离、前进方向角度变化、经过的设施或标识数量之间的关系等,去尝试寻找影响路径选择的因素。

从这些研究成果可以看出,环境变量的解析方法大致分为了定性评价与量化计算。扬·盖尔(Jan Gehl)作为定性评价研究的先驱,提出了成熟的 PSPL(public space & public life)方法[122],环境评价工作依据 PSPL 评价标准进行,但是受到参与人员的经验与熟练程度的影响,其主观性会干扰研究结果。量化计算将为研究、特别是数学模型的构建提供更准确的环境变量,但是和崔喆等人的研究一样,存在人工解析耗时长、难以处理大规模数据等缺点,需要解决效率问题。

随着机器学习的发展,数字图像识别与分割技术得到迅速提升[123],为大规模的定量解析提供了新的可能性,在更广的时空范围开创了认知与评价街道环境的新前景。例如,卷积神经网络工具(SegNet)是一种新的数字图像处理技术,适用于解析图像类的数据信息,通过编码、传播、解码、执行函数(softmax)等过程,可以重现图像分割后的特征,如果运用到步行行为的研究领域则可以运算街道图像中的各类环境要素构成比例,十分便捷地获得客观的环境数据。

然而,街景图像数据源、数字图像识别技术作为较新的方法,在本学科领域中两者结合的研究案例还比较少,用于优化步行模型、进行精细化步行环境评价的成果极其有限。在当今大数据的时代背景下,可以预见今后这些高新技术将在科学研究领域得到广泛运用,在提高数据收集与运算效率、解放人力之后,将促进理论研究向着新的视野与方向迅速发展。

## (3) 智能街道家具对步行环境的影响

智能家具(intelligent furniture)属于人工智能范畴,是当今多学科、多领域技术的综合产物。根据吴智慧等[124]在其相关研究中的定义来看,广义上的智能家具是指将高新技术通过系统集成融汇到家具设计的开发过程,实现对家具类型、结构、功能、工艺、材料等的优化重构,使其代替由"人"操作的这类家具;狭义上的智能家具是指将传感器、嵌入式系统、机械传动、单片机等技术运用于家具实体当中,使其融入智能家居系统,变成智能单品,形成"人—家具—环境"的多重交互关系的这类家具。智能家具结合了机械智能、电子智能、物联智能等多方面,具有多功能化、智能化等特点,在使用上也比传统的家具更加舒适和便捷。

智能家具的研究及生产服务对象多是建筑室内空间,例如儿童智能家具[125]、智能办公[126]、医疗家具[127]等,主要的做法是把一些电动或自动遥控器件、简单的智能元器件植入座椅、办公桌、衣柜、厨柜等家具中,生活中常见的案例有电动升降桌、翻板隐形床、自动加热座椅、智能储物柜等。由于智能家具目前还未形成专业且成熟的领域,真正能体现自感知、自适应的智能家具还很少,而把智能化融入街道家具的案例在现阶段更是极为少见。

"街道家具"(street furniture)也可以称为"城市家具"(urban furniture),主要指的是城市公共设施。智能街道家具的服务对象为城市街道空间,涉及智慧城市、智能公共设施等方面,它以城市信息技术基础设施与信息处理平台为基础,利用网络、云计算等技术构建城市的软件、硬件和数据基础设施,目的是提升城市交通、公共安全、健康医疗等各个系统的智能性和灵巧性[128]。例如,近年来兴起的人脸识别技术通过采集、储存编码、对比、识别等步骤进行人工智能系统的深度学习,该技术已经在智慧交通、出入门禁等方面得到运用,为公共安全和管理提供便捷。相比之下,视频监控技术早在多年前得到普及,并且广泛地运用于交通管理、安防措施等各个方面,相关研究也涉及居民安全感与城市犯罪率等多元化的课题。

进一步地,根据周波[129]在相关研究中指出的,智能街道家具可以具体归纳为三种类型,分别是创新型智能街道家具、改良化智能街道家具、人工智能街道家具。创新型智能街道家具是根据技术、社会需求、经济模式等生产的街道家具新类型,例如,当今共享经济模式下的共享书亭、共享充电宝等,它们通常是从无到有的新物种。改良化智能街道家具是由智慧城市需求而产生的街道家具新类型,通常是在现有的城市家具基础上增加智能模块来实现智能化,它们属于智慧末端,比较常见的有智能路灯,借助了物联网传感技术和光敏传感器,可以根据周围环境亮度自主调节灯光强度;利用大数据和信息服务终端的智能广告牌,通过预测周边潜在消费群体的喜好推送与更换广告信息等[130]。人工智能街道家具是具有高级智慧的人工智能、机器人化的街道家具新类型,它们突破了传统街道家具固定不动的特征,增加了一定的城市装备属性,比较典型的有机器人物流车。这些新兴的街道家具必然会在一定程度上改变人们的行为方式,并且对使用者的心理产生影响。

然而,以城市街道为对象的相关研究大多数仍在探讨智能化与机动交通、地理信息数据、环境监测、社会普查等宏观层面,涉及步行者或使用者与智能街道家具的互动关系这一微观层面,并对具体案例做调查与数据分析的成果尚未见报道。而随着城市建设人性化、精细化、智能化的需求不断提高,可以预见这一课题将成为今后的研究方向。

# 参考文献

第一章

[ 1 ] Transport for London. Streetscape Guidance 2009: A Guide to Better London Streets[S]. London: TfL, 2009.

[ 2 ] San Francisco Planning Department. San Francisco Better Streets Plan[S]. San Francisco: SFPD, 2010.

[ 3 ] Institute for Transport and Development Policy, Environmental Planning Collaborative. Better Streets, Better Cities: A Guide to Street Design in Urban India[S]. New Delhi: ITDP, 2011.

[ 4 ] 中共中央，国务院. 关于进一步加强城市规划建设管理工作的若干意见[S].北京:中共中央，国务院，2016.

[ 5 ] 上海市规划和国土资源管理局，上海市交通委员会，上海市城市规划设计研究院. 上海市街道设计导则[M]. 上海：同济大学出版社，2016.
Shanghai Planning and Land Resource Administration Bureau, Shanghai Municipal Transportation Comission, Shanghai Urban Planning and Design Research Institute. Shanghai Street Design Guidelines[M]. Shanghai: Tongji University Press, 2016.

[ 6 ] 塚口博司，松田浩一郎. 歩行者の経路選択行動分析[J]. 土木学会論文集，2002(709/IV-56): 117-126.
Tsukaguchi H, Matsuda K. Analysis on Pedestrian Route Choice Behavior[J]. Journal of Japan Society of Civil Engineers, 2002(709/IV-56): 117-126.

[ 7 ] 西應浩司，材野博司，松原斎樹，等. 街路パターンを認知する能力の個人差:街路空間の連続的認識における個人差その1[J]，日本建築学会計画系論文集，2001(540): 205-212.
Nishio K, Zaino H, Matsubara N, et al. Individual Difference Based on the Ability to Understand the Street Patterns: A Study on the Continuous Recognition of Street Space from the View Point of Individual Difference Part 1[J]. Journal of Architecture, Planning and Environmental Engineering (Transactions of AIJ), 2001( 540): 205-212.

[ 8 ] Prelipcean A C, Susilo Y O, Gidófalvi G. Collecting Travel Diaries: Current State of the Art, Best Practices, and Future Research Directions [J]. Transportation Research Procedia, 2018, 32: 155-166.

[ 9 ] Shatu F, Yigitcanlar T. Development and Validity of a Virtual Street Walkability Audit

Tool for Pedestrian Route Choice Analysis：SWATCH［J］. Journal of Transport Geography，2018，70：148-160.

［10］登川幸生，久保山泰明，遠藤広樹. 仮想空間を利用した河川周辺街路の経路選択行動特性に関する研究［J］. 日本建築学会計画系論文集，2006(601)：231-237.

Togawa S，Kuboyama Y，Endo H. Study of Pedestrian Wayfinding Behavior Characteristics in Streets Surrounding Rivers，Using Virtual Reality Space［J］. Journal of Architecture，Planning and Environmental Engineering （Transactions of AIJ），2006 (601)：231-237.

［11］末繁雄一，両角光男. QTVRによる都市空間回遊行動シミュレーションツールの再現性の考察：熊本市の中心市街地における視覚情報と来訪者の回遊行動の関係に関する研究［J］. 日本建築学会計画系論文集，2005(597)：119-125.

Sueshige Y，Morozumi M. Assessment of the Linked QTVR Simulator for Observing Strolling Activities of Citizens：On the Relationship of Strolling Activities and Visual Information Given by the Environment in Downtown Kumamoto［J］. Journal of Architecture，Planning and Environmental Engineering （Transactions of AIJ），2005 (597)：119-125.

［12］若林芳樹. 地理空間の認知における地図の役割［J］. Cognitive Studies，15(1)，2008：38-50.

Wakabayashi H. The Role of Maps in the Cognition of Geographic Space［J］. Cognitive Studies，15(1)，2008：38-50.

［13］Nakada H，Dohi H. Comparison between Urban Resident's and Visitor's Cognitive Style-Studies on Environmental Cognition and Behavior in Urban Space Part 2［J］. Transactions of the Architectural Institute of Japan，1982，320：116-125.

［14］長谷川昌史，工藤亜紀，森傑，等. 都市空間における日常生活での歩行特性：タスク内容の差異からみたアクションの特性［J］. 都市計画論文集. 2003，38(3)：427-432.

Hasegawa M，Kudo A，Mori S，et al. Characteristics of Walking in Everyday Life in Urban Space：Characteristics of Action on Difference of Content of Task［J］. City Planning Review，2003,38(3)：427-432.

［15］Lee C，Moudon A V. Correlates of Walking for Transportation or Recreation Purposes ［J］. Journal of Physical Activity & Health，2006，3(s1)：S77-S98.

［16］外井哲志，坂本紘二，井上信昭，等. 散歩行動の実態とその類型化に関する研究［J］. 土木計画学研究・論文集，1996(13)：743-750.

Toi S，Sakamoto K，Inoue B，et al. The Condition and the Classification Analysis on Stroller's Behavier［J］. Infrastructure Planning Review，1996(13)：743-750.

［17］外井哲志. 散歩経路の道路特性に関する分析［J］. 土木計画学研究・論文集，1997(14)：791-798.

Toi S. Road and Roadside Characteristics in Walking Routes［J］. Infrastructure Planning Review，1997(14)：791-798.

［18］竹上直也，塚口博司. 空間的定位に基づいた歩行者の経路選択行動モデルの構築［J］. 土木学会論文集，2006，62(1)：64-73.

Takegami N, Tsukaguchi H. Modeling of Pedestrian Route Choice Behavior Based on the Spatial Relationship between the Pedestrian's Current Location and the Destination[J]. Journal of Japan Society of Civil Engineers, 2006, 62(1): 64-73.

[19] 竹内伝史. 歩行者の経路選択性向に関する研究[J]. 土木学会論文集報告集, 1997 (259): 91-101.

Takeuchi D. A Study on Pedestrian's Preference in Route Selecting[J]. Journal of Japan Society of Civil Engineers, 1977(259): 91-101.

[20] 斎藤寛彰, 田中貴宏, 西名大作, 等. 都市空間における歩行者の経路選択傾向に関する研究:歩きたくなる街路の物理的環境とその空間イメージ[C]. 日本建築学会大会学術講演梗概集(北陸), 2010(F-I547-548): 547-548.

Saito H, Tanaka T, Nishina D, et al. Research on the Pedestrian Route Choice Behavior in Urban Space: Physical Environments and Space Images of the Street that Attract to Walking[C]. Summaries of Technical Papers of Annual Meeting, Architectural Institute of Japan, 2010(F-I547-548): 547-548.

[21] 斎藤寛彰, 田中貴宏, 西名大作, 等. 都市空間における歩行者の経路選択傾向に関する研究:その2 経路選択頻度と物理的環境・街路空間イメージとの関連分析[C]. 日本建築学会大会学術講演梗概集, 2011: 227-228.

Saito H, Tanaka T, Nishina D, et al. Research on the Pedestrian Route Choice Behavior in Urban Space:(Part 2) Analysis on the Relationship between Pedestrian Route Choice and Its Environments / Space Images[C]. Summaries of Technical Papers of Annual Meeting, Architectural Institute of Japan, 2011: 227-228.

[22] 大山雄已, 羽藤英二. 街路景観の連続性を考慮した逐次的経路選択モデル[J]. 日本都市計画学会都市計画論文集, 2012, 47(3): 643-648.

Oyama Y, Hato E. Route Choice Model Based on Continuity of Streetscapes[J]. Journal of the City Planning Institute of Japan, 2012, 47(3): 643-648.

[23] 平野勝也, 資延宏紀. 街路イメージ類型を用いた繁華街構成分析[J]. 土木計画学研究・論文集, 2000, 17: 533-540.

Hirano K, Sukenobe H. An Analysis of Composition of the Commercial Area with an Image Type of Streets[J]. Infrastructure Planning Review, 2000, 17: 533-540.

[24] Hahm Y, Yoon H, Jung D, et al. Do Built Environments Affect Pedestrians' Choices of Walking Routes in Retail Districts? A Study with GPS Experiments in Hongdae Retail District in Seoul, South Korea[J]. Habitat International, 2017, 70: 50-60.

[25] Muraleetharan T, Hagiwara T. Overall Level of Service of Urban Walking Environment and Its Influence on Pedestrian Route Choice Behavior[J]. Transportation Research Record: Journal of the Transportation Research Board, 2007, 2002(1): 7-17.

[26] Guo Z, Loo B P Y. Pedestrian Environment and Route Choice: Evidence from New York City and Hong Kong[J]. Journal of Transport Geography, 2013, 28: 124-136.

[27] 龙瀛, 唐婧娴. 城市街道空间品质大规模量化测度研究进展[J]. 城市规划, 2019, 43(6): 107-114.

Long Y, Tang J X. Large-scale Quantitative Measurement of the Quality of Urban Street

Space: the Research Progress[J]. City Planning Review, 2019, 43(6): 107-114.

［28］刘珺，王德，朱玮，等. 基于行为偏好的休闲步行环境改善研究[J]. 城市规划，2017，41
（9）：58-63.

Liu J, Wang D, Zhu W, et al. Research on Improvement of Recreational Walking Environment Based on Behavior Preference[J]. City Planning Review, 2017, 41(9): 58-63.

［29］陈泳，毛婕. 适宜居民休闲步行的街区空间形态研究：以上海为例[J]. 城市建筑，2016
（22）：70-73.

Chen Y, Mao J. Research on the Urban Morphology of Neighborhood Based on Leisure Walking Behavior: Taking Shanghai as an Example[J]. Urbanism and Architecture. 2016(22): 70-73.

［30］郝新华，龙瀛，石淼，等. 北京街道活力：测度、影响因素与规划设计启示[J]. 上海城市规划，2016(3)：37-45.

Hao X H, Long Y, Shi M, et al. Street Vibrancy of Beijing: Easurement, Impact Factors and Design Implication[J]. Shanghai Urban Planning Review, 2016(3): 37-45.

［31］花岡謙司，出口敦. 商業空間の街路パタンと歩行者アクティビティの関係に関する研究：福岡市大名地区の空間特性をさぐる[C]. 日本建築学会大会学術講演梗概集，2000（F-1）：929-930.

Hanaoka K, Deguchi A. Analysis on Relation between Pedestrian Activities and Street Pattern in Commercial Area: Case Study of Daimyo District in Fukuoka City[C]. Summaries of Technical Papers of Annual Meeting, Architectural Institute of Japan, 2000(F-1): 929-930.

［32］大岸通孝. 空間能力と認知地図形成に関する実験研究[R]. 金沢大学教育学部紀要，2006(55)：13-18.

Ohgishi M. An Experimental Study on Spatial Ability and Cognitive Map[R]. Summaries of the Education Department of Kanazawa University, 2006(55): 13-18.

［33］鲁斐栋，谭少华. 城市住区适宜步行的物质空间形态要素研究：基于重庆市南岸区16个住区的实证[J]. 规划师，2019，35(7)：69-76.

Lu F D, Tan S H. Urban Form Characteristics for Walkable Neighborhood: A Case Study of 16 Neighborhoods in Nan'an District[J]. Planners, 2019,35(7): 69-76.

［34］Ozbil A, Argin G, Yesiltepe D. Pedestrian Route Choice by Elementary School Students: The Role of Street Network Configuration and Pedestrian Quality Attributes in Walking to School[J]. International Journal of Design Creativity and Innovation, 2016, 4(2): 67-84.

［35］Hillier B, Hanson J. The Social Logic of Space[M]. Cambridge: Cambridge University Press, 1984.

［36］周群，马林兵，陈凯，等. 一种改进的基于空间句法的地铁可达性演变研究：以广佛地铁为例[J]. 经济地理，2015，35(3)：100-107.

Zhou Q, Ma L B, Chen K, et al. An Improved Method of Analyzing the Accessibility of Guangfo Subway Evolution Based on Spatial Syntax[J]. Economic Geography, 2015,35(3): 100-107.

［37］Hillier B. Space is the Machine［M］. Cambridge：Cambridge University Press，1999.

［38］荒屋亮，竹下輝和，池添昌幸. スペースシンタックス理論に基づく市街地オープンスペースの特性評価［J］. 日本建築学会計画系論文集，2005，70(589)：153-160.

Araya R，Takeshita T，Ikezoe M. Analysis of Open Space in Urban Area Based on Space Syntax Theory［J］. Journal of Architecture，Planning and Environmental Engineering (Transactions of AIJ)，2005，70(589)：153-160.

［39］高山幸太郎，中井検裕，村木美貴. 商業集積地における空間の「奥行」に関する研究：下北沢を対象として［J］. 日本都市計画学会学術研究論文集，2002(37)：79-84.

Takayama K，Nakai N，Muraki M. A Study on the Depth of Space in the Commercial Area：A Case of Shimokitazawa［J］. Collection of Essays on Urban Planning，2002(37)：79-84.

［40］溝上章志，高松誠治，吉住弥華，等. 中心市街地の空間構成と歩行者回遊行動の分析フレームワーク［J］. 土木計画学研究・論文集，2012，68(5)：363-374.

Mizokami S，Takamatsu S，Youshizumi M，et al. Analysis Platform of the Spatial Structure and Pedestrian Movement in Kumamoto City Center［J］. Infrastructure Planning Review，2012，68(5)：363-374.

［41］上野純平，岸本達也. スペース・シンタックスを用いた複雑多層空間における歩行者流動の分析：渋谷駅を対象として［J］. 日本都市計画学会都市計画論文集，2008，43(3)：49-54.

Ueno J，Kishimoto T. An Analysis of Pedestrian Movement in Multilevel Complex by Space Syntax Theory：In the Case of Shibuya Station［J］. Collection of Essays on Urban Planning，2008，43(3)：49-54.

［42］Baran P K，Rodriguez D A，Khattak A J. Space Syntax and Walking in a New Urbanist and Suburban Neighbourhoods［J］. Journal of Urban Design，2008，13(1)：5-28.

［43］陈泳，倪丽鸿，戴晓玲，等. 基于空间句法的江南古镇步行空间结构解析：以同里为例［J］. 建筑师，2013(2)：76-84.

Chen Y，Ni L H，Dai X L，et al. A Syntactic Analysis of the Pedestrian Network of the Ancient Town in Jiang-nan Area：Case Study Tong-li［J］. Architecture Design and Theory Research，2013(2)：76-84.

［44］比尔·希利尔，克里斯·斯塔茨. 空间句法的新方法［J］. 黄芳，译. 世界建筑，2005(11)：54-55.

Hillier B，Stutz C. New Methods in Space Syntax［J］. World Architecture，2005(11)：54-55.

［45］戴晓玲，于文波. 空间句法自然出行原则在中国语境下的探索：作为决策模型的空间句法街道网络建模方法［J］. 现代城市研究，2015(4)：118-125.

Dai X L，Yu W B. Exploration of Natural Movement Principle of Space Syntax in Chinese Context：The Discussion of Construction Method of Space Syntax Street Network Model as a Strategic Model［J］. Modern Urban Research，2015(4)：118-125.

［46］盛强，杨滔，刘宁. 目的性与选择性消费的空间诉求：对王府井地区及3个案例建筑的空间句法分析［J］. 建筑学报，2014(6)：98-103.

Sheng Q, Yang T, Liu N. Spatial Conditions for Targeted and Optional Consumption: A Space Syntax Study on Wangfujing Area and Three Shopping Malls[J]. Architetural Journal, 2014(6): 98-103.

[ 47 ] 山﨑航，西名大作，胡揚，等. 地図上における自由散策を想定した経路選択の要因に関する研究[J]. 日本建築学会環境系論文集，2019，84(756)：103-113.

Yamasaki W, Nishina D, Hu Y, et al. A Study on Course Selection Factors in Strolling on a Map[J]. Journal of Environmental Engineering (Japan),2019, 84(756): 103-113.

[ 48 ] 田村健一郎，赤川貴雄. 放射状街区と格子状街区における空間認知に関する比較研究[J]. 日本建築学会九州支部研究報告，2008(47)：593-596.

Tamura K, Akagawa T. Comparative Study on Space Recognition of Grid Patterned and Concentric Patterned Street Structure [J]. Research Report of Kyushu Branch of Architectural Institute of Japan, 2008(47): 593-596.

[ 49 ] 八木英訓，深堀清隆，窪田陽一. 格子状街路における歩行者の空間構造認識に関する研究[J]. 景観・デザイン研究講演集，200(2)：70-76.

Yagi H, Fukahori K, Kubota Y. A Study on Pedestrian Space Structure Recognition of Grid Patterned Street Structure[J]. Journal of Landscape Design, 2006(2): 70-76.

[ 50 ] 三浦金作. 街路形態について：ヴェネツィアの都市空間に関する研究 その1[J]. 日本建築学会計画系論文集，2003(564)：235-242.

Miura K. An Analysis of the Street Space:A Study on the Urban Space in Venezia' Part 1 [J]. Journal of Architecture, Planning and Environmental Engineering (Transactions of AIJ), 2003(564): 235-242.

[ 51 ] 高野裕作，佐々木葉. 街路パターンの位相幾何学的および形態的指標による地区特性分析に関する基礎的研究[J]. 日本都市計画学会都市計画論文集，2011，46(3)：661-666.

Takano Y, Sasaki Y. A Study on Analysis of Districts Properties Applying Topological and Geometrical Characteristics of Street Patterns[J]. Collection of Essays on Urban Planning, 2011,46(3): 661-666.

[ 52 ] 田金欢，周昕，李志英，等. 昆明城市空间结构发展的句法研究[J]. 城市规划，2016，40(4)：41-49.

Tian J H, Zhou X, Li Z Y, et al. Research on Spatial Structure Evolution of Kunming based on Space Syntax[J]. City Planning Review, 2016, 40(4): 41-49.

[ 53 ] 黄凯，纪绵. 基于空间句法的城市历史环境可持续保护研究：以广州西关历史街区为例[J]. 新建筑，2019(6)：21-25.

Huang K, Ji M. Research on the Sustainable Conservation of Urban Historic Environment Based on Space Syntax: A Case Study on Siguan Historic Area in Guangzhou[J]. New Architecture, 2019(6): 21-25.

[ 54 ] 刘承良，余瑞林，段德忠. 基于空间句法的武汉城市圈城乡道路网通达性演化分析[J]. 地理科学，2015，35(6)：698-707.

Liu C L, Yu R L, Duan D Z. The Evolution of Spatial Accessibility of Urban-rural Road Network Based on the Space Syntax in Wuhan Metropolitan Area[J]. Scientia Geographica

Sinica, 2015, 35(6): 698-707.

[ 55 ] Amprasi V, Politis I, Nikiforiadis A, et al. Comparing the Microsimulated Pedestrian Level of Service with the Users' Perception: The Case of Thessaloniki, Greece, Coastal Front[J]. Transportation Research Procedia, 2020, 45: 572-579.

[ 56 ] 三浦金作, 佐野浩史, 田邊和義. 歩行経路選択と探索行動:街路空間における探索歩行時の注視に関する研究 その1[J]. 日本建築学会計画系論文集, 2003(569): 131-138.
Miura K, Sano H, Tanabe K. Pedestrian Path Choice and Wayfinding Behavior: A Study on the Eye Fixation in Wayfinding in the Street Part 1[J]. Journal of Architecture, Planning and Environmental Engineering (Transactions of AIJ), 2003(569): 131-138.

[ 57 ] 三浦金作, 新鞍俊介, 竹内亜紗美. 探索歩行時の注視傾向について:街路空間における探索歩行時の注視に関する研究 その2[J]. 日本建築学会計画系論文集, 2005(592): 131-138.
Miura K, Nikura S, Takeuchi A. Eye Fixation Tendency on Wayfinding: A Study on the Eye Fixation in Wayfinding in the Street Part 2[J]. Journal of Architecture, Planning and Environmental Engineering (Transactions of AIJ), 2005(592): 131-138.

[ 58 ] 三浦金作. 歩行条件の異なる歩行者の経路選択と探索行動について:街路空間における探索歩行時の注視に関する研究 その3[J]. 日本建築学会計画系論文集, 2008, 73(624): 371-378.
Miura K. Path Choice and Pattern on Wayfinding Behavior of Pedestrians Based on Different Walking Conditions: A Study on the Eye Fixation in Wayfinding in the Street Part 3[J]. Journal of Architecture, Planning and Environmental Engineering (Transactions of AIJ), 2008, 73(624): 371-378.

[ 59 ] 三浦金作. 歩行条件の異なる歩行者の注視傾向について:街路空間における探索歩行時の注視に関する研究 その4[J]. 日本建築学会計画系論文集, 2010, 75(656): 2407-2414.
Miura K. Eye Fixation Tendency of Pedestrians Based on Different Walking Conditions: A Study on the Eye Fixation in Wayfinding in the Street Part 4[J]. Journal of Architecture, Planning and Environmental Engineering (Transactions of AIJ), 2008, 75(656): 2407-2414.

[ 60 ] 宮岸幸正, 西應浩司, 杉山貴伸. 自由散策における経路選択要因と空間認知[R]. 日本デザイン学会紀要, 2003, 50(2): 1-8.
Miyagishi Y, Nishio K, Sugiyama T. Course Selection Factors and Spatial Cognition in a Free Walk[R]. Bulletin of Japanese Society for the Science of Design, 2003, 50(2): 1-8.

[ 61 ] 西應浩司, 材野博司, 松原斎樹, 等. 空間認知のストラテジーから見た男女差:街路空間の連続的認識における個人差 その2[J]. 日本建築学会計画系論文集, 2001, 66(547): 169-176.
Nishino K, Zaino H, Matsubara N, et al. A Study on the Gender Difference from the View Point of Strategy of Space Recognition: A Study on the Continuous Recognition of Street Space from the View Point of Individual Difference Part 2[J]. Journal of Architecture and Planning (Transactions of AIJ), 2001, 66(547): 169-176.

［62］梅村浩之，渡邉洋，松岡克典. VRを用いた経路選択行動モデルの検討：性格パラメータの導入［J］. TVRSJ，2004，9（4）：353-360.

Umemura H，Watanabe H，Matsuoka K. Investigation of the Model for Path Selection Behavior Using Virtual Reality System：Introduction of Personality Parameter［J］. TVRSJ，2004，9（4）：353-360.

［63］胡揚，西名大作，田中貴宏，等. 地図記入法を用いた散策経路選択と個人特性との関連に関する研究［J］. 日本建築学会環境系論文集，2018，83（750）：647-656.

Hu Y，Nishina D，Tanaka T，et al. A Study on the Relationship between Strolling Course Selection and Personal Feature by a Method of Drawing on a Map［J］. Journal of Environmental Engineering（Japan），2018，83（750）：647-656.

［64］鳥羽有志，赤木徹也. 経路探索の容易さと分かりやすさの差異：経路探索行動に基づく都市街路環境の分かりやすさに関する研究 その1［C］. 日本建築学会大会学術講演梗概集（九州），2016：511-512.

Toba Y，Akagi T. Difference between Legibility and Ease of Wayfinding：Legibility in the Urban Environment Based on Wayfinding Behavior Part 1［C］. Summaries of Technical Papers of Annual Meeting，Architectural Institute of Japan，2016：511-512.

［65］奥田百合江，赤木徹也. 分かりやすさの概念モデル：経路探索行動に基づく都市街路環境の分かりやすさに関する研究 その2［C］. 日本建築学会大会学術講演梗概集（九州），2016：513-514.

Okuda Y，Akagi T. Conceptual Model of Legibility：Legibility in the Urban Environment Based on Wayfinding Behavior Part 2［C］. Summaries of Technical Papers of Annual Meeting，Architectural Institute of Japan，2016：513-514.

［66］吉田魁人. 日常生活における経路選択行動から見る最短経路概念の再検討［R］. 法政大学大学院デザイン工学研究科紀要，2017，6.

Yoshida K. Reexamination of Shortest Path Concept from the Viewpoint of Route Selection Behavior in Daily Life［R］. Summary of Design Engineering Research，Graduate School of Hosei University，2017，6.

［67］塚口博司，柴田裕基，平田秀樹，等. 大規模交通ターミナル地区における歩行者の3次元経路選択行動分析［J］. 土木学会論文集，2013，69（2）：135-145.

Tsukaguchi H，Shibata H，Hirata H，et al. Three Dimensional Pedestrian Route Choice Behavior in a Large Transportation Terminal［J］. Journal of Japan Society of Civil Engineers，2013，69（2）：135-145.

［68］渡邉昭彦，森一彦. サイン情報の情報密度と探索行動のばらつき度の関連分析：建築空間における探索行動の認知心理学的考察 その1［J］. 日本建築学会計画系論文報告集，1992（437）：77-86.

Watanabe A，Mori K. The Relation between Signage and Way-finding Behavior：A Cognitive Study on Way-finding in Architectural Space，No. 1［J］. Journal of Architecture，Planning and Environmental Engineering（Transactions of AIJ），1992（437）：77-86.

［69］舟橋國男. 対称的な2経路の選択に関する実験的研究［J］. 日本建築学会計画系論文報告集，1991（427）：65-70.

Funahashi K. Experiments on Choice of Two Equivalent Paths [J]. Journal of Architecture, Planning and Environmental Engineering (Transactions of AIJ), 1991 (427): 65-70.

[70] Shatu F, Yigitcanlar T, Bunker J. Shortest Path Distance vs. Least Directional Change: Empirical Testing of Space Syntax and Geographic Theories Concerning Pedestrian Route Choice Behavior[J]. Journal of Transport Geography, 2019(74): 37-52.

[71] 今村顕, 森一彦, 宮野道雄. 環境適応における繰り返し経路探索と環境要素に関する研究:注視行動からみた高齢者施設のアンカーポイントに関する考察[J]. 日本建築学会計画系論文集, 2006(599): 65-72.

Imamura S, Mori K, Miyano M. The Study on the Environmental Elements in a Repetitive Wayfinding During a Environmental Adaptation:Consideration of Anchor Point Seen from the Eyefixation Behavior at the Nursinghome[J]. Journal of Architecture and Planning (Transactions of AIJ), 2001(599): 65-72.

[72] 大佛俊泰, 田中あずさ. 経路選択に関わる要因分析と歩行者行動モデル化「J]. 日本建築学会計画系論文集, 2017, 82(734): 895-903.

Osaragi T, Tanaka A. Analysis of Factors Affecting Route Choice Behavior and Modeling of Pedestrians Movement [J]. Journal of Architecture, Planning and Environmental Engineering (Transactions of AIJ), 2017,82(734): 895-903.

[73] 森傑, 奥俊信. 自由散策行動にみられるアクションの特性:都市空間におけるアクトファインディングに関する基礎的研究[J]. 日本都市計画学会学術研究論文集, 2002 (37): 31-36.

Mori S, Oku T. Characteristics of Action in Strolling Behavior:A Basic Study on Act-Finding in Urban[J]. Journal of the City Planning Institute of Japan, 2002(37): 31-36.

[74] 徐華, 松下聡, 西出和彦. 経路選択の要因の分析:回遊空間における経路選択並びに空間認知に関するシミュレーション実験的研究(その1)[J]. 日本建築学会計画系論文集, 2000(534): 109-115.

Xu H, Matsushita S, Nishida K. Analysis of Factors on Pedestrian Path Choice: Simulation Study on Pedestrian Path Choice and Spatial Cognition Part1[J]. Journal of Architecture and Planning (Transactions of AIJ), 2000(534): 109-115.

[75] 合田貴宣, 窪田陽一. 仮想空間における住宅地の街路景観と経路選択の分析[J]. 土木計画学研究・論文集, 1999(16): 465-472.

Gouda T, Kubota Y. The Analysis between Street Landscape of Residential Area and Course Selection in Virtual Space [J]. Infrastructure planning review, 1999 (16): 465-472.

[76] 山﨑航, 西名大作, 田中貴宏, 等. 地図記入法を用いた自由散策時の経路選択要因に関する研究 その1 対象地図の選定と選択街路の単純集計結果[C]. 日本建築学会中国支部研究報告集, 2016(39): 525-528.

Yamasaki W, Nishina D, Tanaka T, et al. A Study on the Course Selection Factors in Strolling by a Method of Drawing on a Map:Part1 Choosing of Maps for Experiments and the Characters of Courses Selected[C]. Proceedings of Annual Research Meeting Chugoku

Chapter of AIJ，2016(39)：525-528.

［77］山﨑航，西名大作，田中貴宏，等. 地図記入法を用いた自由散策時の経路選択要因に関する研究 その2 経路選択と誘引空間の関連［C］. 日本建築学会中国支部研究報告集，2017(40)：395-398.

Yamasaki W，Nishina D，Tanaka T，et al. A Study on the Course Selection Factors in Strolling by a Method of Drawing on a Map：Part 2 The Relationships between Course Selection and Interested Place［C］. Proceedings of Annual Research Meeting Chugoku Chapter of AIJ，2017(40)：395-398.

［78］山﨑航，西名大作，田中貴宏，等. 地図記入法を用いた自由散策時の経路選択要因に関する研究 その5 地図上への情報付与が経路選択に及ぼす影響［C］. 日本建築学会中国支部研究報告集，2018(41)：357-360.

Yamasaki W，Nishina D，Tanaka T，et al. A Study on the Course Selection Factors in Strolling by a Method of Drawing on a Map：Part 5 The Influence of Giving Information to a Map on the Course Selection［C］. Proceedings of Annual Research Meeting Chugoku Chapter of AIJ，2018(41)：357-360.

［79］塚口博司，松田浩一郎，竹上直也. 歩行環境評価および空間的定位を考慮した歩行者の経路選択行動分析［J］. 土木計画学研究・論文集，2003，20(3)：515-522.

Tsukaguchi H，Matsuda K，Takegami N. Analysis on Pedestrian Route Choice Behavior Based on Pedestrian Awareness and Relative Orientation of the Destination［J］. Infrastructure Planning Review，2003,20(3)：515-522.

［80］塚口博司，竹上直也，永田斉也，等. 歩行者経路選択行動モデルを用いた経路案内の有効性の検証［J］. 土木計画学研究・論文集，2006(23)：559-565.

Tsukaguchi H，Takegami N，Nagata T，et al. Verification of Effectiveness of Route Guidance Based on Pedestrian Route Choice Model［J］. Infrastructure Planning Review，2006(23)：559-565.

［81］紙野桂人，舟橋國男. 群集行動にみられる空間的定位の傾向について［J］. 日本建築学会論文報告集，1974(217)：45-79.

Kamino K，Kunio F. On Space Cognition and Pedestrian Movement［J］. Proceedings of AIJ，1974(217)：45-79.

［82］胡揚，西名大作，田中貴宏，等. 地図記入法を用いた自由散策時の経路選択要因に関する研究 その4 空間的位置変化の観点からみた経路選択行動の特徴［C］. 日本建築学会中国支部研究報告集，2018(41)：353-356.

Hu Y，Nishina D，Tanaka T，et al. A Study on the Course Selection Factors in Strolling by a Method of Drawing on a Map：Part 4 The Characteristics of Course Selection Behavior from the Perspective of the Change of Spatial Position［C］. Proceedings of Annual Research Meeting Chugoku Chapter of AIJ，2018(41)：353-356.

［83］大野隆造，中安美生，添田昌志. 移動時の自己運動感覚による場所の記憶に関する研究［J］. 日本建築学会計画系論文集，2002(560)：173-178.

Ohno R，Nakayasu M，Soeda M. Kinesthetic Sequential Memory as a Factor of Place Identification［J］. Journal of Architecture and Planning（Transactions of AIJ），2002

(560)：173-178.

［84］松下聡，岡崎甚幸. 巨大迷路における歩行実験による探索歩行の研究［J］. 日本都市計画学会計画系論文報告集，1991(428)：427-432.

Matsushita S，Okazaki S. A Study of Wayfinding Behavior by Experiments in Mazes［J］. Journal of Architecture，Planning and Environmental Engineering (Transactions of AIJ)，1991(428)：427-432.

［85］松下聡，岡崎甚幸. 巨大迷路歩行実験による探索歩行のためのシミュレーションモデルの研究［J］. 日本建築学会計画系論文報告集，1991(429)：51-59.

Matsushita S，Okazaki S. A Study of Simulation Model for Wayfinding Behavior by Experiments in Mazes ［J］. Journal of Architecture，Planning and Environmental Engineering (Transactions of AIJ)，1991(429)：51-59.

［86］岡崎甚幸，松下聡. 巨大迷路探索歩行実験における経路イメージおよび歩行経路のためのシミュレーションモデルの研究［J］. 日本建築学会計画系論文報告集，1992(441)：71-79.

Okazaki S，Matsushita S. A Study of Simulation Model for Wayfinding Behavior Regarding Path and Path Images by Wayfinding Experiments in Mazes［J］. Journal of Architecture，Planning and Environmental Engineering (Transactions of AIJ)，1992，(441)：71-79.

［87］Shatu F，Yigitcanlar T，Bunker J. Objective vs. Subjective Measures of Street Environments in Pedestrian Route Choice Behaviour：Discrepancy and Correlates of Non-concordance［J］. Transportation Research Part A；Policy and Practice，2019(126)：1-23.

［88］添田昌志，園田浩一，大野隆造. 視覚的シミュレーション実験による経路探索の方略に関する研究［C］. 日本建築学会大会学術講演梗概集，1996：813-814.

Soeda M，Sonoda K，Ohno R. A Study on Way-finding Strategiesby Visual Simulatied Experiment ［C］. Summaries of Technical Papers of Annual Meeting，Architectural Institute of Japan，1996：813-814.

［89］添田昌志，大野隆造. 視環境シミュレーションによる経路探索の方略に関する研究［J］. 日本建築学会計画系論文集，1998(512)：73-78.

Soeda M，Ohno R. A Study of Wayfinding Strategies Using a Visual Simulator［J］. Journal of Architecture，Planning and Environmental Engineering (Transactions of AIJ)，1998(512)：73-78.

［90］梅村浩之，渡邉洋. 没入型 VR 装置を用いた経路選択プロセスの検討［J］. TVRSJ，2007，12(4)：559-566.

Umemura H，Watanabe H. Investigation of Path-selection Strategy Using Immersive Virtual Reality System［J］. TVRSJ，2007，12(4)：559-566.

［91］中村奈良江. 空間探索のストラテジーの分析［J］. 心理学研究，1985，55(6)：366-369.

Nakamura N. An Analysis of the Strategies in a Spatial Exploration Task［J］. The Japanese Journal of Psychology，1985，55(6)：366-369.

［92］大野隆造，諫川輝之. 経路選択傾向の状況による差異：歩行者の置かれた状況が経路分岐点における経路選択に及ぼす影響（その1）［C］. 日本建築学会大会学術講演梗概集

（関東），2011：883-884.

Ohno R，Isagawa T. Preference of Path Choice According to the Situation：Influence of the Pedestrian's Mental State on Their Path Choice at an Urban Intersection（Part 1）［C］. Summaries of Technical Papers of Annual Meeting，Architectural Institute of Japan，2011：883-884.

［93］諫川輝之，大野隆造. 経路選択時に用いられる環境情報の状況による差異：歩行者の置かれた状況が経路分岐点における経路選択に及ぼす影響（その2）［C］. 日本建築学会大会学術講演梗概集（関東），2011：885-886.

Isagawa T，Ohno R. Difference of Environmental Information Using for Path Choice According to the Situation：Influence of the Pedestrian's Mental State on Their Path Choice at an Urban Intersection（Part 2）［C］. Summaries of Technical Papers of Annual Meeting，Architectural Institute of Japan，2011：885-886.

［94］西應浩司，材野博司，松原斎樹，等. 認知地図からみた街路空間の連続的認識［J］. 日本建築学会計画系論文集，2000（529）：217-223.

Nishio K，Zaino H，Matsubara N，et al. A Study on the Countinuous Recognition of Street Space from the View Point of Cognitive Map［J］. Journal of Architecture，Planning and Environmental Engineering（Transactions of AIJ），2000（529）：217-223.

［95］胡揚，西名大作，田中貴宏，等. 地図記入法を用いた自由散策時の経路選択要因に関する研究 その5 経路選択方略と選択結果との関係［C］. 日本建築学会大会学術講演梗概集（東北），2018：135-136.

Hu Y，Nishina D，Tanaka T，et al. A Study on the Course Selection Factors in Strolling by a Method of Drawing on a Map：Part 5 The Relationships between Strategies and the Result of Course Selection［C］. Summaries of Technical Papers of Annual Meeting，Architectural Institute of Japan，2018：135-136.

［96］渡邊昭彦，森一彦. 探索行動における探索方法と空間情報との整合性に関する分析：建築空間における探索行動の認知心理学的考察 その2［J］. 日本建築学会計画系論文報告集，1993（454）：93-102.

Watanabe A，Mori K. Analysis of the Coincidence of Way-finding Method and Spatial Information：A Cognitive Study on Way-finding in Architectural Space No. 2［J］. Journal of Architecture，Planning and Environmental Engineering（Transactions of AIJ），1993（454）：93-102.

［97］渡邊昭彦，森一彦. 迷い行動の因子と情報空間との関連分析：建築空間における探索行動の認知心理学的考察 その4［J］. 日本建築学会計画系論文集，1997（491）：99-107.

Watanabe A，Mori K. Analysis of the Relation of Lost-behavior and Informational Space：A Cognitive Study on Way-finding in Architectural Space No. 4 ［J］. Journal of Architecture，Planning and Environmental Engineering（Transactions of AIJ），1997（491）：99-107.

第二章

［98］Koohsari M J，Karakiewicz J A，Kaczynski A T. Public Open Space and Walking：The

Role of Proximity, Perceptual Qualities of the Surrounding Built Environment, and Street Configuration[J]. Environment and Behavior, 2013, 45(6): 706-736.

[99] Okabe A. Islamic Area Studies with Geographical Information Systems[M]. [S. l.]: Routledge, 2004.

**第三章**

[100] 秦丹尼, 舟橋國男, 木多道宏, 等. 大阪梅田地区における外国人と日本人の経路探索事例の比較分析[J]. 日本都市計画学会学術研究論文集, 2002(37): 25-30.

Qin D N, Funahashi K, Kita M, et al. Comparative Study on Wayfinding by Foreigners and Japanese at Osaka Umeda Area[J]. Collection of Essays on Urban Planning, 2002 (37): 25-30.

[101] 末繁雄一, 両角光男. 都市空間における来訪者の回遊行動を誘発・抑止する視覚情報の分析:熊本市の中心市街地における視覚情報と来訪者の回遊行動の関係に関する研究 その2[J]. 日本建築学会計画系論文集, 2007(614): 191-197.

Sueshige Y, Morozumi M. The Visual Information Which Encourages or Restrains Citizens' Strolling Activities in Urban Space: On the Relationship of Strolling Activities and Visual Information Given by the Environment in Downtown Kumamoto Part 2[J]. Journal of Architecture, Planning and Environmental Engineering (Transactions of AIJ), 2007(614): 191-197.

[102] 中田裕久, 土肥博至. 都市居住者と訪問者の環境認知に関する比較考察:都市空間の認知・評価に関する研究 その2[J]. 日本建築学会論文報告集, 1982(320): 116-125.

Nakada H, Dohi H. Comparison between Urban Resident's and Visitor's Cognitive Style: Studies on Environmental Cognition and Behavior in Urban Space Part 2[J]. Journal of Architecture (Transactions of AIJ), 1982(320): 116-125.

**第四章**

无

**第五章**

[103] 藤井勉. 潜在・顕在的態度、自己概念の「不一致」に関する研究: 各種研究における「不一致」の基礎データ集計[J]. 学習院大学文学部研究年報, 2011, 58: 77-86.

Fuji T. Research on "Inconsistency" of Potential and Superficial Attitude and Self-concept: Basic Data Statistics of "Inconsistency" in Various Researches[J]. Off-printed from the Annual Collection of Essays and Studies, Faculty of Letters, Gakushuin University, 2011, 58: 77-86.

[104] 藤井聡. BI法に基づくバス利用の行動 - 意図の一致性分析[R/CD]. 土木計画学研究・講演集 (CD-ROM), 2003, 27: 169.

Fuji S. Analysis of Behavior-intention Consistency of Bus Based on Behavioral Intention Method[R/CD]. Infrastructure Planning Review (CD-ROM), 2003, 27: 169-173.

第六章

[105] 鈴木利友，岡崎甚幸. 情報交換を伴う仮想迷路探索行動実験[J]. 日本建築計画系論文集，2001，543：155-162.

Suzuki T, Okazaki S. Way-finding Behavior with Verbal Communication in a Virtual Maze [J]. Journal of Architecture, Planning and Environmental Engineering (Transactions of AIJ)，2001(543)：155-162.

[106] Bedimo-Rung A L, Mowen A J, Cohen D A. The Significance of Parks to Physical Activity and Public Health：A Conceptual Model[J]. American Journal of Preventive Medicine，2005，28(2)：159-168.

[107] Sugiyama T, Francis J, Middleton N J, et al. Associations between Recreational Walking and Attractiveness, Size, and Proximity of Neighborhood Open Spaces[J]. American Journal of Public Health，2010，100(9)：1752-1757.

[108] Guo Z. Does the Pedestrian Environment Affect the Utility of Walking? A Case of Path Choice in Downtown Boston[J]. Transportation Research Part D：Transport and Environment，2009，14(5)：343-352.

[109] Koohsari M J, Sugiyama T, Mavoa S, et al. Street Network Measures and Adults' Walking for Transport：Application of Space Syntax[J]. Health & Place，2016，38：89-95.


第七章

[110] Özbil A T, Göçer K, Yeşiltepe D, et al. Understanding the Role of Urban Form in Explaining Transportation and Recreational Walking among Children in a Logistic GWR Model：A Spatial Analysis in Istanbul, Turkey[J]. Journal of Transport Geography，2020(82)：1-12.

[111] 张琳，杨珂，刘滨谊,等. 基于游客和居民不同视角的江南古镇景观地域特征感知研究：以同里古镇为例[J]. 中国园林，2019,35(1)：10-16.

Zhang L, Yang K, Liu B Y, et al. A Study on the Regional Characteristics Perception of Ancient Towns in the South of the Yangtze River Based on Different Perspectives of Tourists and Residents：A Case Study of Tongli Ancient Town[J]. Chinese Landscape Architecture，2019,35(1)：10-16.

[112] 陈志钢，刘丹，刘军胜. 基于主客交往视角的旅游环境感知与评价研究：以西安市为例[J]. 资源科学，2017，39(10)：1930-1941.

Chen Z G, Liu D, Liu J S. Tourism Environment Perception and Evaluation Based on Host-tourist Interactions in Xi'an City[J]. Resources Science，2017，39(10)：1930-1941.

[113] 吕宁，吴新芳，韩霄,等. 游客与居民休闲满意度指数测评与比较：以北京市为例[J]. 资源科学，2019，41(5)：967-979.

Lyu N, Wu X F, Han X, et al. Evaluation and Comparison of Tourists and Residents' Urban Leisure Satisfaction：Taking Beijing as an Example[J]. Resources Science，2019,41(5)：967-979.

[114] 龙瀛. 城市大数据与定量城市研究[J]. 上海城市规划，2014(5)：13-15.

Long Y. Studies and Practices of Urban Big Data and Open Data in China[J]. Shanghai Urban Planning Review，2014(5)：13-16.

[115] Kurka J M, Adams M A, Geremia C, et al. Comparison of Field and Online Observations for Measuring Land Uses Using the Microscale Audit of Pedestrian Streetscapes (MAPS) [J]. Journal of Transport & Health, 2016, 3(3)：278-286.

[116] Roda C, Charreire H, Feuillet T, et al. Mismatch between Perceived and Objectively Measured Environmental Obesogenic Features in European Neighbourhoods[J]. Obesity Reviews，2016(17)：31-41.

[117] Rundle A G, Bader M D M, Richards C A, et al. Using Google Street View to Audit Neighborhood Environments[J]. American Journal of Preventive Medicine, 2011，40(1)：94-100.

[118] 张丽英，裴韬，陈宜金,等. 基于街景图像的城市环境评价研究综述[J]. 地球信息科学学报，2019，21(1)：46-58.

Zhang L Y, Pci T, Chen Y J, et al. A Review of Urban Environmental Assessment Based on Street View Images[J]. Journal of Geo-information Science, 2019, 21(1)：46-58.

[119] 唐婧娴，龙瀛，翟炜,等. 街道空间品质的测度、变化评价与影响因素识别:基于大规模多时相街景图片的分析[J]. 新建筑，2016(5)：110-115.

Tang J X, Long Y, Zhai W, et al. Measuring Quality of Street Space, Its Temporal Variation and Impact Factors：An Analysis Based on Massive Street View Pictures[J]. New Architecture, 2016(5)：110-115.

[120] 崔喆，何明怡，陆明. 基于街景图像解译的寒地城市绿视率分析研究:以哈尔滨为例[J]. 中国城市林业，2018，16(5)：34-38.

Cui Z, He M Y, Lu M. An Analysis of Green View Index in Cold Region City：A Case Study of Harbin[J]. Journal of Chinese Urban Forestry, 2018, 16(5)：34-38.

[121] 小俣里奈，小松原明哲. Google Strsst View®を利用した経路探索行動の特徴の明確化[J]. 人間工学，2014，50：348-349.

Omata R. Clarification of Characteristics of Wayfinding Behavior Using Google Street View®[J]. Journal of Ergonomics，2014，50：348-349.

[122] 许广通，何依，毕瑜菲. 基于PSPL调研法的社区微空间评价与优化策略:以武汉钢花120社区为例[J]. 华中建筑，2018,36(11)：108-115.

Xu G T, He Y, Bi Y F. The Evaluation and Optimization Strategy of Communities' Small Open Space Based on Public Space and Public Life (PSPL) Survey：Taking Wuhan Ganghua 120-Community as an Example[J]. Huazhong Architecture, 2018, 36(11)：108-115.

[123] 叶宇，张灵珠，颜文涛,等. 街道绿化品质的人本视角测度框架:基于百度街景数据和机器学习的大规模分析[J]. 风景园林，2018，25(8)：24-29.

Ye Y, Zhang L Z, Yan W T, et al. Measuring Street Greening Quality from Humanistic Perspective：A Large-scale Analysis Based on Baidu Street View Images and Machine Learning Algorithms[J]. Landscape Architecture, 2018, 25(8)：24-29.

［124］吴智慧，张雪颖，徐伟，等. 智能家具的研究现状与发展趋势［J］. 林产工业，2017，44
（5）：5-8.

Wu Z H，Zhang X Y，Xu W，et al. Research Progress and Development Trend of Intelligent Furniture［J］. China Forest Products Industry，2017，44(5)：5-8.

［125］曹云飞. 智能化儿童家具研究［D］. 咸阳：西北农林科技大学，2009.

Cao Y F. Study on the Children's Intelligent Furniture［D］. Xianyang：Northwest A&F University，2009.

［126］颜羽鹏. 智能化办公家具设计［D］. 北京：北京理工大学，2015.

Yan Y P. Intelligent Office Furniture Design［D］. Beijing：Beijing Institute of Technology，2015.

［127］王珂. 医用病床的智能化设计研究：检查病床为例［D］. 上海：东华大学，2010.

Wang K. The Intelligent Design of Medical Beds：The Check Bed as an Example［D］. Shanghai：Donghua University，2010.

［128］Dirks S，Keeling M. A Vision of Smarter Cities：How Cities Can Lead the Way into a Prosperous and Sustainable Future［EB/OL］.（2017-01-19）［2019-01-01］. https://www.doc88.com/p-3347438660720.html.

［129］周波. 基于未来智慧城市愿景的城市家具设计研究［D］. 杭州：中国美术学院，2019.

Zhou B. Research on Urban Furniture Design Based on Future Vision of Smart City［D］. Hangzhou：China Academy of Art，2019.

［130］王佳玥. 基于物联网的智能城市家具设计研究［D］. 大连：大连理工大学，2016.

Wang J Y. Smart City Furniture Design Research Based on the Internet of Things［D］. Dalian：Dalian University of Technology，2016.

# 附录

## 附录 1　空白地图实验 B 当中 4 个研究对象地域的合理性验证

第六章中实施了模拟情境下的空白地图实验 B。为了保证对象地域街道网络的多样性,同时又要减轻被调查者的实验负担,从第二章空白地图实验 A 使用的 12 个对象地域当中筛选了 4 个特征不同的街道网络,分别是 4 福冈、6 鹿港、11 巴塞罗那、12 广岛,作为空白地图实验 B 的对象地域。这里我们需要验证选择的这 4 个地域是否恰当。

(1) 使用模拟情境 A 的步行者样本进行合理性验证

在空白地图实验 A 时,把 30 名被调查者按照他们的路径选择结果分成了 3 组,当时使用的样本数为 12 个对象地域×30 名被调查者×3 次实验,共计 1 080 份数据,分组结果展示出各组在行动模式、个人内在属性等方面具有显著差异。

在空白地图实验 B 时,把新的 24 名被调查者按照他们的路径选择结果也分成了 3 组,当时使用的样本数为 4 个对象地域×24 名被调查者×3 次实验,共计 288 份数据,从分组结果同样可以看出各组的行动模式、个人内在属性等方面存在明显的差异。然而,考虑到数据缩减以后可能对计算结果的精确性造成影响,还需要检验该分组结果是否是这 24 名被调查者的偶然结果,如果更换被调查者是否还能顺利分组,即结果是否具有再现性。

因此在本附录中,为了检验是否能够根据这 4 个对象地域成功地将其他被调查者类型化,使用空白地图实验 A 时的 30 名被调查者样本进行重新分组,本次样本数为 4 个对象地域×30 名被调查者×3 次实验,共计 360 份数据。如果可以成功地把这些被调查者分成人数较为均衡的小组,并且各组被调查者可以表现出个体差异,则可以说明使用这 4 个对象地域是可行的。本附录将重点考察被调查者的新分组人员构成情况、各组被调查者的路径选择基本特征的差异、个人内在属性的差异。

分组时使用的计算指标依然来自路径选择的 7 个指标,分别是描述整体路径特征的"选择单位街道数""散步路径长""转折频率",以及描述选择单位街道特征的"长度""宽度""整合度""弯曲度"。使用上述指标进行聚类分析,需要尽量保证各个指标之间的独立性,因此使用这 4 个对象地域的 360 份数据进行各指标间的相关分析,计算结果如附表 1-1 所示。另外,为了方便比较查看,将 12 个对象地域的 1 080 份数据的计算结果一起展示,见附表 1-2 所示。

附表 1-1 路径选择 7 个指标间的相关性(4 个对象地域的 30 名被调查者数据)

| | | 整体路径 | | | 单位街道 | | |
|---|---|---|---|---|---|---|---|
| | | 选择<br>单位街道数 | 散步<br>路径长 | 转折<br>频率 | 选择单位<br>街道长度 | 选择单位<br>街道宽度 | 选择单位<br>街道整合度 |
| 整体<br>路径 | 散步路径长 | 0.924** | | | | | |
| | 转折频率 | 0.762** | 0.708** | | | | |
| 单位<br>街道 | 选择单位街道长度 | −0.343** | 0.007 | −0.279** | | | |
| | 选择单位街道宽度 | −0.208** | −0.082 | −0.559** | 0.402** | | |
| | 选择单位街道整合度 | 0.029 | 0.013 | −0.528** | −0.007 | 0.714** | |
| | 选择单位街道弯曲度 | −0.244** | −0.111* | 0.194** | 0.341** | −0.293** | −0.704** |

图例 | 0.000≤|value|<0.200 | 0.200≤|value|<0.400 | 0.400≤|value|<0.700 | 0.700≤|value|<1.000 |

$P$ value  **$p<0.01$  *$p<0.05$

附表 1-2 路径选择 7 个指标间的相关性(12 个对象地域的 30 名被调查者数据)(同第三章表 3.1)

| | | 整体路径 | | | 单位街道 | | |
|---|---|---|---|---|---|---|---|
| | | 选择<br>单位街道数 | 散步<br>路径长 | 转折<br>频率 | 选择单位<br>街道长度 | 选择单位<br>街道宽度 | 选择单位<br>街道整合度 |
| 整体<br>路径 | 散步路径长 | 0.668** | | | | | |
| | 转折频率 | 0.518** | 0.723** | | | | |
| 单位<br>街道 | 选择单位街道长度 | −0.461** | 0.262** | 0.186** | | | |
| | 选择单位街道宽度 | −0.130** | −0.058 | −0.391** | 0.046 | | |
| | 选择单位街道整合度 | 0.330** | −0.145** | −0.523** | −0.625** | 0.419** | |
| | 选择单位街道弯曲度 | −0.323** | 0.246** | 0.488** | 0.748** | −0.214** | −0.814** |

图例 | 0.000≤|value|<0.200 | 0.200≤|value|<0.400 | 0.400≤|value|<0.700 | 0.700≤|value|<1.000 |

$P$ value  **$p<0.01$  *$p<0.05$

通过对比两张表格的相关分析结果可知,在只有 4 个对象地域的情况下,散步路径长和转折频率、选择单位街道数之间同样具有高度的正相关关系,并且选择单位街道弯曲度和选择单位街道整合度之间同样具有高度的负相关关系,其他部分重要的指标之间的关系也和 12 个对象地域时的结果有类似的倾向。

因此,同样使用独立性较强的 4 个指标(选择单位街道数、转折频率、单位街道宽度、单位街道整合度),对数据做标准化处理后进行聚类分析运算(Ward 法),重新将空白地图实验 A 的 30 名被调查者分成了 3 个行动模式不同的小组,结果如附图 1-1 所示。

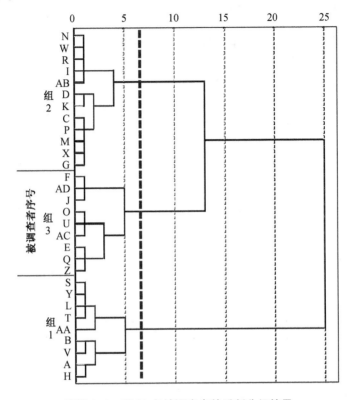

**附图 1-1　原 30 名被调查者的重新分组结果**

　　由于进行了重新分组,各小组内部的被调查者人员构成发生了变动,变动情况如附表 1-3 所示。原本属于组 2 中间型的 4 名被调查者在新的分组中进入了组 1 复杂型,原本属于组 3 简单型的 5 名被调查者在新的分组中进入了组 2 中间型,其他人员均未发生变动。可以看出两个分组结果之间存在一定的对应关系,人员变动也存在规律。

**附表 1-3　新分组被调查者的人员的变动关系**

| | 4 个对象地域的分组结果<br>(即 30 名被调查者的新分组结果) | 12 个对象地域的分组结果<br>(即空白地图实验 A 的 30 名被调查者分组结果) |
|---|---|---|
| 组 1 复杂型 | A,B,S,V,AA,<br>H,L,T,Y | A,B,S,V,AA |
| 组 2 中间型 | D,G,I,N,R,W,AB,<br>C,K,M,P,X | D,G,I,N,R,W,AB,<br>H,L,T,Y |
| 组 3 简单型 | E,F,J,O,Q,U,Z,AC,AD | E,F,J,O,Q,U,Z,AC,AD,<br>C,K,M,P,X |

注:大写字母表示被调查者的人员编号。

为了检验新分组的各组被调查者是否也具有明显不同的路径选择倾向,把有关散步路径选择行为的 7 个指标按照小组重新整理,并且按照 4 个对象地域计算各组的平均值以及进行各组之间的方差分析,路径整体的结果如附图 1-2 所示,单位街道的结果如附图 1-3 所示。

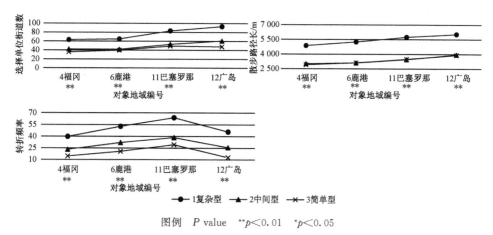

图例　P value　**p<0.01　*p<0.05

**附图 1-2　新分组在各对象地域的散步倾向(整体路径)**

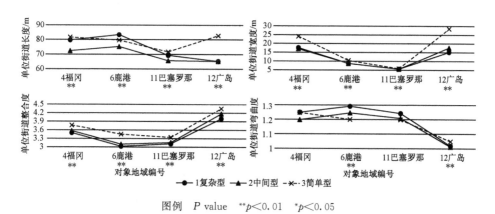

图例　P value　**p<0.01　*p<0.05

**附图 1-3　新分组在各对象地域的散步倾向(单位街道)**

首先,比较各组的整体路径结果。选择单位街道数、散步路径长、转折频率这 3 个指标值都展现出三组之间具有显著的差异性。组 1 复杂型的选择单位街道数最多,散步路径长的值最大,路径也表现出曲折前进的倾向。组 2 中间型和组 3 简单型的选择结果的值,略低并且更加接近,其中组 2 被调查者的转折频率的值高于组 3 从而取得了居中水平。

其次,比较各组的选择单位街道结果。在大多数的对象地域当中,选择单位街道长度、宽度、整合度、弯曲度这 4 个指标值都表现出三组之间具有显著的差异性。尤其是组 1 复杂型相对选择了更窄的、位置更深更复杂的、更加弯曲的街道,而组 3

简单型选择了更宽阔的、位置靠近地域中心的比较简洁的街道,这些倾向和使用12个对象地域分组后的各组路径选择倾向相近。

### (2) 基于步行者个人内在属性差异的合理性验证

为了检验新分组的各组被调查者是否也具有不同的个人内在属性,基于第三章表3.6的因子分析结果,重新计算新分组的各项因子平均得分,作为各组的个人内在属性结果,如附表1-4(左)所示。另外为了方便比较查看,将空白地图实验 A 的各组个人内在属性结果一起展示,如附表1-4(右)所示。

附表1-4　各组被调查者的个人内在属性比较

| | 4 个对象地域的分组结果<br>(即 30 名被调查者的新分组结果) | 12 个对象地域的分组结果<br>(即空白地图实验 A 的 30 名被调查者分组结果)<br>(同第三章图 3.6) |
|---|---|---|
| 个人<br>内在属性 | (平均因子得分图:空间认知能力、散步关注度、地图关注度、方向感觉、好奇心；1复杂型、2中间型、3简单型) | (平均因子得分图:空间认知能力、散步关注度、地图关注度、方向感觉、好奇心；1复杂型、2中间型、3简单型) |
| 组 1<br>复杂型 | 散步关注度:最大<br>空间认知能力:有 | 散步关注度:最大<br>空间认知能力:有 |
| 组 2<br>中间型 | 散步关注度:有<br>空间认知能力:最强 | 散步关注度:有<br>空间认知能力:最强 |
| 组 3<br>简单型 | 散步关注度、空间认知能力:最低<br>好奇心:最高 | 散步关注度、空间认知能力:最低<br>好奇心:有 |

通过比较表格左右可以看出,新分组的个人内在属性的具体数值发生了一些变化,各项因子的平均因子得分和空白地图实验 A 时的相比有差别,这是由各组内部的人员发生变动所引起的。但是从新分组的个人内在属性倾向来看,"空间认知能力"是组 2 中间型取得了最大值,组 3 简单型取得最小值;"散步关注度"的值是组 1 复杂型最大,组 3 简单型最小;"地图关注度"的值是组 2 中间型最大;"方向感觉"的值是组 3 简单型最小:这些重要的个人内在属性倾向和空白地图实验 A 时的各组倾向仍然比较相似。

汇总整理各组具有代表性的个人内在属性、路径选择行动的基本特征,并将新分组的结果和空白地图实验 A 时的分组结果以对应的形式展示,如附表1-5 所示,以此确认新分组的各组路径选择倾向和个人内在属性的对应关系,以及新分组结果与空白地图实验 A 时的分组结果的异同。

附表 1-5　新分组的路径选择倾向与个人内在属性的对应关系

| 分类 | | 项目 | 组 1 复杂型 | | 组 2 中间型 | | 组 3 简单型 | |
|---|---|---|---|---|---|---|---|---|
| | | | 新分组 | 空白地图 A | 新分组 | 空白地图 A | 新分组 | 空白地图 A |
| 个人内在属性 | | 空间认知能力 | 中等 | ○ | 强 | ○ | 缺乏 | ○ |
| | | 散步关注度 | 强 | ○ | 中等 | ○ | 缺乏 | ○ |
| | | 好奇心 | 中等 | 缺乏 | 缺乏 | 强 | 强 | 中等 |
| 路径选择的基本行动特征 | 整体路径 | 选择单位街道数 | 多 | ○ | 中等 | ○ | 少 | ○ |
| | | 散步路径长 | 长 | ○ | 短 | 中等 | 短 | ○ |
| | | 转折频率 | 高 | ○ | 中等 | ○ | 低 | ○ |
| | 单位街道 | 选择单位街道宽度 | 狭窄 | ○ | 狭窄 | 中等 | 宽阔 | ○ |
| | | 选择单位街道整合度 | 低 | ○ | 中等 | ○ | 高 | ○ |
| | | 选择单位街道弯曲度 | 曲折 | ○ | 中等 | ○ | 直 | ○ |

图例　数值低　数值中等　数值高

注:○表示新分组结果和空白地图实验 A 的结果相同的项目。

　　根据新分组的路径选择倾向与个人内在属性的对应关系,可以认为:组 1 复杂型受到了较强的"空间认知能力"的影响,其散步路径更长,偏好复杂的路径和狭窄的小道;受到高度"散步关注度"的影响,想要在对象地域范围内的各种街道各个地点散步。组 2 中间型由于"散步关注度"稍低,其散步路径长度比组 1 略短;虽然该组具有三组之间最强的"空间认知能力",但是同样由于对散步的兴趣不够充足,为了避免在复杂的街道上行走带来的不便而选择了宽度、复杂程度等都一般的街道。组 3 简单型的"散步关注度"在三组之间最低,这使其散步路径最短;较低的"空间认知能力"也使他们更倾向于选择简洁和宽阔的大道去行走。

　　另外,比较新分组结果与空白地图实验 A 时的分组结果,可以看出二者存在一些区别——其原因在前文中已经叙述过,由于重新分组时缩减了样本数,新分组的各组内部人员也发生了变动,因此会对结果造成一定的影响——但是依然能够看出两个分组结果存在相似的倾向。

　　基于上述的分析结果可以判断,仅使用 4 福冈、6 鹿港、11 巴塞罗那和 12 广岛进行被调查者类型化计算,可以顺利地将 30 名被调查者分成 3 个行动模式不同的小组,各组的路径选择倾向和该组的个人内在属性存在对应关系,并且各组之间具有不同的行动特征、个人内在属性差异。因此验证了本附录开头提出的问题,即采用这 4 个地域作为空白地图实验 B 的研究对象地域具有合理性。

## 附录 2  不同起终点的休闲步行路径选择结果比较

### (1) 各起终点的路径选择指标值差异性验证

在路径选择实验时,根据被调查者的人数在各个对象地域当中设置了复数个起终点,具体是在空白地图实验 A 的各对象地域分别设置了 9 个起终点,在空白地图实验 B 的各对象地域分别设置了 6 个起终点,在现实空间实验对象地域设置了 6 个起终点。然而,从不同的起终点出发有可能导致路径选择结果出现差别,这里指的是选择路径中包含的 7 个指标值的差别,若存在较大的显著性差异则说明实验的设计和结果不够精确。

因此为了明确上述问题,选择了数据量最多的空白地图实验 A 的数据进行验证。分别计算各对象地域当中 9 个起终点的路径选择的 7 个指标值,并对各起终点的计算结果做方差分析比较。每个对象地域有 30 名被调查者×3 次实验,共计 90 份数据,这 90 份数据对应该对象地域的 9 个起终点,即每个起终点共计 10 份路径数据。各个对象地域的计算结果分别见附表 2-1 至附表 2-12。

附表 2-1  9 个起终点的路径选择结果比较(1 萨凡纳)

| 起终点 | 选择<br>单位街道数 | 散步路径长 | 转折频率 | 单位街道<br>长度 | 单位街道<br>宽度 | 单位街道<br>整合度 | 单位街道<br>弯曲度 |
|---|---|---|---|---|---|---|---|
| 1 | 68.700 | 3 748.960 | 29.600 | 54.422 | 5.787 | 4.109 | 1.028 |
| 2 | 75.000 | 4 212.227 | 32.500 | 55.665 | 5.809 | 4.008 | 1.053 |
| 3 | 65.200 | 4 310.682 | 29.900 | 63.296 | 5.796 | 4.062 | 1.045 |
| 4 | 68.100 | 4 067.224 | 30.200 | 60.259 | 5.832 | 4.078 | 1.029 |
| 5 | 72.400 | 4 675.727 | 25.500 | 61.584 | 5.779 | 4.098 | 1.046 |
| 6 | 56.800 | 3 461.368 | 20.800 | 60.964 | 5.802 | 4.345 | 1.030 |
| 7 | 76.900 | 4 735.516 | 27.800 | 61.471 | 5.830 | 4.297 | 1.057 |
| 8 | 71.000 | 3 962.524 | 25.000 | 56.262 | 5.830 | 4.301 | 1.036 |
| 9 | 63.600 | 3 665.249 | 26.700 | 57.866 | 5.824 | 4.094 | 1.049 |
| $p$ 值 | 0.875 | 0.893 | 0.892 | 0.002 | 0.052 | 0.064 | 0.760 |
| 判断 | | | | ** | | | |

附表 2-2  9 个起终点的路径选择结果比较(2 戈尔德)

| 起终点 | 选择<br>单位街道数 | 散步路径长 | 转折频率 | 单位街道<br>长度 | 单位街道<br>宽度 | 单位街道<br>整合度 | 单位街道<br>弯曲度 |
|---|---|---|---|---|---|---|---|
| 1 | 31.900 | 3 941.716 | 40.500 | 164.971 | 9.509 | 2.182 | 1.948 |

| 起终点 | 选择<br>单位街道数 | 散步路径长 | 转折频率 | 单位街道<br>长度 | 单位街道<br>宽度 | 单位街道<br>整合度 | 单位街道<br>弯曲度 |
|---|---|---|---|---|---|---|---|
| 2 | 33.100 | 3 666.395 | 37.600 | 116.812 | 9.405 | 2.262 | 2.023 |
| 3 | 38.600 | 4 594.593 | 48.400 | 125.643 | 9.430 | 2.295 | 2.102 |
| 4 | 39.800 | 5 571.096 | 57.300 | 142.822 | 8.773 | 2.170 | 2.168 |
| 5 | 36.200 | 4 794.712 | 47.800 | 133.211 | 8.782 | 2.241 | 2.216 |
| 6 | 34.000 | 4 358.509 | 47.500 | 134.806 | 8.606 | 2.174 | 2.064 |
| 7 | 37.500 | 5 037.602 | 53.700 | 133.887 | 8.674 | 2.135 | 2.067 |
| 8 | 36.000 | 5 356.989 | 50.600 | 166.446 | 9.189 | 2.204 | 2.031 |
| 9 | 31.000 | 4 820.554 | 43.800 | 171.310 | 9.275 | 2.145 | 2.000 |
| p 值 | 0.565 | 0.340 | 0.253 | 0.024 | 0.000 | 0.108 | 0.312 |
| 判断 | | | | * | ** | | |

### 附表 2-3  9 个起终点的路径选择结果比较(3 华盛顿)

| 起终点 | 选择<br>单位街道数 | 散步路径长 | 转折频率 | 单位街道<br>长度 | 单位街道<br>宽度 | 单位街道<br>整合度 | 单位街道<br>弯曲度 |
|---|---|---|---|---|---|---|---|
| 1 | 50.100 | 4 444.317 | 37.400 | 87.965 | 5.676 | 2.833 | 1.345 |
| 2 | 51.600 | 3 854.980 | 40.300 | 75.179 | 5.582 | 2.763 | 1.400 |
| 3 | 51.300 | 3 895.728 | 41.100 | 75.400 | 5.632 | 2.667 | 1.419 |
| 4 | 48.500 | 3 730.856 | 38.000 | 77.216 | 5.618 | 2.724 | 1.361 |
| 5 | 47.700 | 3 895.593 | 38.000 | 82.929 | 5.675 | 2.676 | 1.431 |
| 6 | 46.600 | 3 733.215 | 37.600 | 80.434 | 5.643 | 2.688 | 1.358 |
| 7 | 49.800 | 3 905.423 | 40.000 | 79.106 | 5.578 | 2.680 | 1.353 |
| 8 | 43.700 | 3 424.757 | 33.200 | 79.393 | 5.555 | 2.758 | 1.443 |
| 9 | 53.500 | 4 369.870 | 43.100 | 81.991 | 5.630 | 2.731 | 1.354 |
| p 值 | 0.736 | 0.571 | 0.786 | 0.167 | 0.127 | 0.004 | 0.004 |
| 判断 | | | | | | ** | ** |

### 附表 2-4  9 个起终点的路径选择结果比较(4 福冈)

| 起终点 | 选择<br>单位街道数 | 散步路径长 | 转折频率 | 单位街道<br>长度 | 单位街道<br>宽度 | 单位街道<br>整合度 | 单位街道<br>弯曲度 |
|---|---|---|---|---|---|---|---|
| 1 | 49.100 | 3 920.917 | 30.200 | 81.328 | 18.652 | 3.535 | 1.248 |
| 2 | 42.500 | 3 346.170 | 22.900 | 79.249 | 19.848 | 3.611 | 1.225 |
| 3 | 52.000 | 3 639.306 | 24.200 | 73.411 | 20.977 | 3.730 | 1.177 |
| 4 | 43.700 | 3 318.109 | 20.100 | 77.317 | 19.381 | 3.596 | 1.222 |

| 起终点 | 选择单位街道数 | 散步路径长 | 转折频率 | 单位街道长度 | 单位街道宽度 | 单位街道整合度 | 单位街道弯曲度 |
|---|---|---|---|---|---|---|---|
| 5 | 48.900 | 3 724.670 | 29.200 | 76.263 | 19.421 | 3.582 | 1.248 |
| 6 | 41.200 | 3 199.444 | 21.500 | 79.053 | 23.621 | 3.662 | 1.208 |
| 7 | 48.700 | 3 569.413 | 27.500 | 73.691 | 18.858 | 3.658 | 1.224 |
| 8 | 52.800 | 3 784.416 | 27.200 | 72.632 | 15.615 | 3.653 | 1.244 |
| 9 | 41.200 | 3 438.703 | 26.500 | 83.204 | 16.846 | 3.457 | 1.253 |
| $p$ 值 | 0.641 | 0.920 | 0.812 | 0.150 | 0.103 | 0.175 | 0.518 |
| 判断 | | | | | | | |

### 附表 2-5  9 个起终点的路径选择结果比较(5 佩鲁贾)

| 起终点 | 选择单位街道数 | 散步路径长 | 转折频率 | 单位街道长度 | 单位街道宽度 | 单位街道整合度 | 单位街道弯曲度 |
|---|---|---|---|---|---|---|---|
| 1 | 62.200 | 3 942.889 | 62.100 | 63.947 | 5.264 | 2.567 | 1.590 |
| 2 | 55.700 | 3 882.768 | 52.000 | 71.228 | 5.390 | 2.616 | 1.683 |
| 3 | 57.700 | 3 867.821 | 59.500 | 68.289 | 5.363 | 2.622 | 1.763 |
| 4 | 52.200 | 3 613.592 | 47.600 | 70.275 | 5.486 | 2.657 | 1.636 |
| 5 | 55.900 | 3 839.127 | 62.100 | 69.773 | 5.264 | 2.483 | 1.744 |
| 6 | 53.500 | 3 533.889 | 55.200 | 69.232 | 5.388 | 2.476 | 1.696 |
| 7 | 64.100 | 4 477.070 | 66.200 | 71.718 | 5.373 | 2.508 | 1.711 |
| 8 | 65.500 | 4 048.456 | 62.900 | 66.220 | 5.226 | 2.590 | 1.553 |
| 9 | 73.600 | 5 159.256 | 81.200 | 71.005 | 5.290 | 2.625 | 1.661 |
| $p$ 值 | 0.542 | 0.442 | 0.379 | 0.517 | 0.389 | 0.603 | 0.017 |
| 判断 | | | | | | | * |

### 附表 2-6  9 个起终点的路径选择结果比较(6 鹿港)

| 起终点 | 选择单位街道数 | 散步路径长 | 转折频率 | 单位街道长度 | 单位街道宽度 | 单位街道整合度 | 单位街道弯曲度 |
|---|---|---|---|---|---|---|---|
| 1 | 56.200 | 4 583.547 | 43.300 | 80.584 | 9.131 | 3.119 | 1.237 |
| 2 | 44.400 | 3 273.231 | 31.400 | 73.488 | 8.945 | 3.165 | 1.268 |
| 3 | 42.900 | 3 456.973 | 27.200 | 81.352 | 9.966 | 3.352 | 1.254 |
| 4 | 50.500 | 4 034.016 | 38.500 | 85.279 | 9.199 | 3.027 | 1.290 |
| 5 | 45.200 | 3 538.692 | 31.200 | 81.270 | 9.843 | 3.254 | 1.196 |
| 6 | 45.700 | 3 532.441 | 31.500 | 76.541 | 9.160 | 3.182 | 1.194 |
| 7 | 46.600 | 3 691.970 | 35.100 | 79.173 | 8.796 | 3.164 | 1.257 |

| 起终点 | 选择<br>单位街道数 | 散步路径长 | 转折频率 | 单位街道<br>长度 | 单位街道<br>宽度 | 单位街道<br>整合度 | 单位街道<br>弯曲度 |
|---|---|---|---|---|---|---|---|
| 8 | 50.400 | 3 703.140 | 37.300 | 76.366 | 8.643 | 3.154 | 1.251 |
| 9 | 51.700 | 4 019.387 | 38.000 | 76.817 | 9.260 | 3.235 | 1.258 |
| p 值 | 0.724 | 0.580 | 0.599 | 0.237 | 0.266 | 0.396 | 0.238 |
| 判断 | | | | | | | |

### 附表 2-7　9 个起终点的路径选择结果比较(7 菲斯)

| 起终点 | 选择<br>单位街道数 | 散步路径长 | 转折频率 | 单位街道<br>长度 | 单位街道<br>宽度 | 单位街道<br>整合度 | 单位街道<br>弯曲度 |
|---|---|---|---|---|---|---|---|
| 1 | 72.200 | 3 482.650 | 36.800 | 48.717 | 7.779 | 3.616 | 1.040 |
| 2 | 86.500 | 4 087.376 | 51.000 | 47.137 | 7.590 | 3.543 | 1.072 |
| 3 | 83.100 | 4 229.707 | 42.600 | 52.646 | 7.884 | 3.604 | 1.049 |
| 4 | 76.200 | 3 769.243 | 37.300 | 49.427 | 7.924 | 3.689 | 1.042 |
| 5 | 64.100 | 3 655.916 | 37.900 | 59.858 | 8.047 | 3.564 | 1.054 |
| 6 | 62.000 | 3 010.290 | 28.700 | 48.976 | 7.850 | 3.744 | 1.063 |
| 7 | 63.900 | 3 156.892 | 34.300 | 56.873 | 7.639 | 3.725 | 1.061 |
| 8 | 72.200 | 3 609.600 | 40.800 | 50.517 | 7.603 | 3.507 | 1.082 |
| 9 | 74.300 | 3 590.682 | 39.400 | 48.790 | 7.818 | 3.698 | 1.070 |
| p 值 | 0.251 | 0.364 | 0.453 | 0.005 | 0.362 | 0.429 | 0.049 |
| 判断 | | | | ** | | | * |

### 附表 2-8　9 个起终点的路径选择结果比较(8 阿雷基帕)

| 起终点 | 选择<br>单位街道数 | 散步路径长 | 转折频率 | 单位街道<br>长度 | 单位街道<br>宽度 | 单位街道<br>整合度 | 单位街道<br>弯曲度 |
|---|---|---|---|---|---|---|---|
| 1 | 52.200 | 3 640.530 | 29.700 | 69.330 | 14.686 | 3.317 | 1.123 |
| 2 | 60.600 | 4 229.275 | 38.600 | 70.083 | 11.139 | 3.133 | 1.167 |
| 3 | 55.600 | 4 371.256 | 30.900 | 78.723 | 14.181 | 3.307 | 1.115 |
| 4 | 51.400 | 3 626.665 | 30.800 | 71.796 | 13.159 | 3.133 | 1.132 |
| 5 | 45.200 | 3 522.534 | 20.200 | 78.481 | 16.882 | 3.566 | 1.106 |
| 6 | 52.200 | 3 931.85 | 27.800 | 79.223 | 15.477 | 3.310 | 1.113 |
| 7 | 45.000 | 3 517.122 | 23.800 | 82.032 | 14.374 | 3.416 | 1.119 |
| 8 | 59.000 | 4 386.895 | 33.600 | 75.737 | 15.739 | 3.361 | 1.134 |
| 9 | 51.900 | 3 967.213 | 32.500 | 76.772 | 15.548 | 3.327 | 1.139 |
| p 值 | 0.449 | 0.614 | 0.458 | 0.059 | 0.163 | 0.251 | 0.254 |
| 判断 | | | | | | | |

**附表 2-9　9 个起终点的路径选择结果比较(9 热那亚)**

| 起终点 | 选择单位街道数 | 散步路径长 | 转折频率 | 单位街道长度 | 单位街道宽度 | 单位街道整合度 | 单位街道弯曲度 |
|---|---|---|---|---|---|---|---|
| 1 | 35.700 | 5 014.653 | 60.100 | 145.739 | 8.857 | 2.025 | 2.191 |
| 2 | 28.900 | 3 776.759 | 49.500 | 133.306 | 8.702 | 2.048 | 2.269 |
| 3 | 34.200 | 4 915.141 | 62.000 | 150.144 | 8.303 | 2.025 | 2.126 |
| 4 | 39.900 | 4 769.085 | 66.300 | 122.036 | 7.952 | 1.987 | 1.963 |
| 5 | 39.100 | 4 513.227 | 57.800 | 114.385 | 8.681 | 2.108 | 1.931 |
| 6 | 39.800 | 5 063.984 | 60.800 | 128.023 | 9.544 | 2.123 | 1.981 |
| 7 | 33.600 | 4 174.516 | 51.600 | 124.544 | 8.998 | 2.103 | 1.984 |
| 8 | 40.500 | 5 531.586 | 73.700 | 134.699 | 8.527 | 2.029 | 2.108 |
| 9 | 33.800 | 4 710.310 | 55.100 | 137.682 | 8.631 | 2.134 | 2.087 |
| $p$ 值 | 0.251 | 0.566 | 0.473 | 0.001 | 0.012 | 0.019 | 0.076 |
| 判断 | | | | ** | * | * | |

**附表 2-10　9 个起终点的路径选择结果比较(10 青岛)**

| 起终点 | 选择单位街道数 | 散步路径长 | 转折频率 | 单位街道长度 | 单位街道宽度 | 单位街道整合度 | 单位街道弯曲度 |
|---|---|---|---|---|---|---|---|
| 1 | 29.900 | 3 187.899 | 23.500 | 107.487 | 8.342 | 2.821 | 1.151 |
| 2 | 33.000 | 3 363.830 | 24.700 | 101.379 | 8.648 | 2.895 | 1.205 |
| 3 | 34.600 | 3 484.376 | 27.700 | 101.292 | 8.130 | 2.763 | 1.230 |
| 4 | 32.400 | 3 126.136 | 26.200 | 96.482 | 8.045 | 2.825 | 1.233 |
| 5 | 37.100 | 3 763.598 | 29.700 | 107.579 | 8.339 | 2.815 | 1.119 |
| 6 | 36.300 | 3 749.953 | 28.800 | 102.922 | 8.299 | 2.853 | 1.246 |
| 7 | 33.600 | 3 640.186 | 26.200 | 107.928 | 8.541 | 2.865 | 1.203 |
| 8 | 35.500 | 3 653.678 | 29.200 | 104.216 | 8.204 | 2.777 | 1.196 |
| 9 | 36.500 | 4 129.088 | 29.500 | 114.241 | 8.308 | 2.837 | 1.252 |
| $p$ 值 | 0.448 | 0.304 | 0.668 | 0.136 | 0.025 | 0.394 | 0.030 |
| 判断 | | | | | * | | * |

**附表 2-11　9 个起终点的路径选择结果比较(11 巴塞罗那)**

| 起终点 | 选择单位街道数 | 散步路径长 | 转折频率 | 单位街道长度 | 单位街道宽度 | 单位街道整合度 | 单位街道弯曲度 |
|---|---|---|---|---|---|---|---|
| 1 | 59.800 | 4 020.562 | 42.800 | 67.817 | 5.678 | 3.241 | 1.209 |
| 2 | 64.400 | 4 260.273 | 46.000 | 66.067 | 5.614 | 3.133 | 1.204 |
| 3 | 63.500 | 4 410.732 | 46.800 | 69.971 | 5.568 | 3.272 | 1.220 |

| 起终点 | 选择<br>单位街道数 | 散步路径长 | 转折频率 | 单位街道<br>长度 | 单位街道<br>宽度 | 单位街道<br>整合度 | 单位街道<br>弯曲度 |
|---|---|---|---|---|---|---|---|
| 4 | 65.400 | 4 807.216 | 49.000 | 75.901 | 5.643 | 3.186 | 1.218 |
| 5 | 58.600 | 3 978.425 | 41.500 | 68.733 | 5.617 | 3.185 | 1.188 |
| 6 | 58.800 | 3 954.702 | 41.900 | 66.587 | 5.582 | 3.192 | 1.230 |
| 7 | 65.200 | 4 403.307 | 42.200 | 68.359 | 5.745 | 3.218 | 1.189 |
| 8 | 59.800 | 3 916.287 | 44.100 | 65.344 | 5.586 | 3.091 | 1.249 |
| 9 | 53.200 | 3 657.946 | 35.500 | 68.574 | 5.674 | 3.309 | 1.222 |
| $p$ 值 | 0.916 | 0.75 | 0.918 | 0.033 | 0.566 | 0.438 | 0.585 |
| 判断 | | | | * | | | |

附表 2-12　9 个起终点的路径选择结果比较(12 广岛)

| 起终点 | 选择<br>单位街道数 | 散步路径长 | 转折频率 | 单位街道<br>长度 | 单位街道<br>宽度 | 单位街道<br>整合度 | 单位街道<br>弯曲度 |
|---|---|---|---|---|---|---|---|
| 1 | 74.400 | 4 892.117 | 37.300 | 68.414 | 16.887 | 4.169 | 1.020 |
| 2 | 68.600 | 4 443.044 | 29.800 | 64.280 | 14.974 | 4.168 | 1.015 |
| 3 | 60.400 | 4 379.836 | 23.300 | 77.108 | 24.955 | 4.180 | 1.041 |
| 4 | 62.800 | 4 051.230 | 26.000 | 64.705 | 16.268 | 4.127 | 1.017 |
| 5 | 73.000 | 5 044.422 | 26.800 | 71.502 | 23.800 | 4.189 | 1.034 |
| 6 | 74.600 | 5 210.449 | 31.800 | 70.436 | 20.549 | 4.183 | 1.025 |
| 7 | 59.400 | 4 066.860 | 21.200 | 68.227 | 20.483 | 4.255 | 1.022 |
| 8 | 67.000 | 4 705.090 | 30.700 | 74.945 | 22.572 | 4.114 | 1.024 |
| 9 | 59.100 | 4 227.952 | 23.700 | 75.070 | 20.312 | 4.166 | 1.025 |
| $p$ 值 | 0.741 | 0.640 | 0.663 | 0.238 | 0.159 | 0.987 | 0.680 |
| 判断 | | | | | | | |

　　根据上述表格的方差分析结果可以得出,有 8 个对象地域当中的一小部分指标出现了选择结果差异,这些指标为选择单位街道的"长度""宽度""整合度""弯曲度",而整体路径的指标并没有因为起终点不同而出现选择结果差异。也就是说整体来看不同起终点的路径选择结果(7 个指标值)不存在较大的显著性差别,尤其是对整体路径的选择结果影响非常小。

(2) 各起终点的路径分布情况比较

　　进一步比较各个对象地域当中 9 个起终点的路径分布情况,从更容易识别的可视化角度去查看各起终点的路径分布是否存在较大区别。同样,每个对象地域有 30 名被调查者×3 次实验,共计 90 份数据,这 90 份数据对应该对象地域的 9 个起终点，即每个起终点共计 10 份路径数据。各个对象地域的路径分布情况分别见附图 2-1 至附图 2-12。

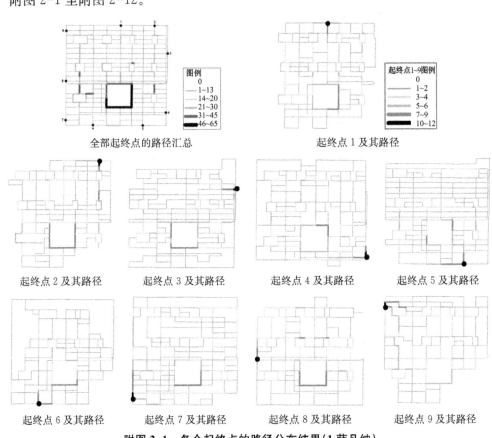

附图 2-1　各个起终点的路径分布结果(1 萨凡纳)

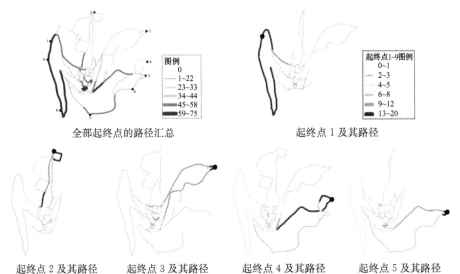

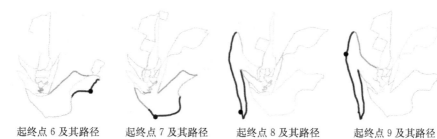

起终点 6 及其路径　　起终点 7 及其路径　　起终点 8 及其路径　　起终点 9 及其路径

**附图 2-2　各个起终点的路径分布结果(2 戈尔德)**

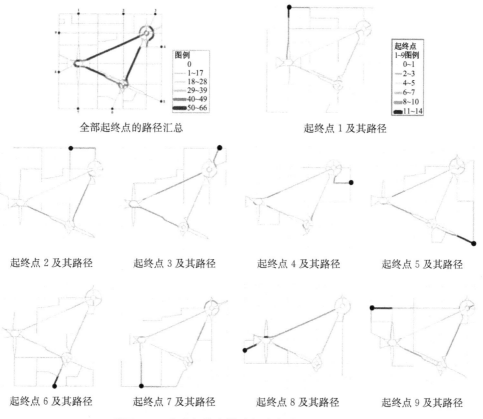

附图 2-3　各个起终点的路径分布结果(3 华盛顿)

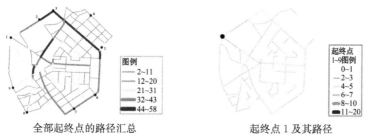

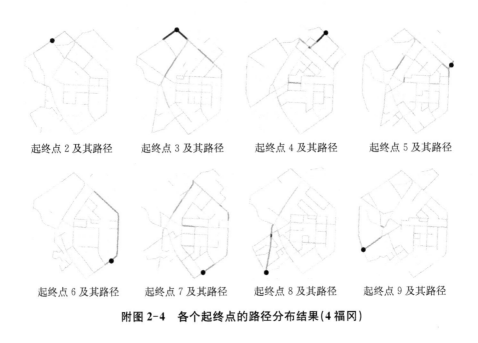

附图 2-4　各个起终点的路径分布结果(4 福冈)

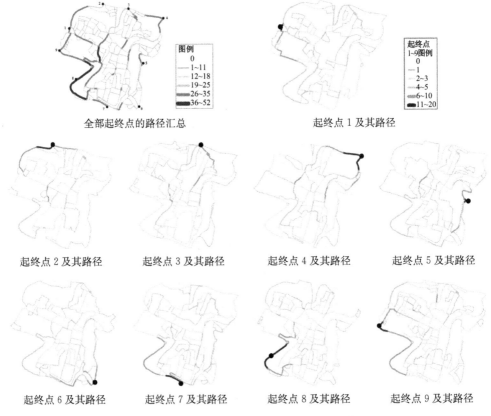

附图 2-5　各个起终点的路径分布结果(5 佩鲁贾)

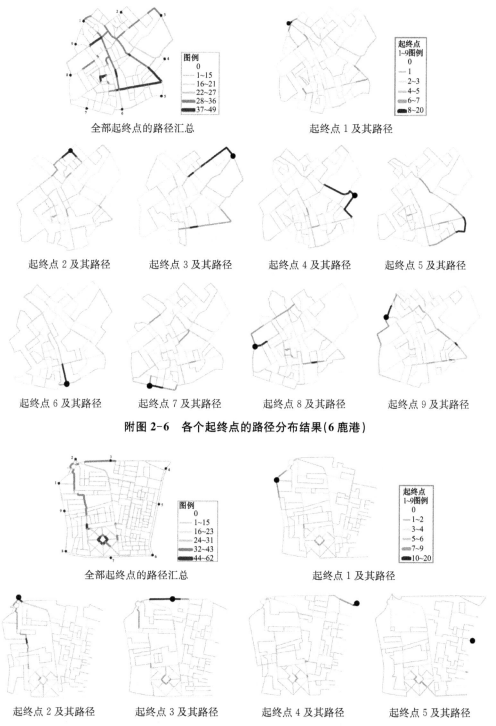

全部起终点的路径汇总　　　　　　　　起终点 1 及其路径

起终点 2 及其路径　　起终点 3 及其路径　　起终点 4 及其路径　　起终点 5 及其路径

起终点 6 及其路径　　起终点 7 及其路径　　起终点 8 及其路径　　起终点 9 及其路径

**附图 2-6　各个起终点的路径分布结果(6 鹿港)**

全部起终点的路径汇总　　　　　　　　起终点 1 及其路径

起终点 2 及其路径　　起终点 3 及其路径　　起终点 4 及其路径　　起终点 5 及其路径

起终点 6 及其路径

起终点 7 及其路径

起终点 8 及其路径

起终点 9 及其路径

附图 2-7 各个起终点的路径分布结果(7 菲斯)

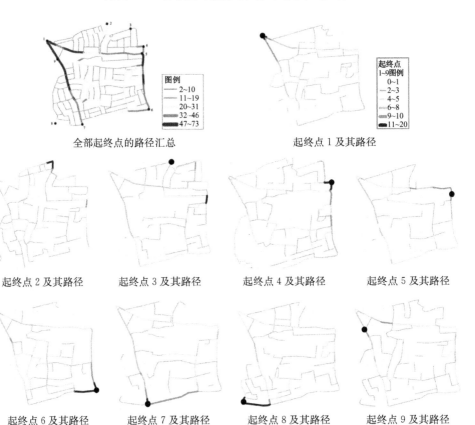

全部起终点的路径汇总

起终点 1 及其路径

起终点 2 及其路径

起终点 3 及其路径

起终点 4 及其路径

起终点 5 及其路径

起终点 6 及其路径

起终点 7 及其路径

起终点 8 及其路径

起终点 9 及其路径

附图 2-8 各个起终点的路径分布结果(8 阿雷基帕)

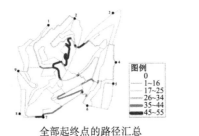
全部起终点的路径汇总

起终点 1 及其路径

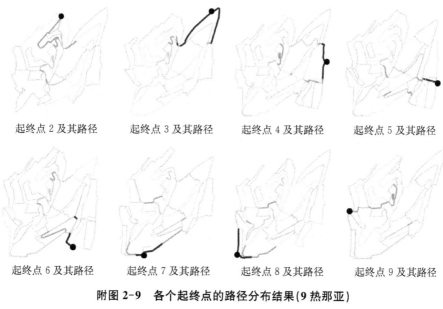

起终点 2 及其路径　　起终点 3 及其路径　　起终点 4 及其路径　　起终点 5 及其路径

起终点 6 及其路径　　起终点 7 及其路径　　起终点 8 及其路径　　起终点 9 及其路径

**附图 2-9　各个起终点的路径分布结果(9 热那亚)**

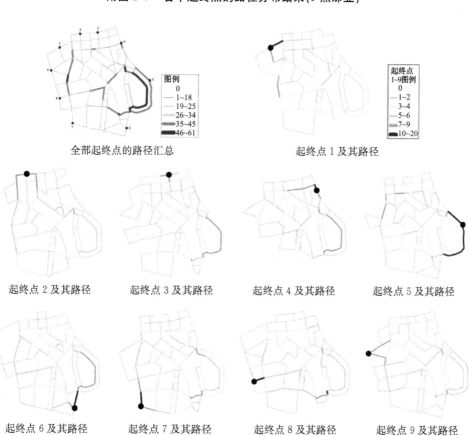

全部起终点的路径汇总　　　　　　　　　　起终点 1 及其路径

起终点 2 及其路径　　起终点 3 及其路径　　起终点 4 及其路径　　起终点 5 及其路径

起终点 6 及其路径　　起终点 7 及其路径　　起终点 8 及其路径　　起终点 9 及其路径

**附图 2-10　各个起终点的路径分布结果(10 青岛)**

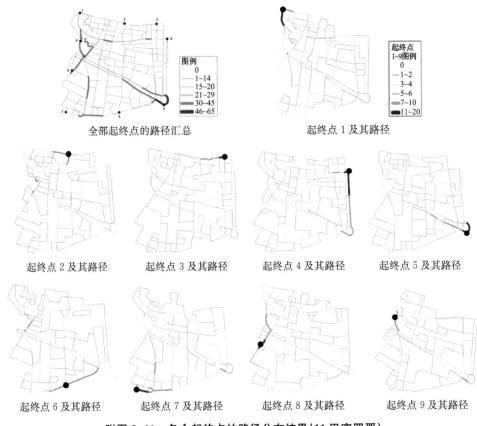

附图 2-11　各个起终点的路径分布结果(11 巴塞罗那)

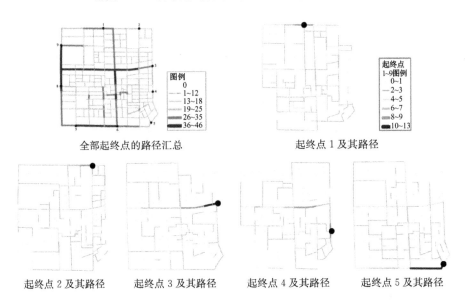

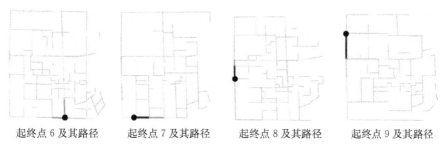

起终点 6 及其路径　　　起终点 7 及其路径　　　起终点 8 及其路径　　　起终点 9 及其路径

**附图 2-12　各个起终点的路径分布结果(12 广岛)**

从以上路径分布图可以看出,一方面,路径具有在它的起终点附近聚集的倾向,不过需要留意一个问题,就是被调查者在结束散步后被要求返回起终点,因此起终点附近街道的重复通过率会比较高,这在一定程度上造成了上述的路径分布结果。另一方面,各个起终点的路径和全部起终点的路径汇总结果一样,路径依然表现出集中分布在宽阔的街道或者形态特殊的街区上这一倾向,因此可以进一步确认起终点的位置对路径选择结果造成的影响比较小。

# 附录3 不同实验当中各路径选择指标之间的相关性比较

## (1) 用于描述休闲步行路径选择特征的指标总结

本附录将检验 3 个实验当中的各路径选择指标之间的相关性是否具有一致的倾向,如果重要指标之间的相关关系较一致,则可以说明实验结果并不是偶然的,即实验具有可复制性。在进行计算检验之前,把本研究中用于描述休闲步行路径选择的所有指标进行汇总,按照路径选择基本行动、行动变化分类展示,结果见附表 3-1。

附表 3-1 有关散步路径选择特征的全部指标总结

| 基本行动指标 | | |
| --- | --- | --- |
| 整体路径 | 1. 选择单位街道数 | |
| | 2. 散步路径长 | |
| | 3. 转折频率 | |
| 单位街道 | 4. 单位街道长度 | |
| | 5. 单位街道宽度 | |
| | 6. 单位街道整合度 | |
| | 7. 单位街道弯曲度 | |
| 行动变化指标 | | |
| 方向变化 | a. 方向区间数 | |
| | b. 方向变化距离 | |
| | c. 各相邻区间的方向变化距离的差(绝对值) | |
| 路径位置分布 | d. 通过的网格总数 | |
| | e. 往返移动比例 | |
| 路径复杂程度 | f. 整合度变化次数 | |
| | g. 整合度变化距离 | |
| 路径与起终点的关系 | h. 标准化最远直线距离 | |
| | i. 标准化最远散步距离 | |

接下来,对上述各个指标进行相关性解析,从整体的角度去捕捉路径选择行动的特征。这里主要以空白地图实验 B 和现实空间实验的路径选择结果为分析对象,同时为了便于比较,附上空白地图实验 A 的结果以供参考。

需要留意的是,在空白地图实验 A 当中,进行路径选择基本行动解析的数据来自全部 12 个对象地域,而进行行动变化特征解析的数据来自 6 个对象地域(4 福冈、5 佩鲁贾、6 鹿港、7 菲斯、11 巴塞罗那和 12 广岛),为了在后续检验路径选择基本行动与行动变化指标之间的相关性时统一数据源,将重新计算两个分析当中都出现的 6 个对象地域的数据并展示空白地图实验 A 的结果。

因此,进行相关分析时的样本数如下:空白地图实验 A 的数据调整为 6 个对象地域×30 名被调查者×3 次实验,共计 540 份数据;空白地图实验 B 的数据依然采用 4 个对象地域×24 名被调查者×3 次实验,共计 288 份数据;现实空间实验的数据依然采用 1 个对象地域×24 名被调查者×1 次实验,共计 24 份数据。

(2) 路径选择基本行动指标间的相互关系

首先,检验路径选择基本行动指标之间的相关性。空白地图实验 A 的结果作为参考,见附表 3-2,需要注意的是它和第三章表 3.1 的数据源有所区别。空白地图实验 B 和现实空间实验的结果分别见附表 3-3、附表 3-4。

**附表 3-2　基本行动指标之间的关系(空白地图实验 A)**

| | | 整体路径 | | | 单位街道 | | |
|---|---|---|---|---|---|---|---|
| | | 1. 选择单位街道数 | 2. 散步路径长 | 3. 转折频率 | 4. 选择单位街道长度 | 5. 选择单位街道宽度 | 6. 选择单位街道整合度 |
| 整体路径 | 2. 散步路径长 | 0.856** | | | | | |
| | 3. 转折频率 | 0.730** | 0.686** | | | | |
| 单位街道 | 4. 选择单位街道长度 | −0.409** | 0.078 | −0.220** | | | |
| | 5. 选择单位街道宽度 | −0.228** | −0.044 | −0.511** | 0.428** | | |
| | 6. 选择单位街道整合度 | −0.016 | −0.057 | −0.595** | −0.049 | 0.662** | |
| | 7. 选择单位街道弯曲度 | −0.125** | 0.017 | 0.427** | 0.253** | −0.352** | −0.809 |
| 图例 | | 0.000≤\|value\|<0.200 | 0.200≤\|value\|<0.400 | | 0.400≤\|value\|<0.700 | 0.700<\|value\|<1.000 | |

*P* value　　\*\**p*<0.01　　\**p*<0.05

从空白地图实验 A 的相关分析结果来看,"选择单位街道数""散步路径长""转折频率"之间存在高度的正相关关系,表现出人们选择通过的街道数量越多则散步路径越长、路径也越曲折的倾向。"转折频率"和"选择单位街道长度""选择单位街道宽度""选择单位街道整合度"之间呈负相关关系,和"选择单位街道弯曲度"之间呈正相关关系,表现为路径越曲折时被调查者也越偏好选择,即体现出复杂的行动模式。"选择单位街道整合度"和"选择单位街道弯曲度"之间存在高度的负相关关系,这一倾向也和对 12 个对象地域数据的解析结果相同。

附表 3-3　基本行动指标之间的关系（空白地图实验 B）

| | | 整体路径 | | | 单位街道 | | |
|---|---|---|---|---|---|---|---|
| | | 1. 选择单位街道数 | 2. 散步路径长 | 3. 转折频率 | 4. 选择单位街道长度 | 5. 选择单位街道宽度 | 6. 选择单位街道整合度 |
| 整体路径 | 2. 散步路径长 | 0.921** | | | | | |
| | 3. 转折频率 | 0.679** | 0.582** | | | | |
| 单位街道 | 4. 选择单位街道长度 | −0.261** | 0.060 | −0.220** | | | |
| | 5. 选择单位街道宽度 | −0.005 | 0.141* | −0.495** | 0.256** | | |
| | 6. 选择单位街道整合度 | 0.179** | 0.184** | −0.475** | −0.086 | 0.748** | |
| | 7. 选择单位街道弯曲度 | −0.207** | −0.080 | 0.224** | 0.496** | −0.324** | −0.688** |
| 图例 | 0.000≤|value|<0.200 | | 0.200≤|value|<0.400 | | 0.400≤|value|<0.700 | | 0.700≤|value|<1.000 |

P value　**$p<0.01$　*$p<0.05$

从空白地图实验 B 的结果来看，"选择单位街道数""散步路径长""转折频率"之间同样存在高度的正相关性，其他几个重要指标值之间的相关倾向也和空白地图实验 A 的倾向相似，因此可以确认即使是不同的被调查者数据、不同的对象地域样本数量，依然可以再现这些路径选择基本行动之间的关系性，即验证了空白地图实验结果的再现性和可复制性。

附表 3-4　基本行动指标之间的关系（现实空间实验）

| | | 整体路径 | | | 单位街道 | | |
|---|---|---|---|---|---|---|---|
| | | 1. 选择单位街道数 | 2. 散步路径长 | 3. 转折频率 | 4. 选择单位街道长度 | 5. 选择单位街道宽度 | 6. 选择单位街道整合度 |
| 整体路径 | 2. 散步路径长 | 0.882** | | | | | |
| | 3. 转折频率 | 0.866** | 0.740 | | | | |
| 单位街道 | 4. 选择单位街道长度 | −0.583** | −0.168 | −0.544** | | | |
| | 5. 选择单位街道宽度 | −0.428* | −0.070 | −0.553** | 0.876** | | |
| | 6. 选择单位街道整合度 | −0.463* | −0.271 | −0.727** | 0.560** | 0.783** | |
| | 7. 选择单位街道弯曲度 | −0.442* | −0.158 | −0.115 | 0.684** | 0.436* | 0.041 |
| 图例 | 0.000≤|value|<0.200 | | 0.200≤|value|<0.400 | | 0.400≤|value|<0.700 | | 0.700≤|value|<1.000 |

P value　**$p<0.01$　*$p<0.05$

从现实空间实验的结果来看，"选择单位街道数""散步路径长""转折频率"之间依然表现出高度的正相关关系，即验证了前期空白地图实验的整体路径选择结果具有有效性。然而，"选择单位街道整合度"和"选择单位街道弯曲度"之间没有表现出统计学意义上的相关性。查看现实空间对象地域的街道网络发现，在和周围空间连接紧密的主要街区、空间深处的复杂街区当中都存在弯曲的道路,因此造成了选择的街道的整合度与弯曲度之间没有显著关系,这也说明了对象地域的街道网络模式会影响路径选择结果。

（3）路径选择行动变化指标间的相互关系

其次,检验路径选择行动变化指标之间的相关性。空白地图实验 A 的结果作为参考,见附表3-5,空白地图实验 B 和现实空间实验的结果分别如附表3-6、附表3-7 所示。

从空白地图实验 A 的结果来看,大部分指标之间具有一定的相关关系。例如,在相关性较高的指标当中,"方向区间数"和"整合度变化次数"之间是高度的正相关性,说明路径方向改变得越多则会通过越多复杂程度不同的街道。"方向变化距离"分别和"相邻区间的方向变化距离的差""整合度变化距离"之间呈高度的正相关性,表示路径方向发生变化的地点到下一个路径方向发生变化的地点之间的散步距离越长,则方向改变时经过的距离越不均衡,且较少改变路径,表现出单一简洁的行动模式。此外,"方向区间数"分别和"方向变化距离""相邻区间的方向变化距离的差"之间呈负相关关系,表示一条路径当中前进方向的变化次数越多,则发生方向变化时通过的距离也越短,并且在整个路径中均衡地维持了这个变化频率。

从空白地图实验 B 的结果来看,"方向区间数"和"整合度变化次数"之间、"方向变化距离"分别和"相邻区间的方向变化距离的差""整合度变化距离"之间呈现高度的正相关关系,"方向区间数"分别和"方向变化距离""相邻区间的方向变化距离的差"之间呈现负相关关系。这些指标值的相关性倾向和空白地图实验 A 的结果相同,验证了空白地图实验结果的再现性和可复制性。

从现实空间实验的结果来看,各重要指标之间的相关性倾向和前述的两个空白地图实验的结果相近,可以验证前期空白地图实验的路径选择行动变化结果具有有效性。另外,"标准化最远散步距离"和其他指标之间并没有通过统计学上的相关性检验,考虑到现实空间实验时步行者会受到体力等因素的影响,从而造成现实情境和模拟情境下的实验结果存在一定的差异,这在可以接受的误差范围之内。

（4）路径选择基本行动与行动变化指标间的相互关系

最后,检验路径选择基本行动和行动变化指标之间的相关性,把选择路径时的各种行动特征作为一个整体去考察。空白地图实验 A 的结果作为参考如附表3-8 所示,空白地图实验 B 和现实空间实验的结果分别如附表3-9 和附表3-10 所示。

从空白地图实验 A 的结果来看,基本行动指标当中的整体路径 3 个指标几乎都和所有行动变化指标存在一定的相关性。路径中选择通过的街道数量越多或者路径长度越长,则越倾向于频繁地改变前进方向,路径的分布范围也越广,并且经常发生往返探索行动,表现出复杂的行动模式。特别是"转折频率"和"方向区间

附表 3-5　行动变化指标之间的关系（空白地图实验 A）

| | 方向区间的变化 | | | 通过网格的变化 | | 路径复杂程度的变化 | | 路径和起终点的关系 |
| --- | --- | --- | --- | --- | --- | --- | --- | --- |
| | a. 方向区间数 | b. 方向变化距离 | c. 相邻区间的方向变化距离的差 | d. 通过的网格总数 | e. 往返移动比例 | f. 整合度变化次数 | g. 整合度变化距离 | h. 标准化最近直线距离 |
| **方向区间的变化** b. 方向变化距离 | −0.545** | | | | | | | |
| c. 相邻区间的方向变化距离的差 | −0.470** | 0.823** | | | | | | |
| **通过网格的变化** d. 通过的网格总数 | 0.437** | 0.066 | 0.018 | | | | | |
| e. 往返移动比例 | 0.486** | −0.274** | −0.212** | 0.101* | | | | |
| **路径复杂程度的变化** f. 整合度变化次数 | 0.966** | −0.514** | −0.434** | 0.440** | 0.476** | | | |
| g. 整合度变化距离 | −0.508** | 0.888** | 0.778** | 0.044 | −0.264** | −0.543** | | |
| **路径和起终点的关系** h. 标准化最近直线距离 | 0.203** | 0.178** | 0.178** | 0.632** | 0.022 | 0.210** | 0.153** | |
| i. 标准化最远散步距离 | 0.504** | −0.201** | −0.171** | 0.342** | 0.357** | 0.507** | −0.200** | −0.032 |

图例　$0.000 \leq |value| < 0.200$　$0.200 \leq |value| < 0.400$　$0.400 \leq |value| < 0.700$　$0.700 \leq |value| < 1.000$　$P\ value < 1.000$

$P\ value$　** $p < 0.01$　* $p < 0.05$

附表 3-6　行动变化指标之间的关系（空白地图实验 B）

| | | 方向区间的变化 | | | 通过网格的变化 | | 路径复杂程度的变化 | | 路径和起终点的关系 |
|---|---|---|---|---|---|---|---|---|---|
| | | a. 方向区间数 | b. 方向变化距离 | c. 相邻区间的方向变化距离的差 | d. 通过的网格总数 | e. 往返移动比例 | f. 整合次数变化 | g. 整合度变化距离 | h. 标准化最近直线距离 |
| 方向区间的变化 | b. 方向变化距离 | −0.467** | | | | | | | |
| | c. 相邻区间的方向变化距离的差 | −0.413** | 0.807** | | | | | | |
| 通过网格的变化 | d. 通过的网格总数 | 0.367** | 0.232** | 0.167** | | | | | |
| | e. 往返移动比例 | 0.391** | −0.090 | −0.071 | 0.214** | | | | |
| 路径复杂程度的变化 | f. 整合度变化次数 | 0.897** | −0.498** | −0.410** | 0.387** | 0.446** | | | |
| | g. 整合度变化距离 | −0.382** | 0.882* | 0.651** | 0.146* | −0.101 | −0.459** | | |
| 路径和起终点的关系 | h. 标准化最近直线距离 | 0.143* | 0.258** | 0.232* | 0.709** | 0.034 | 0.138* | 0.169** | |
| | i. 标准化最远离散步距离 | 0.406** | 0.069 | 0.138 | 0.356** | 0.371** | 0.463** | 0.091 | −0.017 |

$P$ value　**$p<0.01$　*$p<0.05$

图例　0.000≤|value|<0.200　0.200≤|value|<0.400　0.400≤|value|<0.700　0.700≤|value|<1.000　$P$ value　|value|<1.000

附表 3-7　行动变化指标之间的关系（现实空间实验）

| | 方向区间的变化 | | | 通过网络的变化 | | 路径复杂程度的变化 | | 路径和起终点的关系 |
| | a. 方向区间数 | b. 方向变化距离 | c. 相邻区间的方向变化距离的差 | d. 通过的网络总数 | e. 往返移动比例 | f. 整合度变化次数 | g. 整合度变化距离 | h. 标准化最近直线距离 |
|---|---|---|---|---|---|---|---|---|
| **方向区间的变化**　b. 方向变化距离 | −0.782* | | | | | | | |
| c. 相邻区间的方向变化距离的差 | −0.605** | 0.813** | | | | | | |
| **通过网络的变化**　d. 通过的网络总数 | 0.432* | −0.139 | −0.008 | | | | | |
| e. 往返移动比例 | 0.005 | −0.201 | −0.272 | −0.210 | | | | |
| **路径复杂程度的变化**　f. 整合度变化次数 | 0.935** | −0.676** | −0.509* | 0.487* | 0.043 | | | |
| g. 整合度变化距离 | −0.724** | 0.895** | 0.758** | −0.176 | −0.260 | −0.748** | | |
| **路径和起终点的关系**　h. 标准化最近直线距离 | 0.497* | −0.154 | −0.052 | 0.725** | −0.087 | 0.537** | −0.221 | |
| i. 标准化最远散步距离 | 0.265 | −0.350 | −0.286 | 0.019 | −0.012 | 0.256 | −0.304 | −0.180 |

图例　 0.000≤|value|<0.200　0.200≤|value|<0.400　0.400≤|value|<0.700　0.700≤|value|<1.000

$P$ value　**$p<0.01$　*$p<0.05$

附表 3-8 基本行动指标与行动变化指标的关系（空间地图实验 A）

| 行动变化指标 | | 整体路径 | | | 单位街道 | | | |
|---|---|---|---|---|---|---|---|---|
| | | 1. 选择单位街道数 | 2. 散步路径长 | 3. 转折频率 | 4. 选择单位街道长度 | 5. 选择单位街道宽度 | 6. 选择单位街道整合度 | 7. 选择单位街道弯曲度 |
| 方向区间的变化 | a. 方向区间数 | 0.853** | 0.712** | 0.907** | −0.380** | −0.418** | −0.343** | 0.081 |
| | b. 方向变化距离 | −0.308** | −0.053 | −0.492** | 0.588** | 0.750** | 0.467** | −0.146** |
| | c. 相邻区间的方向变化距离的差 | −0.240** | −0.032 | −0.388** | 0.461** | 0.487** | 0.338** | −0.071 |
| 通过网格的变化 | d. 通过的网格总数 | 0.635** | 0.802** | 0.375** | 0.165** | 0.144** | 0.125** | −0.114** |
| | e. 往返移动比例 | 0.467** | 0.410** | 0.451** | −0.157** | −0.221** | −0.210** | 0.079 |
| 路径复杂程度的变化 | f. 整合度变化次数 | 0.862** | 0.700** | 0.864** | −0.402** | −0.393** | −0.282** | 0.053 |
| | g. 整合度变化距离 | −0.310** | −0.064 | −0.462** | 0.555** | 0.680** | 0.423** | −0.152** |
| 路径和起终点的关系 | h. 标准化最近直线距离 | 0.347** | 0.511** | 0.217** | 0.243** | 0.123** | 0.042 | −0.001 |
| | i. 标准化最远散步距离 | 0.559** | 0.520** | 0.433** | −0.139** | −0.137** | −0.053 | −0.01 |

图例 | 0.000≤|value|<0.200 | 0.200≤|value|<0.400 | 0.400≤|value|<0.700 | 0.700≤|value|<1.000 | $P$ value    **$p<0.01$    *$p<0.05$

附表 3-9　基本行动指标与行动变化指标的关系（空白地图实验 B）

| 行动变化指标 | | 整体路径 | | | 单位街道 | | | |
| --- | --- | --- | --- | --- | --- | --- | --- | --- |
| | | 1. 选择单位街道数 | 2. 散步路径长 | 3. 转折频率 | 4. 选择单位街道长度 | 5. 选择单位街道宽度 | 6. 选择单位街道整合度 | 7. 选择单位街道弯曲度 |
| 方向区间的变化 | a. 方向区间间数 | 0.662** | 0.549** | 0.877** | −0.242** | −0.354** | −0.304** | 0.053 |
| | b. 方向变化距离 | 0.008 | 0.216** | −0.500** | 0.401** | 0.706** | 0.635** | −0.209** |
| | c. 相邻区间的方向变化距离的差 | 0.020 | 0.169** | −0.374** | 0.306** | 0.394** | 0.456** | −0.090 |
| 通过网格的变化 | d. 通过的网格总数 | 0.724** | 0.798** | 0.363** | 0.043 | 0.219** | 0.187** | −0.019 |
| | e. 往返移动比例 | 0.492** | 0.513** | 0.451** | −0.025 | −0.122 | −0.160** | 0.089 |
| 路径复杂程度的变化 | f. 整合度变化次数 | 0.724** | 0.595** | 0.924** | −0.270** | −0.351** | −0.289** | 0.044 |
| | g. 整合度变化距离 | −0.018 | 0.154** | −0.418** | 0.334** | 0.626** | 0.532** | −0.226** |
| 路径和起终点的关系 | h. 标准化最远直线距离 | 0.395** | 0.495** | 0.153** | 0.073 | 0.160** | 0.106 | 0.030 |
| | i. 标准化最远散步距离 | 0.583** | 0.601** | 0.485** | 0.026 | −0.024 | 0.015 | −0.034 |

$P$ value　**$p<0.01$　*$p<0.05$

图例　0.000≤|value|<0.200　0.200≤|value|<0.400　0.400≤|value|<0.700　0.700≤|value|<1.000

附表 3-10　基本行动指标与行动变化指标的关系（现实空间实验）

| 行动变化指标 | | 整体路径 | | | 单位街道 | | | |
|---|---|---|---|---|---|---|---|---|
| | | 1. 选择单位街道数 | 2. 散步路径长 | 3. 转折频率 | 4. 选择单位街道长度 | 5. 选择单位街道宽度 | 6. 选择单位街道整合度 | 7. 选择单位街道弯曲度 |
| 方向区间的变化 | a. 方向区间数 | 0.864** | 0.686** | 0.964** | -0.598** | -0.601** | -0.700** | -0.240 |
| | b. 方向变化距离 | -0.571** | -0.253 | -0.738** | 0.821** | 0.916** | 0.822** | 0.332 |
| | c. 相邻区间的方向变化距离的差 | -0.434* | -0.096 | -0.553** | 0.839** | 0.854** | 0.626** | 0.452* |
| 通过网格的变化 | d. 通过的网格总数 | 0.664** | 0.780** | 0.511* | -0.089 | 0.014 | -0.204 | -0.192 |
| | e. 往返移动比例 | 0.156 | -0.010 | -0.049 | -0.422* | -0.373 | -0.013 | -0.368 |
| 路径复杂程度的变化 | f. 整合度变化次数 | 0.868** | 0.745** | 0.952** | -0.523** | -0.521** | -0.691** | -0.200 |
| | g. 整合度变化距离 | -0.580** | -0.282 | -0.714** | 0.806** | 0.894** | 0.851** | 0.386 |
| 路径和起终点的关系 | h. 标准化最近直线距离 | 0.692** | 0.789** | 0.532** | -0.069 | 0.004 | -0.262 | -0.130 |
| | i. 标准化最远散步距离 | 0.111 | 0.108 | 0.327 | -0.189 | -0.257 | -0.305 | 0.171 |

图例　$0.000 \leqslant |value| < 0.200$　$0.200 \leqslant |value| < 0.400$　$0.400 \leqslant |value| < 0.700$　$0.700 \leqslant |value| \leqslant 1.000$

$P$ value　　**$p < 0.01$　*$p < 0.05$

数"之间的相关系数达到 $0.907$（$p<0.01$）的高数值,两个行动特征之间存在非常显著的正相关关系;结合附表 3-2"转折频率"和"选择单位街道弯曲度"的相关系数 $0.427$（$p<0.01$）来看,这说明整体路径的曲折程度除了受到通过的街道的弯曲程度这一客观特征的影响以外,还受到步行者自身是否积极地改变前进方向这一主观行动的影响。基于此结果可以捕捉选择路径时出现的各种行动之间的关系,将这些分散的行动指标作为一个整体去看待,以展示整个路径选择的过程特征。

从空白地图实验 B 的结果来看,在整体路径 3 个指标和行动变化指标、单位街道 4 个指标和行动变化指标这两组相关分析当中,前者有更多的指标之间存在相关性,这一点和空白地图实验 A 的结果相同。另外,虽然此结果和空白地图实验 A 相比各个指标之间的具体相关系数的值发生了变化,但是宏观的正负相关关系、相关系数值的大小关系依然保持一致,因此可以判断空白地图实验的结果具有可复制性。

再从现实空间实验的结果来看,一方面,整体路径 3 个指标和行动变化指标之间依然存在较多的相关关系,另一方面,单位街道 4 个指标和行动变化指标间的一些相关系数值有所提升,特别是"方向变化距离""相邻区间的方向变化距离的差""整合度变化距离"这 3 个指标和单位街道指标的相关系数提升得比较明显,这表示路径的前进方向变化越少,或者越倾向于通过复杂程度相似的街道,则越容易选择长的、宽阔的、空间联系紧密而简洁的街道。

此外,从具体的指标之间相关系数的值来看,虽然宏观的正负相关关系、相关系数值的大小关系和两个空白地图实验结果相近,但是有两组指标之间出现了明显的差异。

一组是"往返移动比例"和整体路径 3 个指标,在两个空白地图实验的相关分析结果当中这一组指标值之间全都表现出了正相关性（$R\in[0.410,0.513]$,$p<0.01$）,而在现实空间实验的相关分析结果当中并不存在相关性（$R\in[-0.049,0.156]$,$p\geqslant0.05$）。也就是说,在模拟情境下选择路径时,人们的散步路径越长、路径越曲折,则会出现越多的往返移动倾向,而在现实情境下选择路径时人们的路径长度或者曲折程度等和往返移动行为之间并没有相关性。

另一组是"标准化最远散步距离"和整体路径 3 个指标之间的关系,两个空白地图实验的结果显示这一组指标之间全都表现出了正相关性（$R\in[0.433,0.601]$,$p<0.01$）,而现实空间实验的相关分析结果显示它们之间并没有相关性（$R\in[0.108,0.327]$,$p\geqslant0.05$）。也就是说,在模拟情境下选择路径时,路径越长或者越曲折,则人们在向着远处移动的途中出现绕道等复杂行动的倾向也越强,而在现实情境下选择路径时人们散步路径的长度或者曲折程度等和绕道等复杂行动之间没有相关性。

出现上述差异的原因在第六章中已经提过,即实际的街道空间中的步行活动会受到体力、天气因素等多方面的影响,这些是模拟情境无法体现的,因此会造成一定的结果差异,此类差异在实验允许的范围之内。

　　基于上述相关分析结果,可以把握模拟情境下的路径选择行动的各种指标之间的相互关系,以此帮助我们把步行者的路径选择作为一个整体的、连贯的行动去理解。基于现实情境下的路径选择行动特征验证了该结果的有效性。